75 Übungen für Brainstorming und Ideenfindung im Team

Josine Gouwens
Rozemarijn Dols

75 Übungen für Brainstorming und Ideenfindung im Team

Aus dem Niederländischen übersetzt
von Waltraud Heitzer-Gores

Josine Gouwens ist promovierte Ökonomin und Inhaberin des Coaching-Unternehmens „Buro Talente“. Sie hält Workshops über kreatives Denken und unterstützt Menschen und Unternehmen dabei, ihre Talente so gut wie möglich einzusetzen. Für Unternehmen konzipiert sie Projekte im Bereich des Management Development und der Talente-Entwicklung.

Rozemarijn Dols ist Organisationspsychologin und Inhaberin des Unternehmens „Dols-Consult“. Sie arbeitet außerdem als Leadership-Trainerin bei „De Nieuwe Verdieping“ und „Double Healix“, ist in den Bereichen Coaching und Team-Coaching tätig und bietet Imagetrainings für Fach- und Führungskräfte an.

Originaltitel: *75 werkvormen voor creatieve sessies. Een schatkist vol ideeën voor bijeenkomsten met resultaat* von Josine Gouwens und Rozemarijn Dols

Van Duuren Management ist ein Imprint von Van Duuren Media BV.

Bibliografische Information der Deutschen Nationalbibliothek
Die Deutsche Nationalbibliothek verzeichnet diese Publikation in der Deutschen Nationalbibliografie; detaillierte bibliografische Daten sind im Internet über http://dnb.dnb.de abrufbar.

Hogrefe Verlag GmbH & Co. KG
Merkelstraße 3
37085 Göttingen
Deutschland
Tel. +49 551 999 50 0
Fax +49 551 999 50 111
info@hogrefe.de
www.hogrefe.de

Umschlagabbildung: © iStock.com by Getty Images / scyther5
Satz: Sabine Rosenfeldt, Hogrefe Verlag Gmbh & Co. KG, Göttingen
Druck: mediaprint solutions GmbH, Paderborn
Printed in Germany
Auf säurefreiem Papier gedruckt

1. Auflage 2022

(E-Book-ISBN [PDF] 978-3-8409-3154-3; E-Book-ISBN [EPUB] 978-3-8444-3154-4)
ISBN 978-3-8017-3154-0
https://doi.org/10.1026/03154-000

Inhaltsverzeichnis

Teil 3: Ziele formulieren

Teil 4: Hindernisse überwinden

Teil 5: Kreative Fähigkeiten fördern

Teil 6: Originelle Ideen generieren

Teil 7: Kreative Ideen auswählen und weiterentwickeln

Einleitung

Kreativität bedeutet, sich etwas wirklich Neues auszudenken – etwas, das auch dem Praxistest standhält und für Innovation sorgt. Kreativ zu sein, heißt, viele neue Ideen zu entwickeln, aus diesen Ideen die besten auszuwählen, ihnen „Hand und Fuß“ zu geben und mit anderen zusammenzuarbeiten, um gemeinsam etwas wirklich Neues zu erschaffen. Um tatsächlich mit neuen Ideen aufwarten zu können, müssen wir außerdem über den Tellerrand hinausschauen. Das allein genügt aber noch nicht. Wenn die brillante Idee einmal gefunden ist, werden auch danach noch kreative Fähigkeiten gebraucht, um der Idee Leben einzuhauchen und eine echte Innovation aus ihr werden zu lassen.

Kreatives Denken ist wie eine Entdeckungsreise: Manchmal lassen wir das logische Denken außen vor, erkunden unsere Grenzen, denken in ungewöhnlichen Bahnen und Richtungen und lassen unserer Fantasie freien Lauf. In anderen Momenten ist wiederum unser logisches Denkvermögen gefragt. Dieses Buch ist wie eine „Schatzkarte“, die Ihnen dabei hilft, sich in diesem Terrain zurechtzufinden, und Ihnen neue Möglichkeiten eröffnet. Es beinhaltet 75 inspirierende Übungen, die unser Gehirn auf unterschiedliche Weise stimulieren und die sich gut für kreative Workshops mit Gruppen eignen. Damit sind Veranstaltungen mit mehreren Personen gemeint, die zur Findung neuer Ideen oder zum Entwurf eines gemeinsamen Ziels und letztlich zur Erreichung von Innovation zusammenkommen. Dies kann auf eine intuitive Weise geschehen oder mithilfe von Methoden, die das logische Denken ansprechen. Für beide Herangehensweisen gibt es im Buch Anleitungen und Beispiele.

75 Übungen für Brainstorming und Ideenfindung im Team richtet sich an Führungskräfte sowie an Personen aus den Bereichen Training, Beratung und Coaching, die Workshops begleiten, in denen die kreativen Fähigkeiten der Teilnehmenden genutzt werden sollen, um Innovation oder Verbesserung hervorzubringen. Wenn Sie bereits Erfahrung mit der Leitung, Begleitung oder Moderation von Gruppen haben, ist das sicherlich von Vorteil, wir haben aber versucht, die Übungen so zu beschreiben, dass auch weniger erfahrene Gruppenleitungen die dargestellten Methoden gut nachvollziehen und nutzen können. Zu früheren Ausgaben unseres 2009 in der 1. Auflage in den Niederlanden erschienenen Buches haben wir wundervolle Rückmeldungen von Menschen erhalten, die an ihrem Arbeitsplatz

Workshops mit Übungen aus diesem Buch organisiert haben. So hat sich eine Steuerkanzlei auf die Suche nach der *Topinspiration* (Übung 28) gemacht, Student:innen an einer Fachhochschule haben mit der Übung *Fantasia* (Übung 14) gearbeitet, ein Team innerhalb eines Ministeriums hat sich neue Ideen und Inspiration durch *Bilder einer Ausstellung* (Übung 62) geholt, und die Mitglieder eines Kirchenvorstands haben ihren idealen *Garten* (Übung 26) gezeichnet. Einige der Übungen sind von uns selbst entwickelt worden, andere haben wir gesammelt und modifiziert. Die große Bandbreite der dargestellten Methoden zeigt, dass wir als Autorinnen einen unterschiedlichen beruflichen Werdegang haben. Dies kommt, unserer Meinung nach, dem Buch zugute, es ist dadurch vielfältiger und gehaltvoller, als wenn nur eine von uns es geschrieben hätte.

Anleitung zur Benutzung

Dieses Buch besteht aus sieben Teilen:
1. Voraussetzungen schaffen
2. (Selbst-)Einsicht vergrößern
3. Ziele formulieren
4. Hindernisse überwinden
5. Kreative Fähigkeiten fördern
6. Originelle Ideen generieren
7. Kreative Ideen auswählen und weiterentwickeln

Teil 1 beschäftigt sich mit der Frage, wie Sie als Gruppenleitung die notwendigen Voraussetzungen schaffen können, um einen optimalen Ablauf des kreativen Team-Workshops sicherzustellen. Die anderen sechs Teile stehen für wichtige Bausteine im kreativen Prozess. Jeder Teil beginnt zunächst mit einer kurzen Einführung, in der die zugehörigen Methoden im Überblick dargestellt werden, anschließend folgt eine ausführliche Beschreibung der einzelnen Übungen. Im Anhang des Buches finden Sie eine Übersicht, die Ihnen dabei hilft, die für Ihren Workshop geeigneten Methoden zu finden. Bevor Sie anfangen, mit einer oder mehreren der in diesem Buch dargestellten Methoden zu arbeiten, sollten Sie sich die folgenden Fragen stellen:

- *Das Thema:* Ist das Thema, mit dem Sie sich beschäftigen werden, für einen kreativen Team-Workshop geeignet? Oder handelt es sich um eine Fragestellung, die am besten routinemäßig und innerhalb eines vorgegebenen Rahmens bearbeitet werden sollte? Wenn letzteres der Fall ist, dann sollten Sie das Thema nicht in einem kreativen Team-Workshop bearbeiten.
- *Die Gruppe:* Mit was für einer Art von Gruppe werden Sie den kreativen Team-Workshop durchführen? Wenn Sie wählen können, dann entscheiden Sie sich für eine Gruppe von ca. 8 bis 12 motivierten Personen: am besten Menschen mit unterschiedlichen Zugängen zum Thema, zum Beispiel erfahrene Perso-

nen neben unerfahrenen, Menschen mit originellen Ideen neben Menschen, die sich lieber mit der Umsetzung von Ideen befassen, usw. Wenn Sie mit einer schon bestehenden Gruppe arbeiten, dann wählen Sie die Übungen mit Blick auf diese Gruppe aus. Passen Sie Ihre Vorgehensweise an die Gruppengröße an. Beachten Sie die Vorlieben der Teilnehmenden. Wenn die Teilnehmenden es gewohnt sind, rational an die Dinge heranzugehen, kann es sein, dass sie sich gegen spielerische Methoden, bei denen Fantasie gefragt ist, sperren. Widerstand kann das Ergebnis beeinträchtigen oder verfälschen. Die Gruppe beschäftigt sich dann mehr mit der Methode und weniger mit dem Thema. Andererseits kann es aber durchaus produktiv sein, wenn mit einer Methode gearbeitet wird, die nicht den Vorlieben der jeweiligen Gruppe entspricht. Entscheiden Sie sich in diesem Fall ganz bewusst für diese Vorgehensweise.

- *Die Umgebung:* Wo soll der kreative Team-Workshop stattfinden? Am besten geeignet ist ein heller, großzügiger, aufgeräumter und gut belüfteter Raum, möglichst nicht zu nahe am Arbeitsplatz der Teilnehmenden. Richten Sie den Raum so ein, dass Sie die gewählten Methoden dort gut umsetzen können und dass die Teilnehmenden zu herausragenden Ergebnissen inspiriert werden. Hängen Sie zum Beispiel ansprechende Bilder auf, arbeiten Sie mit Farben, lassen Sie schöne Musik laufen, wenn die Teilnehmenden den Raum betreten, schmücken Sie den Raum mit Blumen und Pflanzen, stellen Sie Schalen mit Obst auf oder beginnen Sie den Workshop mit der Übung 21: *Inspirationstisch.*

Hinweis

Wir haben bei jeder Übung den Schwierigkeitsgrad (einfach, mittel, anspruchsvoll) angegeben. Der Schwierigkeitsgrad zeigt an, wie schwierig es ist, diese Übung erfolgreich umzusetzen. Übungen mit dem Schwierigkeitsgrad „einfach“ sind nicht sehr kompliziert in der Durchführung, es sind keine speziellen Vorkenntnisse notwendig, und Sie als Gruppenleitung können die Gruppe leicht und selbstständig steuern. Eine mit dem Schwierigkeitsgrad „anspruchsvoll“ gekennzeichnete Übung verlangt mehr von Ihnen. Das kann konkret bedeuten, dass Sie sich gut vorbereiten und einlesen müssen oder dass Ihnen selbst eine bedeutende Rolle in der Durchführung der Methode zukommt, die gewisse Kenntnisse und Fähigkeiten voraussetzt. Wir empfehlen daher, Übungen mit dem Schwierigkeitsgrad „anspruchsvoll“ zuerst mit einem Übungspublikum auszuprobieren, damit Sie auf den Prozess, den Sie in der Gruppe in Gang setzen werden, vorbereitet sind.

Im Anhang des Buches finden Sie neben einer kurzen Zusammenfassung des Inhalts und Ziels/Ergebnisses der Übungen auch eine Einstufung (*, **, ***) im Hinblick auf (A) die Dauer der Vorbereitung und (B) die erforderlichen Kenntnisse und Fähigkeiten aufseiten der Gruppenleitung.

Wir wünschen Ihnen viel Freude beim Lesen und einen guten „Flow“ für Ihre kreativen Team-Workshops.

Teil 1: Voraussetzungen schaffen

Inhaltsübersicht

Einführung

Eine kreativer Team-Workshop stellt hohe Anforderungen an die Teilnehmenden. Diese sollen ihre üblichen Denkpfade verlassen, die Grenzen ihres Denkens erweitern und Fähigkeiten nutzen, die sie sonst kaum einsetzen. Sie als Gruppenleitung sollten deshalb sicherstellen, dass die Begleitumstände während des Workshops den hohen Anforderungen gerecht werden: Sorgen Sie für ausreichend Sauerstoff, Energie, Abwechslung, Vernetzung und Inspiration.

Bei der Übung *Quickscan* machen sich die Teilnehmenden zuerst einmal bewusst, wo sie aktuell beim Thema Kreativität stehen. Nachdem sie sich ein Bild davon gemacht haben, können Sie als Gruppenleitung ihnen dabei helfen, Aktionspunkte zu formulieren. Diese sollten möglichst gute Erfolgschancen haben. So wird der Workshop noch effektiver.

Es ist wichtig, dass das Motto des Workshops deutlich wird. Eine Möglichkeit, die Teilnehmenden von Anfang an in den Workshop einzubeziehen, besteht darin, sie selbst erleben zu lassen, was Kreativitätstechniken zu bieten haben. Die Übung *Ein Puzzle als Teaser* ist so eine Methode, mit der man unbeschwert starten kann und die zugleich vertrauensbildend wirkt.

Zombiefangen ist eine Übung, die für Energie, Bewegung, Kontakt und Spaß steht. Sie bringt eine spielerische Note in die Gruppenarbeit ein, die die Kreativität för dern kann.

Auch Filme sind sehr hilfreich, wenn es darum geht, ein Thema effektiv einzuführen. Mit Filmausschnitten können Sie Teilnehmende auf unterschiedlichen Ebenen ansprechen. So wird ein Thema lebendiger und bunter, als wenn man nur darüber spricht. Auch das fördert die Kreativität. *Das Filmfragment* ist so eine Übung, bei der Bilder eingesetzt werden, um die innere Anteilnahme an einem kontrovers diskutierten Thema zu fördern und auch, um Nuancen einzubringen, die durch die verschiedenen Perspektiven der Protagonisten nachvollziehbar werden.

Neben Filmen kann auch Musik etwas in Bewegung bringen und Aspekte der Gruppenarbeit verdeutlichen. *Close Harmony* ist eine spielerische und anregende Übung, bei der Musikinstrumente und Teamrollen miteinander kombiniert werden. Die Talente in einem Team kommen dadurch auf eine völlig andere Weise zum Ausdruck und können dann auch entsprechend genutzt werden.

Die Übung *Kakophonie* spricht sowohl unsere Sinne als auch unser Gehirn an, mit der Folge, dass alle Kanäle offen sind, um ein Problem aus unterschiedlichen Perspektiven wahrzunehmen.

Damit alle Beteiligten sich frei genug fühlen können, um ihre Ideen zu äußern und auf Beiträge anderer konstruktiv zu reagieren, ist eine gute Atmosphäre in der Gruppe wichtig. Übungen, die zu einer guten Atmosphäre beitragen, sind *Sich einmal anders kennenlernen, Es regnet Komplimente, Götter und Göttinnen, Beziehungs-Mindmapping für zwei* und *Talking Stick. Sich einmal anders kennenlernen* wirft ein Licht auf noch unbekannte und überraschende Seiten der teilnehmenden Personen. Bei der Übung *Es regnet Komplimente* wird mit positivem Feedback gearbeitet, um die psychologische Sicherheit der Teilnehmenden in der Gruppe sicherzustellen. Psychologische Sicherheit ist entscheidend für eine fruchtbare Zusammenarbeit und lebendige Kreativität. Wenn es sich bei der Gruppe um eine Projektgruppe handelt, deren Mitglieder über einen längeren Zeitraum intensiv zusammenarbeiten müssen, ist es sinnvoll, die Übung *Götter und Göttinnen* anzuwenden. Die Beteiligten lernen sich nicht nur untereinander besser kennen, sondern sie erfahren auch viel über ihre jeweiligen Talente und Teamrollen und darüber, wie sie diese im Arbeitsalltag nutzen können. Die Übung *Beziehungs-Mindmapping für zwei* kann sehr nützlich sein, wenn es in der Gruppe Reibereien oder Konflikte gibt. Diese Methode gibt einen Einblick in alle funktionalen und dysfunktionalen Aspekte einer Arbeitsbeziehung. Die Teilnehmenden machen sich außerdem Gedanken darüber, wie sie sich ihre Arbeitsbeziehung idealerweise vorstellen würden.

So brillant oder innovativ eine Idee auch sein mag, genauso wichtig ist es, dass sie Unterstützung findet. Berücksichtigen Sie die Formel $E = Q \times A$. Die Effektivität einer Lösung ist das Produkt aus Qualität und Akzeptanz dieser Lösung. Eine einfache, uralte Methode, bei der alle Teilnehmenden zu Wort kommen, ist die Übung *Talking Stick,* die daran erinnert, das Recht zu sprechen auch wirklich zu nutzen. In der Gruppe kommt der oder die nächste erst dann an die Reihe, wenn die vorherige Person zu Ende gesprochen hat und ihre Sicht der Dinge von den anderen verstanden wurde. Diese Methode trägt zur Qualität und vor allem auch zur Akzeptanz einer Lösung bei.

Übung 1: Quickscan

Schwierigkeitsgrad: anspruchsvoll

Kurzbeschreibung

Die Teilnehmenden setzen sich mit dem Ist-Zustand ihrer Kreativität auseinander und reflektieren darüber, wie sie ihre individuelle Kreativität verbessern könnten. Sie füllen dazu einen kurzen Fragebogen aus. Die Ergebnisse des Fragebogens helfen den Teilnehmenden dabei, zu entscheiden, wie sie ihre eigene Kreativität voranbringen können.

Zielsetzung/Wirkung

Die Teilnehmenden gewinnen Einsicht in ihre eigene Kreativität. Sie entscheiden selbst, was sie genau tun möchten, um ihre Kreativität zu fördern. Wenn diese Absichten sehr konkret formuliert werden, steigt die Wahrscheinlichkeit, dass die Teilnehmenden tatsächlich aktiv werden. So hat die Gruppenarbeit einen größeren Effekt.

Durchführung

Vorbereitung

Erstellen Sie zur Vorbereitung auf den Workshop eine Übersicht über die Themen, die im Zusammenhang mit Kreativität wichtig sind. Sie können dazu Fachliteratur lesen oder mit Fachleuten sprechen.

Übersetzen Sie nun die Themen aus Ihrer Übersicht in Fragen oder Aussagen und fügen Sie eine passende Antwortkategorie hinzu. Das ist der Quickscan, ein Beispiel finden Sie im Kasten weiter unten.

Nehmen Sie den Quickscan ausgedruckt mit in die Gruppe oder erstellen Sie einen Link, über den die Teilnehmenden ihn vor Ort digital ausfüllen können.

Die Items aus dem Quickscan bestimmen, welche Verbesserungsmöglichkeiten sich daraus ergeben können. Stellen Sie sicher, dass Sie über die nötigen Kenntnisse und Fähigkeiten verfügen, um den Teilnehmenden in Bezug auf die Aspekte, an denen sie arbeiten können, beratend zur Seite zu stehen.

Schritt 1: Der Fragebogen

Teilen Sie den Fragebogen aus, erläutern Sie ihn und bitten Sie die Teilnehmenden, den Fragebogen auszufüllen.

Schritt 2: Einen Punkt zur Verbesserung auswählen

Bitten Sie die Teilnehmenden, sich ihre Antworten noch einmal genau anzuschauen und einen Punkt aus dem Quickscan auszuwählen, den sie gerne verbessern würden.

Schritt 3: Coaching

Bitten Sie die Teilnehmenden, Zweierteams zu bilden. In der ersten Runde ist die eine Person der Coach und die andere der Coachee. Nach 20 Minuten werden die Rollen getauscht. Ziel dieses Coachings ist, darauf hinzuwirken, dass der Coachee tatsächlich an dem Punkt, der verbessert werden soll, arbeiten wird. Zu diesem Zweck geht der Coach wie folgt vor:

- Zuerst versucht der Coach herauszufinden, ob der Verbesserungspunkt wirklich wichtig für den Coachee ist. Möchte er tatsächlich daran arbeiten? Warum? Ist es eventuell notwendig, den Verbesserungspunkt umzuformulieren oder sogar einen anderen Verbesserungspunkt auszuwählen, der für den Coachee wichtiger ist?
- Der Coach stellt so lange Fragen, bis der Coachee den Verbesserungspunkt konkret und realistisch formuliert hat. Das Ergebnis ist ein erster kleiner Schritt, der gut nachvollziehbar beschrieben ist.
- Zuletzt fragt der Coach, was dem Coachee helfen würde, diesen Schritt tatsächlich zu machen. Das sollten bestenfalls drei Dinge sein, zum Beispiel: (1) Der Coachee ruft den Coach an, wenn er die Verbesserungsaktion durchgeführt hat, (2) der Coach lädt den Coachee zum Kaffeetrinken ein, wenn er dabei erfolgreich war, (3) der Coachee setzt die Verbesserungsaktion auf seine persönliche Tagesordnung usw.

Beispiel zur Übung „Quickscan“: Wie erstellt man einen Fragebogen?

Als Beispiel nehmen wir einen Workshop, der sich mit den verschiedenen Seiten der Kreativität, wie wir sie auch in diesem Buch voneinander unterscheiden, auseinandersetzt. Der amerikanische Redner, Autor und Spielzeugerfinder Roger von Oech (1998) hat das auf unterhaltsame Art und Weise herausgearbeitet. Er schreibt, dass Menschen, die im kreativen Prozess erfolgreich sind, vier Rollen einnehmen können, und zwar: die Rolle des Forschers, des Künstlers, des Richters und des Kriegers (von Oech, 1994). Eine Forscherin geht beispielsweise auf Entdeckungsreise und sammelt Fakten, Erfahrungen, inspirierende Beispiele, Erkenntnisse und Gefühle, die auf irgendeine Weise mit der Idee zu tun haben, an der sie arbeitet. Sie sucht dabei auch außerhalb der bekannten Pfade.

Um herauszufinden, ob jemand tatsächlich die Rolle des Forschers einnimmt, bereiten Sie eine Reihe von Aussagen vor. Ein dazu passendes Antwortformat wäre zum Beispiel: „Erkennen Sie sich in dieser Aussage wieder (Ja/Mehr oder weniger/Nein)"? Sie können die Teilnehmenden aber auch darum bitten, direkt hinter die Aussagen, an denen sie arbeiten möchten, ein Häkchen zu setzen.

Ein Quickscan zum „Forscher" könnte folgendermaßen aussehen:

	Erkennen Sie sich in dieser Aussage wieder?		
	Ja	**Mehr oder weniger**	**Nein**
Wenn ich eine Idee habe, suche ich überall nach Inspiration, um die Idee weiterzuentwickeln.			
Ich untersuche, ob in anderen Fachgebieten bereits eine Lösung für ein ähnliches Problem bekannt ist.			
Inspirierendes Material hebe ich auf.			
Ich verwende ein System, um inspirierende Beispiele schnell wiederfinden zu können.			

Theoretischer Hintergrund: Psychologie der Veränderung

Schritt 3 dieser Übung basiert auf dem Buch *De ladder* von Ben Tiggelaar (2018). Der Autor hat darin Erkenntnisse aus der Psychologie der Veränderung in drei Schritte übertragen, die nach seinem Modell dabei helfen, ein Ziel zu erreichen.

Übung 2: Ein Puzzle als Teaser

Schwierigkeitsgrad: einfach

Kurzbeschreibung

Diese Übung ist ein guter Einstieg in die kreative Gruppenarbeit. Sie demonstriert direkt und verständlich, worin der Wert des kreativen Denkens besteht.

Zielsetzung/Wirkung

Die Teilnehmenden machen die Erfahrung, dass Kreativitätstechniken dabei helfen können, Lösungen zu finden, auf die sie ohne diese Herangehensweisen nicht gekommen wären. Mit dieser Übung am Beginn des Prozesses können Sie für sich und Ihre Arbeitsweise Vertrauen gewinnen, was die Zusammenarbeit angenehm macht.

Durchführung

Vorbereitung

Im Kasten unten sind mehrere Grafiken abgebildet, die für diese Übung benötigt werden. Alle Teilnehmenden sollen die Grafiken sehen können. Wie Sie den Teilnehmenden die Bilder zugänglich machen, hängt davon ab, wie Sie Ihren Workshop gestalten:

- Erstellen Sie Folien in Ihrer PowerPoint-Präsentation
- Zeichnen Sie die Grafiken auf Flipchart-Bögen nach

Stellen Sie sicher, dass Sie A4-Papier und Stifte zur Verfügung haben.

Schritt 1: Die Übung erklären

Erklären Sie den Teilnehmenden, dass sie nun selbst eine Kreativitätstechnik ausprobieren werden.

Schritt 2: **Erste Runde**

Zeigen Sie das regelmäßige Sechseck. Fordern Sie die Teilnehmenden auf, das Sechseck in sechs gleich große und gleich geformte Teile zu unterteilen.

Schritt 3: **Zweite Runde**

Gehen Sie im Raum umher. Sobald ein paar Gruppenmitglieder die erste Lösungsmöglichkeit (siehe Grafik im Kasten) gefunden haben, zeigen Sie allen Teilnehmenden diese Lösung. Das geschieht in der Regel sehr schnell.

Schritt 4: **Dritte Runde**

Erklären Sie den Teilnehmenden, dass es noch viel mehr Möglichkeiten gibt, dieses Sechseck in sechs gleich große und gleich geformte Teile aufzuteilen. Fordern Sie die Gruppe auf, sich noch weitere Lösungen einfallen zu lassen.

Schritt 5: **Vierte Runde**

Kündigen Sie nun an, dass Sie jetzt eine Kreativitätstechnik vorstellen werden, und zwar eine Technik, mit der die Teilnehmenden herausfinden können, mit welcher inneren Einstellung und Überzeugung sie an diese Übung herangegangen sind. Die Teilnehmenden müssen dazu herausfinden, welche Gemeinsamkeiten die Lösungen (oder Halblösungen), die sie gefunden haben, aufweisen. Diese Gemeinsamkeiten in den Lösungen sagen etwas über ihre innere Einstellung aus. Sobald sie diese loslassen, werden sie mehr Alternativen für die Aufteilung des Sechsecks finden.

Schritt 6: **Fünfte Runde**

Zeigen Sie die Lösungen, die die vierte Runde ergeben hat, sobald die ersten Teilnehmenden weitere Möglichkeiten gefunden haben. Beenden Sie die Übung mit einem Rückblick. Erklären Sie, dass diese Kreativitätstechnik die jeweiligen Einstellungen und Annahmen ans Tageslicht befördert. Wahrscheinlich sind die meisten Teilnehmenden von der Annahme ausgegangen, dass sie gerade Linien zeichnen sollten. Diese unbewusste Annahme hat sie gewissermaßen beim Finden weiterer Alternativen eingeschränkt. Erklären Sie, dass man diese Vorgehensweise auch bei realistischen Fragestellungen anwenden kann. Übung 42: *Hypothesen torpedieren* geht näher darauf ein.

Material zur Übung „Ein Puzzle als Teaser“: Grafiken und Aufgaben

Nutzen Sie die folgenden Grafiken und Aufgaben in den einzelnen Runden:

 Grafik zu Runde 1: 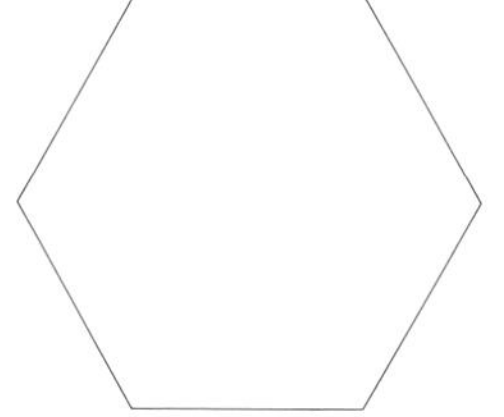 Unterteilen Sie dieses regelmäßige Sechseck in sechs gleiche Teile.	Grafik zu Runde 2: 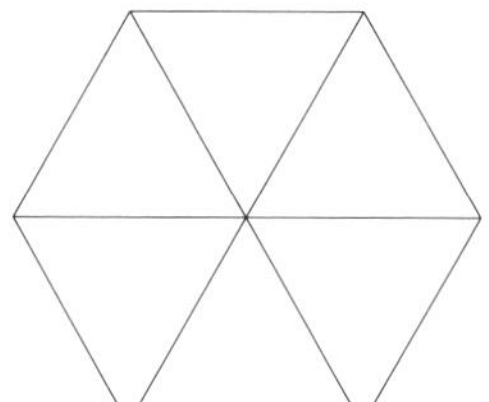
Runde 4: Einstellungen und Annahmen identifizieren • Überlegen Sie sich weitere Alternativen. • Was haben alle Alternativen gemeinsam? • Da Sie das jetzt erkannt haben: Fallen Ihnen noch weitere Alternativen ein?	Runde 5: Mögliche Lösungen 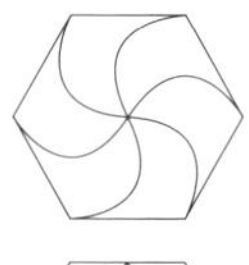 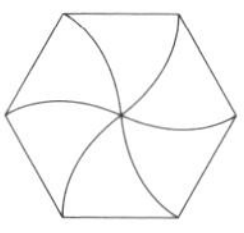 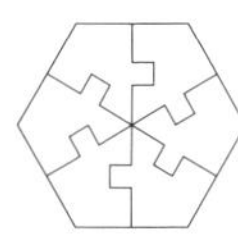 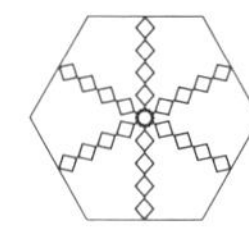  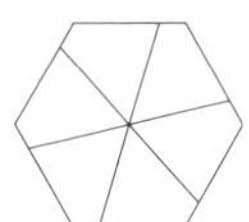

Variante: Mit einer Fragestellung aus der Praxis arbeiten

Diese Denkaufgabe stammt aus dem Buch *Handboek voor creatief denken* von Vanosmael und De Bruyn (1993). Wir haben sie schon oft eingesetzt. Noch eindrücklicher wirkt die Übung, wenn Sie eine Kreativitätstechnik auf einen echten Fall eines Teilnehmers oder einer Teilnehmerin anwenden. Auf diese Weise sind alle Teilnehmenden unmittelbar an der Lösung einer konkreten Fragestellung beteiligt und erleben, was Kreativitätstechniken in der Praxis bewirken können. Falls Sie mit dieser Variante arbeiten wollen, müssen Sie die Themen Ihrer Teilnehmenden im Vorfeld „einsammeln“. Sie können dann ein Thema wählen, für das Sie eine geeignete Kreativitätstechnik im Gepäck haben. Nicht jede Methode ist für jedes Problem geeignet.

Übung 3: Zombiefangen und andere Aufwärmübungen

Schwierigkeitsgrad: einfach

Kurzbeschreibung

Bei dieser Übung handelt es sich um eine Aufwärmübung, die an das Kinderspiel „Fangen" erinnert und die beteiligten Personen spielerisch in Kontakt miteinander bringt.

Zielsetzung/Wirkung

Durch das Spielen entstehen Kontakt, Spaß, Dynamik und eine lockere Atmosphäre. So wird eine gute Ausgangslage für die weitere kreative Gruppenarbeit hergestellt, um spielerisch vorzugehen und Ideen offen und uneingeschränkt zu kommunizieren.

Durchführung

Vorbereitung

Sie benötigen einen Raum, in dem die Gruppe in einem großen Kreis stehen kann. Bereiten Sie sich dahingehend vor, dass Sie die Spielregeln gut erklären können.

Schritt 1: Das Spiel erklären

Kündigen Sie an, dass Sie nun ein Spiel spielen wollen und dass Sie damit ein Ziel verfolgen. Erklären Sie die Spielregeln wie folgt:

1. Die gesamte Gruppe steht im Kreis um eine Person herum. Diese Person ist „der Zombie".
2. Aufgabe des Zombies ist es, jemanden zu berühren. Die Person, die berührt, also „gefangen" wurde, ist der neue Zombie.
3. Der Zombie bewegt sich träge, mit ausgestreckten Armen. (Machen Sie vor, wie der Zombie sich bewegt, ein bisschen ungelenk und roboterhaft.)
4. Der Zombie wählt jemanden aus, den er berühren möchte, und geht ruhig auf diese Person zu.
5. Wer den Zombie auf sich zukommen sieht, kann sich retten, indem er oder sie eine andere Person im Kreis anstarrt.
6. Wer angestarrt wird, nennt schnell den Namen eines anderen Gruppenmitglieds.

7. Wenn der Zombie zu diesem Zeitpunkt noch niemanden berührt hat, muss er seinen Kurs ändern. Er geht nun ruhig auf die Person zu, deren Name genannt wurde.
8. Nun geht es weiter wie vorher, ab Punkt 5.
9. Wenn der Zombie jemanden berührt hat, ist diese Person ab dem Moment der neue Zombie.

Schritt 2: Ausprobieren

Spielen Sie zuerst eine Proberunde, bei der Sie der Zombie sind. Falls eine Regel noch nicht ganz klar ist, erklären Sie sie erneut.

Schritt 3: Das Spiel spielen

Spielen Sie das Spiel. Ein paar Minuten reichen meist aus, um die Gruppe locker zu machen.

Alternative 1: Speed-Dating

Speed-Dating ist ebenfalls sehr gut dafür geeignet, eine Stimmung zu erzeugen, in der sich alle Beteiligten wohlfühlen. Durch diese Übung lernen die Teilnehmenden mehr Menschen in der Gruppe besser kennen.

Bilden Sie zwei Stuhlkreise, einen inneren und einen äußeren Kreis. Es sollen so viele Stühle sein, dass alle Personen sitzen können. Platzieren Sie die Stühle so, dass sich immer ein Stuhl aus dem inneren und ein Stuhl aus dem äußeren Kreis gegenüberstehen, sodass diejenigen, die auf den Stühlen sitzen, sich gegenseitig anschauen können. Wenn alle sitzen, bitten Sie die Personen im inneren Kreis, drei Plätze weiter nach rechts zu rutschen. Damit wird die Übung spielerischer und überraschender. Es macht auch deshalb Sinn, weil Sie davon ausgehen müssen, dass sich Menschen, die sich schon kennen, zusammengesetzt haben. Nun sollen die „Paare" miteinander ins Gespräch kommen, und zwar sollen sie sich über eine einfache Frage austauschen, die Sie ihnen vorschlagen und die zu Ihrem Workshop-Thema passt. Sie können zum Beispiel bei Übung 7: *Sich einmal anders kennenlernen* entsprechende Anregungen finden. Nach 3 Minuten geben Sie ein Zeichen, die Teilnehmenden rutschen einen Stuhl weiter, und Sie präsentieren ihnen eine neue Frage.

Speed-Dating funktioniert auch ohne Stühle. Sie geben dann den Teilnehmenden ein paar Fragen auf Karten oder einem DIN-A4-Blatt. Oder Sie schreiben die Fragen auf einen Flipchart-Bogen, sodass alle sie ablesen können. Die Teilnehmenden bewegen sich im Raum und wählen jedes Mal eine andere Person aus, die sie kennenlernen möchten, und verwenden eine andere Frage, über die sie sprechen wollen.

Alternative 2: Zeichne deinen Nachbarn

Hierbei handelt es sich um eine witzige Aufwärmübung des amerikanischen Design- und Beratungsunternehmens IDEO. Die Gruppenmitglieder erhalten den Auftrag, die Person neben ihnen in 2 Minuten zu zeichnen. Viele Menschen fühlen sich unsicher und verletzlich, wenn sie etwas zeichnen sollen. Dadurch, dass es allen anderen auch so geht, wird die Atmosphäre insgesamt lockerer. Wenn Sie möchten, dass die Teilnehmenden im Verlauf der Gruppenarbeit häufiger aus ihrer Komfortzone herauskommen, zeigen Sie mit dieser Übung schon einmal die Richtung an.

Übung 4: Das Filmfragment

Schwierigkeitsgrad: mittel

Kurzbeschreibung

Diese Übung nutzt kurze Filmszenen, um ein (heikles) Problem oder einen Sachverhalt zu veranschaulichen, zu diskutieren und letztlich zu vertiefen.

Zielsetzung/Wirkung

Mit Filmausschnitten lässt sich sehr gut die Beteiligung und innere Anteilnahme der Teilnehmenden an einem bestimmten Thema steigern, weil Bilder, und vor allem bewegte Bilder, sehr ansprechend wirken. Und weil in Filmausschnitten oft mehrere Perspektiven in kurzer Zeit erfasst werden, laden sie uns ein, einmal außerhalb der ausgetretenen Pfade zu denken und zu diskutieren. Dadurch können Filmszenen für eine originelle Wendung sorgen, wenn man gerade vor einem Problem steht und Lösungen sucht. Sie können Filmfragmente zum Beispiel bei Themen wie Führung, Verbitterung, persönliche Entwicklung oder Umgang mit Veränderungen einsetzen.

Durchführung

Vorbereitung

Bei dieser Gruppenarbeit stellen wir uns eine Gesprächsrunde vor, bei der es darum geht, Vorstellungen und Meinungen zu bilden. Denken Sie zum Beispiel an Vorhaben wie eine Zielgruppe oder eine andere Kultur, mit der Sie künftig beruflich zu tun haben werden, zu ergründen und zu erschließen. Rechnen Sie mit einer Dauer von ca. 1½ Stunden.

Legen Sie das Thema fest. Stellen Sie sich die folgenden Fragen:
- Wie breit und vielfältig darf das Thema sein? Ist das Thema klar umrissen?
- Welche Perspektiven können zu diesem Thema eröffnet werden?
- Wie viele auseinanderdriftende Perspektiven sollen gezeigt werden?

Wählen Sie einen Filmausschnitt aus, der zu Ihrem Thema passt. Sie können eventuell auch mehrere Szenen verwenden. Im Kasten finden Sie Beispiele für inspirierende Filme.

An Material benötigen Sie weiter ein Flipchart, dicke Stifte und einen Platz, an dem Sie die Papierbögen aufhängen können. Schreiben Sie schon vor dem Treffen ein paar Diskussionspunkte auf einen Bogen. Zum Beispiel:

- In welchem Dilemma steckt die Hauptfigur?
- Welche Dimensionen lassen sich innerhalb des Dilemmas unterscheiden?
- Wie kann die Hauptfigur die unterschiedlichen Interessen ausbalancieren?

Stimmen Sie Ihre Fragen auf das Thema, das Sie behandeln möchten, ab. Weitere Beispiele für mögliche Diskussionsfragen finden Sie im Kasten. Stellen Sie sicher, dass Sie die geeignete technische Ausstattung haben, um die Filmausschnitte zeigen zu können.

Schritt 1: **Einführung in das Thema**

Führen Sie die Teilnehmenden in das Thema ein. Eine neutrale Haltung Ihrerseits ist wünschenswert, damit die Teilnehmenden nicht beeinflusst werden. Auf die folgenden Punkte sollten Sie auf jeden Fall eingehen:

- Was ist das Thema des heutigen Tages? Warum findet dieses Treffen statt?
- Warum sehen wir uns eine Szene aus einem Film an?
- Warum ist es so wichtig, Dinge aus unterschiedlichen Blickwinkeln zu betrachten?
- Was können die Teilnehmenden tun, um einschränkende Vorannahmen zu vermeiden?

Schritt 2: **Einführung in den Filmausschnitt**

Beschreiben Sie in etwa 10 Minuten den Film, um den es geht. Sprechen Sie dann über die Filmszene und stellen Sie die Verbindung zum Diskussionsthema her. Es ist sinnvoll, das Diskussionsthema aus unterschiedlichen Blickwinkeln zu betrachten und dazu mehrere Filmausschnitte zu verwenden, vorzugsweise aus verschiedenen Filmen.

Schritt 3: **Die Filmszene**

Zeigen Sie die Szene, beziehungsweise die Szenen, falls Sie mehrere vorbereitet haben. Planen Sie dafür etwa 10 bis 15 Minuten ein, abhängig von der Zahl der Filmszenen und ihrer Länge.

Schritt 4: **Diskussion**

Beginnen Sie anschließend eine etwa halbstündige Diskussion, die sich an den Fragen, die Sie im Vorfeld formuliert haben, orientiert. Was kann man konkret aus der Filmszene lernen in Bezug auf die Frage oder das Problem, welches im Zentrum steht?

Material zur Übung „Das Filmfragment": Interessante Filmausschnitte

In dem Buch *101 Movie Clips that Teach and Train* (Pike Pluth, 2007) werden verschiedene Themen anhand von Filmszenen illustriert. Die behandelten Themen sind u. a. Problemanalyse, Problemlösung, Konfliktmanagement, Diskriminierung, innovatives Denken, Teamwork, Kreativität und der Umgang mit Veränderungen. Natürlich können Sie auch Ihre eigene Sammlung von Filmausschnitten nutzen.

Hier folgt eine Auswahl als Inspiration:
- *Jerry Maguire* (Regie: Cameron Crowe, 1996, deutscher Titel: Jerry Maguire – Spiel des Lebens): Persönliche Entwicklung
- *Seven Up!* (Regie: Paul Almond, 1964, britischer Dokumentarfilm): Persönliche Entwicklung
- *Billy Elliot – I Will Dance* (Regie: Stephen Daldry, 2000): Den eigenen Weg gehen
- *Lorenzo's Oil* (Regie: George Miller, 1992, deutscher Titel: Lorenzos Öl): Sich auf das eigene Urteil verlassen
- *Goud* (Regie: Niek Koppen, 2006, niederländischer Dokumentarfilm): Teambuilding und Teamleistung
- *Alexander* (Regie: Oliver Stone, 2004): Führung
- *The Edge* (Regie: Lee Tamahori, 1997, deutscher Titel: Auf Messers Schneide – Rivalen am Abgrund): Veränderungen
- *Dead Poets Society* (Regie: Peter Weir, 1989, deutscher Titel: Der Club der toten Dichter): Kreativität, die Dinge einmal anders sehen, der natürliche Beitrag jedes Einzelnen
- *The Remains of the Day* (Regie: James Ivory, 1993, deutscher Titel: Was vom Tage übrig blieb) und *Sense and Sensibility* (Regie: Ang Lee, 1995, deutscher Titel: Sinn und Sinnlichkeit): Der Kampf zwischen Vernunft und Gefühl
- *As It Is In Heaven* (Regie: Kay Pollak, 2004, deutscher Titel: Wie im Himmel): Selbstentwicklung und Selbstüberwindung
- *Gladiator* (Regie: Ridley Scott, 2000): Die Umwandlung von Verbitterung in eine Mission
- *American Beauty* (Regie: Sam Mendes, 1999): Selbstbefreiung
- *Das Experiment* (Regie: Oliver Hirschbiegel, 2001): Gruppendruck und Rollen
- *The King's Speech* (Regie: Tom Hooper, 2010, deutscher Titel: The King's Speech – Die Rede des Königs): Mentoring und Selbstüberwindung
- *Black Swan* (Regie: Darren Aronofsky, 2010): Integration von Gut und Böse und grenzenloser Ehrgeiz
- *Cell 211* (Regie: Daniel Monzón, 2009, deutscher Titel: Zelle 211 – Der Knastaufstand): Loyalität und Machtwechsel

Beispiel zur Übung „Das Filmfragment": Finding Forrester

Ein gutes Beispiel, diese Methode zu illustrieren, ist der Film *Finding Forrester* (Regie: Gus Van Sant, 2000, deutscher Titel: Forrester – Gefunden!), der sich mit dem Thema Diskriminierung auseinandersetzt. Die Hauptperson, Jamal Wallace, ist ein talentierter und intelligenter Basketballspieler, der sich mit dem berühmten Schriftsteller William Forrester anfreundet. Forrester lebt sehr zurückgezogen und verlässt sein Haus fast nie. Er erkennt das Talent des jungen Jamal und wird sein Mentor. Die Freundschaft zwischen den beiden führt dazu, dass Forrester sein zurückgezogenes Dasein aufgibt und Wallace seine rassistischen Vorurteile überwindet.

Mögliche Diskussionsfragen könnten sein:

- Welche Informationen über andere Menschen benötigen wir, um beurteilen zu können, wozu sie fähig sind?
- Inwieweit spielen Aspekte wie Herkunft, Glaube, Gewicht oder Geschlecht eine Rolle, wenn es darum geht, einzuschätzen, für welche Aufgaben jemand geeignet ist?
- Was können wir tun, um im Kollegenkreis Diskriminierung, Stereotypisierung und falsche Vorannahmen zu eliminieren?

(Quellen: Pike Pluth, 2007; van Doorn, 2010)

Übung 5: Close Harmony

Schwierigkeitsgrad: mittel

Kurzbeschreibung

Close Harmony ist eine Übung, bei der die Teilnehmenden gemeinsam die Persönlichkeiten (im Team) und die Teamdynamik anhand von Musikinstrumenten erkunden. Das heißt, die einzelnen Teammitglieder werden mit Musikinstrumenten in Verbindung gebracht und das Team als Gesamtes mit einem Orchester oder einer Band. Diese Methode basiert auf dem Gedankengut des niederländischen Unternehmers und Motivationstrainers Richard de Hoop (2012), der Musikinstrumente mit den Teamrollen nach Belbin (2010) kombiniert: Auf welche Weise kann welches Instrument einen sinnvollen Beitrag zum Team leisten? Wichtig ist hierbei, dass die Gruppenleitung mit den Teamrollen nach Belbin vertraut ist.

Zielsetzung/Wirkung

Close Harmony lässt sich gut bei startenden Teams einsetzen und bei Teams, in denen es noch offene Fragen über die Zusammenarbeit und die Zuständigkeiten gibt. Mithilfe dieser Methode können Dynamik und Harmonie im Team entstehen. Beim gemeinsamen Erkunden und Aufeinander-Abstimmen der „Musikinstrumente" kann es gelingen, genau die Voraussetzungen zu schaffen, die ein optimales Ergebnis ermöglichen und eine angenehme, inspirierende Atmosphäre schaffen. Mithilfe dieser Übung kann ein „Dream-Team" aufgebaut werden, in dem man sich aufeinander einlässt und gemeinsam „spielt".

Durchführung

Vorbereitung

Sie brauchen ein Flipchart, dicke Stifte und einen Platz, an dem Sie die Bögen aufhängen können.

Im Internet werden verschiedene kostenlose Fragebögen zu den Teamrollen nach Belbin zum Herunterladen (Kurz- und Langversionen) angeboten. Drucken Sie diese Fragebögen aus und bringen Sie die benötigte Anzahl für die Teilnehmenden mit. Bringen Sie auch einen Laptop mit externen Lautsprecher-Boxen mit, damit Sie die einzelnen Musikinstrumente zu Gehör bringen können und so die Gruppe auf die Übung einstimmen können. Sie brauchen Musikstücke, in denen einzelne Instrumente die Hauptrolle spielen: ein Bassinstrument, eine Trompete, ein Schlagzeug, ein Klavier, eine Gitarre, eine Harfe, ein Horn und eine Geige.

Schritt 1: Zusammentragen der Teamrollen

Bitten Sie alle Teilnehmenden, den Fragebogen auszufüllen, und tragen Sie alle Ergebnisse in einer Tabelle auf dem Flipchart ein. Achten Sie darauf, dass Sie den Flipchart-Ständer umgedreht aufstellen, damit die Gruppe die Ergebnisse noch nicht ablesen kann. Die Namen werden in den Zeilen der Tabelle eingetragen, die Teamrollen in den Spalten. Markieren Sie die beiden höchsten Punktzahlen pro Person (Zeile) und pro Teamrolle (Spalte) mit unterschiedlichen Farben. Markieren Sie zudem pro Person die niedrigste Punktzahl für eine Teamrolle.

Schritt 2: Erläuterung der Teamrollen und Instrumente

Die Teamrollen nach Belbin lassen sich grob in Rollen mit Willenskraft, Denkkraft, Tatkraft und versorgender oder unterstützender Kraft (Gefühlskraft) unterteilen (vgl. de Hoop, 2012).

a) Erläutern Sie zunächst die Grundzüge der acht in Tabelle 1 dargestellten Teamrollen.
b) Ordnen Sie anschließend den acht Rollen ihre grundsätzliche Ausrichtung und die entsprechenden Instrumente zu (siehe Tabelle 1).

Tabelle 1: Übersicht über die Teamrollen nach Belbin, Instrumente und Ausrichtung (frei nach Richard de Hoop, 2012)

Teamrolle	Instrument	Grundkraft (Ausrichtung)
Der Perfektionist	Das Horn: ordentlich, akkurat, wachsam	versorgend/unterstützend (handlungsorientiert)
Der Teamarbeiter	Die Geige: sozial und harmoniefördernd	versorgend/unterstützend (kommunikationsorientiert)
Der Macher	Das Schlagzeug: will sich durchsetzen, aktivierend, Taktgeber	Willenskraft (handlungsorientiert)
Der Koordinator	Das Klavier: beseelend, verdeutlicht Bedürfnisse	Willenskraft (kommunikationsorientiert)
Der Erneuerer	Die Gitarre: kreativ und originell, spritzig	Denkkraft (wissensorientiert)

Tabelle 1: Fortsetzung

Teamrolle	Instrument	Grundkraft (Ausrichtung)
Der Beobachter	Die Harfe: analytisch, ernsthaft, genau	Denkkraft (wissensorientiert)
Der Umsetzer	Der Bass: diszipliniert, praktisch und geerdet	Tatkraft (handlungsorientiert)
Der Wegbereiter	Die Trompete: begeisterungsfähig, offen für Neues	Tatkraft (kommunikationsorientiert)

Schritt 3: Teamanalyse

a) Die meisten Teammitglieder spielen natürlich nicht nur ein Instrument. Bitten Sie jedes einzelne Gruppenmitglied, eine Bewertung vorzunehmen, und stellen Sie die folgenden Fragen: Welche zwei „Instrumente" spielen Sie am liebsten, und was sagt diese Kombination über Sie aus? Welche Instrumente spielen Sie dagegen am wenigsten gern? Und was sagt das über Sie aus?

b) Lassen Sie die Teilnehmenden kurz die Musikstücke anhören, die „Repräsentanten" für ein bestimmtes Teammitglied sind, und bitten Sie um Feedback. Können die Teilnehmenden den Beitrag dieser unterschiedlichen Instrumente im Zusammenhang mit diesem Teammitglied tatsächlich erkennen? Und inwiefern profitieren sie davon? Spielt dieses Teammitglied zu leise oder eher zu laut, oder fällt etwas anderes auf?

c) Erstellen Sie eine Teamanalyse:
   - Inwieweit sind die vier Grundkräfte ausreichend vertreten?
   - Welche Instrumente sind unterrepräsentiert?
   - Welche Instrumente sind überrepräsentiert?
   - Wäre es empfehlenswert, ein Teammitglied ein anderes Instrument aus seinem Repertoire spielen zu lassen, um ein Gleichgewicht im Team herzustellen? Denken Sie zum Beispiel an die dritte Präferenz.

d) Verknüpfen Sie die Teamanalyse mit der (strategischen) Aufgabe des Teams. Was ist die Aufgabe? Wie kann es dem Team gelingen, die Teamziele gemeinsam zu erreichen? Welche Umbesetzungen im Orchester oder in der Band sind notwendig? Das muss übrigens nicht heißen, dass alle Instrumente gleich stark verteilt sein müssen, es kommt vor allem darauf an, festzustellen, wer oder was gebraucht wird, um die gewünschten Ergebnisse zu erzielen.

Beispiel zur Übung „Close Harmony“: Filmszenen, die geeignet sind, um Teamrollen und Instrumente zu veranschaulichen

Mit passenden Filmausschnitten lässt sich sehr gut die Theorie der Teamrollen und Instrumente illustrieren. Voraussetzung ist, dass die Gruppenleitung Filmszenen ausschneiden und in eine Präsentation einfügen kann.

Der niederländische Film *De Marathon* (Regie: Diederick Koopal, 2012) handelt von einem Werkstattbesitzer und seinen unsportlichen Mechanikern, die sich darauf vorbereiten, an einem Marathon teilzunehmen, um die Werkstatt zu retten. Zeigen Sie Ihrer Gruppe verschiedene Ausschnitte aus diesem Film, die die Rollen der einzelnen Protagonisten gut zum Ausdruck bringen, und fragen Sie die Gruppe, welche Teamrollen/Instrumente sie unter diesen fünf Männern identifizieren können.

Gerard:	Werkstattbesitzer	Der Teamarbeiter	Die Geige
Youssef:	Mechaniker, Trainer	Der Macher	Das Schlagzeug
Nico:	Mechaniker	Der Umsetzer	Der Bass
Leo:	Mechaniker	Der Wegbereiter	Die Trompete
Cees:	Mechaniker	Der Beobachter	Die Harfe

Diesem Film sehr ähnlich ist der deutsche Film *Werkstatthelden mit Herz* (Regie: Lars Montag, 2020) mit Armin Rohde als Besitzer einer Autowerkstatt mit Geldnöten. Er lässt sich auf eine Wette mit dem benachbarten Fitnessstudio-Besitzer ein: Er und seine Crew müssen den Berlin-Marathon komplett absolvieren, um die Pleite zu verhindern.

Der Film *The Full Monty* (Regie: Peter Cattaneo, 1997, deutscher Titel: Ganz oder gar nicht) hat eine ähnliche Erzählstruktur. Hier will ein arbeitsloser Stahlarbeiter eine männliche Striptease-Truppe gründen. Er findet vier Gleichgesinnte, die für das gemeinsame Ziel nun zusammenarbeiten müssen.

Auch bei diesem Film können Sie Ihre Gruppe dazu einladen, anhand von geeigneten Filmausschnitten herauszufinden, für welche Teamrollen/Instrumente die Männer stehen.

Literaturtipp

Inspiration für diese Gruppenarbeit finden Sie im Buch *Macht Musik: So spielt Ihr Team zusammen, statt nur Lärm zu produzieren* von Richard de Hoop (2012). Der Autor gibt zahlreiche Tipps und zeigt Übungen, wie Sie Teams auf der Grundlage von Teamrollen und Musikinstrumenten stärken können.

Übung 6: Kakophonie

Schwierigkeitsgrad: einfach

Kurzbeschreibung

Bei dieser Übung werden alle Sinnesorgane und das Gedächtnis aktiviert – eine ausgezeichnete Vorbereitung für andere Kreativitätstechniken. Die Teilnehmenden machen Übungen für das Sehen, Hören, Riechen, Schmecken, Fühlen und die Merkfähigkeit.

Zielsetzung/Wirkung

Die Übung *Kakophonie* kann man sich so ähnlich vorstellen wie eine Situation, in der man mit schwindelerregend vielen Reizen konfrontiert wird und alle Sinne aktiviert werden. Diese Vorgehensweise eignet sich zur Vorbereitung oder zum Aufwärmen: Alle Sinne und das Gehirn werden angeregt. Wir Menschen haben in der Regel einen bevorzugten Wahrnehmungskanal – visuell, auditiv oder kinästhetisch. Bei dieser Übung nutzen die Teilnehmenden alle Sinne, d.h., sie lösen sich von ihren bevorzugten Wahrnehmungskanälen und werden dazu angeregt, sich für andere Formen von sinnlichen Reizen zu öffnen.

Durchführung

Vorbereitung

Diese Übung erfordert etwas Vorbereitung. Zunächst benötigen Sie mehrere Gegenstände, nämlich:

- für das Sehen: ein Gemälde oder ein Bild, auf dem viel zu sehen ist;
- für das Hören: ein unbekanntes Lied in deutscher Sprache;
- für das Riechen: fünf Duftsäckchen mit verschiedenen, deutlich voneinander zu unterscheidenden Düften;
- für das Schmecken: fünf Getränke mit unterschiedlichen Fruchtnoten;
- für das Fühlen: fünf Gegenstände mit unterschiedlicher Struktur (glatt, rau, flauschig usw.);
- für die Merkfähigkeit: 24 unterschiedliche, nicht zu große Gegenstände.

Sorgen Sie auch für Schreibpapier, Stifte und eine Möglichkeit, Papierbögen aufzuhängen. Außerdem brauchen Sie einen Tisch und ein Tuch, das groß genug ist, um die 24 Gegenstände abzudecken.

Schritt 1: Sehen

Hängen Sie das Gemälde (oder das Bild) auf. Die Teilnehmenden sollen sich nun 5 Minuten lang das Bild ansehen und dabei so viele Elemente wie möglich wahrnehmen. Entfernen Sie das Bild nach 5 Minuten. Bitten Sie nun die Teilnehmenden, auf ein Blatt Papier zu zeichnen, was sie alles gesehen haben. Sagen Sie vorab, wie viel Zeit dafür zur Verfügung steht. Hängen Sie die Zeichnungen nebeneinander auf, sodass alle Beteiligten sie sehen können. Die Teilnehmenden sollen die Zeichnungen nun miteinander vergleichen: Was wurde gezeichnet? Was ist der einen Person aufgefallen, einer anderen aber nicht? Wer hat auf das große Ganze geachtet, wer mehr auf die Details? Es ist interessant zu erfahren, wie unterschiedlich Menschen die Dinge wahrnehmen, was beachtet wird und was nicht. Die Teilnehmenden erhalten durch diese Übung einen Einblick, wie ihre visuelle Wahrnehmung funktioniert.

Schritt 2: Hören

Spielen Sie den Teilnehmenden ein unbekanntes Lied vor. Bitten Sie sie, genau hinzuhören. Wiederholen Sie das Abspielen des Liedes. Im Anschluss daran sollen die Teilnehmenden alles aufschreiben, was ihnen von dem Lied in Erinnerung geblieben ist. Das kann alles Mögliche sein: der Text, der Rhythmus, die Melodie, die Gefühle, die das Lied bei ihnen hervorgerufen hat, usw.

Schritt 3: Riechen

Legen Sie die Duftsäckchen auf den Tisch. Die Teilnehmenden sollen nicht sehen können, um welchen Inhalt es sich handelt. Sie können die Duftsäckchen zum Beispiel vorher nummerieren. Alle Teilnehmenden sollen an den Säckchen riechen und zu jedem Säckchen aufschreiben, welchen Geruch sie zu erkennen glauben.

Schritt 4: Schmecken

Verbinden Sie allen Teilnehmenden die Augen und servieren Sie allen dasselbe Getränk in einem Glas. Die Teilnehmenden sollen raten, was für ein Getränk sie getrunken haben. Wiederholen Sie den Vorgang mit den anderen vier Fruchtsaftgetränken.

Schritt 5: Fühlen

Verbinden Sie erneut den Teilnehmenden die Augen und legen Sie anschließend die fünf Gegenstände mit unterschiedlicher Oberflächenstruktur auf den Tisch. Alle sollen nun raten, welche Gegenstände sie ertasten können.

Schritt 6: Merkfähigkeit

Legen Sie die 24 Gegenstände auf den Tisch. Die Gruppe darf sich 2 Minuten lang alles, was da liegt, ansehen, und die Teilnehmenden sollen sich so viele Gegenstände wie möglich merken. Dann werfen Sie das Tuch über die Gegenstände. Die Teilnehmenden schreiben nun – jeder für sich – im Zeitrahmen von 5 Minuten so viele Gegenstände wie möglich auf. Danach folgt ein Gespräch darüber, wie die Gruppenmitglieder versucht haben, sich möglichst viel zu merken und welche Technik sie angewandt haben. Dies ist gleichzeitig ein Sich-Austauschen über die Assoziationstechniken der anderen Gruppenmitglieder.

Wenn die Teilnehmenden diese sechs Schritte durchlaufen haben, ist ihnen bewusst geworden, welche Wahrnehmungskanäle sie bevorzugen und welche Sinneswahrnehmung bei ihnen am meisten auslöst oder sie inspiriert. Jedes einzelne Gruppenmitglied kann so eine Hierarchie der persönlichen Vorlieben erstellen und dieses Wissen nutzen, um die Kreativität maximal anzuregen. Später können die Teilnehmenden auch einmal ganz gezielt einen Sinn aktivieren, den sie weniger routiniert einsetzen, um auf diese Weise zu lernen, alle Sinnesorgane zu gebrauchen.

Variante: Ein Wettbewerbselement hinzunehmen

Es kann anspornend wirken, ein Wettbewerbselement in diese Übung aufzunehmen und bei jedem Schritt Punkte für richtige Antworten bzw. für die meisten Antworten zu vergeben.

Infobox: Assoziieren

Wir können uns Dinge besser merken, wenn es gelingt, sie gedanklich miteinander zu verbinden. Diese Verbindungen stellen wir durch Assoziationen her. Denken Sie zum Beispiel an Bonbons und eine Bürste: Beide beginnen mit einem B. Oder: Ich habe beide jeden Tag in meiner Handtasche.

Tipp: Um die Sinne zu stimulieren, können Sie ... verwenden

- *Farben:* Wir Menschen werden von den Farben in unserer Umgebung beeinflusst. Orange ist zum Beispiel dafür bekannt, die Kreativität zu stimulieren, Rot soll eine aktivierende Wirkung auf unser Gehirn haben, kann aber nach einer gewissen Zeit auch aggressiv machen. Gelb soll gute Laune machen und Blau beruhigend wirken. Nutzen Sie diesen Umstand für Ihre Kreativitätsworkshops, indem Sie dem Raum, in dem gearbeitet wird, Farbe geben. Hängen Sie zum Beispiel Poster auf oder stellen Sie eine Vase mit frischen Blumen auf den Tisch. Nutzen Sie außerdem, wenn möglich, Tageslicht. Ein Raum mit Tageslicht verleiht deutlich mehr Energie als Räume mit künstlichem Licht. Tageslicht hat eine starke Wirkung auf uns und spielt eine wichtige Rolle bei der Produktion von Hormonen. Das hat wiederum einen Effekt auf unsere Stimmung, unsere Wachheit und Konzentrationsfähigkeit. Tageslicht ist im Gegensatz zu künstlichem Licht weiß und ausgewogen.

- *Musik:* Musik kann alle möglichen Emotionen in uns hervorrufen. Sie kann beruhigend wirken, was die Kreativität fördert, und sie kann uns inspirieren. Barockmusik ist dafür bekannt, dass sie entspannend wirkt, weil diese Musik denselben Rhythmus hat wie unser Herzschlag. Barockmusik bringt uns in den Bereich der Alpha-Wellen. Unser Gehirn produziert dann Wellen mit einer niedrigeren Frequenz. Dadurch sind wir einerseits entspannter und andererseits aufmerksamer, konzentrierter und besser in der Lage, Informationen aufzunehmen (Van den Brandhof, 2007). Jede Musikrichtung weckt Assoziationen, erzeugt Bilder und Erinnerungen. Frei assoziieren zu können, unterstützt den kreativen Denkprozess. Durch Musik eröffnen sich uns neue Assoziationen, die uns bei einem Problem, einer Idee oder einer Aufgabe helfen können. Behalten Sie diesen Tipp während Ihres Workshops im Hinterkopf!
- *Düfte:* Düfte regen unsere Kreativität an und fördern die Produktivität. Düfte und Gerüche haben eine unmittelbare Wirkung auf die Funktion des Gehirns. Es besteht eine enge Verbindung zwischen Gerüchen und Emotionen. Düfte werden zum Beispiel dafür eingesetzt, Menschen in Kauflaune zu versetzen oder sie in eine produktive Stimmung zu bringen. Es gibt Düfte, die beispielsweise die Konzentration steigern (Zitrusdüfte), für Entspannung sorgen (Kieferndufte) oder den Schlaf fördern (Lavendel, Kamille). Denken Sie bei Kreativitätsworkshops daran, für Frischluft zu sorgen, und nutzen Sie anregende Düfte.

Übung 7: Sich einmal anders kennenlernen

Schwierigkeitsgrad: einfach

Kurzbeschreibung

Allen Teilnehmenden wird, noch bevor die kreative Gruppenarbeit beginnt, eine besondere Frage vorgelegt. Die Antworten auf diese Fragen liefern aufschlussreiche Information zu den Meinungen, Neigungen sowie Vorlieben und Interessen einer Person. Die überraschenden Fragen geben den Teilnehmenden Gelegenheit, sich von einer völlig anderen Seite zu zeigen. Das ist auch dann noch sehr lohnenswert, wenn sich die Beteiligten schon seit längerer Zeit kennen bzw. zusammenarbeiten.

Zielsetzung/Wirkung

Die Teilnehmenden lernen sich von einer anderen Seite kennen, sie erzählen einmal etwas anderes über sich selbst als die üblichen Standardgeschichten. Fragen zu Interessen und zur Motivation geben den Teilnehmenden das Gefühl, sich untereinander besser kennenzulernen. Außerdem erhalten die Teilnehmenden Feedback über den ersten Eindruck, den sie bei anderen hinterlassen. Das schafft eine offene und angenehme Atmosphäre, eine wichtige Voraussetzung für fruchtbare kreative Gruppenarbeit.

Durchführung

Vorbereitung

Schreiben Sie verschiedene Fragen auf lose Zettel. Sie können sich Fragen ausdenken, die etwas mit dem Thema der Gruppenarbeit zu tun haben, Sie können aber auch davon unabhängige Fragen formulieren (Beispiele finden Sie im Kasten). Sie benötigen mindestens so viele Zettel, wie Sie Teilnehmende an dem Workshop haben. Lassen Sie auf den Zetteln Platz für die Antwort. Falten Sie die Zettel in der Mitte und deponieren Sie sie in einer hübschen kleinen Schachtel, einer Schatztruhe oder in einem Behältnis, das gleichsam zum Symbol des kreativen Team-Workshops wird.

Schritt 1: Fragen beantworten

Alle Teilnehmenden nehmen einen Zettel, sehen sich die Frage an und schreiben – ohne lange zu überlegen – ihre Antwort unter die Frage. Bitten Sie daraufhin die Teilnehmenden, ihren Zettel wieder in der Mitte zu falten und den Zettel auf der Außenseite so zu kennzeichnen, dass sie ihn wiedererkennen können, für andere aber nicht ersichtlich ist, von wem der Zettel stammt. Alle Zettel werden zurück in die Schachtel gelegt.

Schritt 2: Wer ist wer?

Die Teilnehmenden nehmen erneut ein Zettelchen aus der Schachtel. Wichtig ist, dass sie darauf achten, nicht ihren eigenen Zettel erneut zu nehmen. Die Teilnehmenden öffnen – der Reihe nach – die Zettel, die sie genommen haben. Die Frage und die Antwort werden nun laut vorgelesen. Danach gibt die Person, die die Frage und die Antwort vorgelesen hat, eine Einschätzung ab, von wem der Zettel ursprünglich stammen könnte und warum. Fragen Sie nun, ob diese Vermutung richtig ist. Von wem ist der vorgelesene Zettel? Möchte die Person noch etwas dazu sagen?

Material zur Übung „Sich einmal anders kennenlernen“: Überraschende Fragen

- *Geburtstagsessen:* Sie dürfen vier Personen zu einem besonderen Geburtstagsessen einladen. Das können Bekannte oder Freunde sein, aber auch Figuren aus Ihrem Lieblingsbuch oder eine Persönlichkeit, die für Sie ein Vorbild ist. Wen laden Sie ein und warum? Wenn Sie möchten, können Sie auch noch eine Location und ein Menü festlegen.
- *Geschenk:* Was ist das schönste Geschenk, das Sie je bekommen haben? Warum? Was ist das schönste Geschenk, das Sie jemals jemandem gemacht haben? Warum?
- *Talent:* Was ist Ihr größtes Talent? Wie würden Sie es gerne weiterentwickeln?
- *Buch:* Was ist Ihr Lieblingsbuch? Warum? (Hier kann man natürlich auch nach dem Lieblingsfilm, der Lieblingsmusik oder dem bevorzugten Urlaubsort fragen).
- *Anderer Beruf:* Wenn Sie heute einen anderen Beruf wählen könnten, welchen Beruf würden Sie wählen?
- *Vorbild:* Wen bewundern Sie und warum?
- *Erfinderin:* Für welche Thematik würden Sie gerne etwas erfinden wollen?
- *Lieblingsspielzeug:* Was war für Sie als Kind Ihr Lieblingsspielzeug oder was haben Sie am liebsten gemacht, wenn Sie nicht in die Schule mussten?
- *Jackpot:* Was würden Sie tun, wenn Sie den Hauptpreis im Lotto gewinnen würden?

Variante: Ein Wettbewerbselement hinzunehmen

Sie können zusätzlich ein Wettbewerbselement einbauen und dazu einen Preis, der zum Workshop passt, ausschreiben: zum Beispiel ein schönes Notizbuch, um Gedanken festzuhalten, oder ein Buch, das zum Thema passt, oder eine Stunde Einzel-Coaching für die Person, die gewinnt. Gehen Sie wie folgt vor: Bereiten Sie im Vorfeld für alle Teilnehmenden eine Ergebnisliste vor, in der sie eintragen können, welche Antwort ihrer Meinung nach zu welcher Person gehört. Die Teilnehmenden ziehen eine Frage, beantworten diese schriftlich und legen die Zettel – ohne Kennzeichnung, aber gefaltet – in die Schachtel. Fragen und Antworten werden wieder vorgelesen. Die Teilnehmenden tragen ihre Einschätzung, welche Antwort zu welcher Person gehört, in die Ergebnisliste ein. Die Person, die mit den meisten Einschätzungen richtig lag, kennt die Gruppenmitglieder am besten und hat gewonnen.

Übung 8: Es regnet Komplimente

Schwierigkeitsgrad: einfach

Kurzbeschreibung

Es handelt sich um eine Gruppenübung, die auf die psychologische Sicherheit der Beteiligten in der Gruppe ausgerichtet ist. Die Teilnehmenden geben einander Feedback über ihre Stärken und über den Beitrag, den jeder oder jede Einzelne zur Gruppe beisteuert. Die Teilnehmenden reflektieren anschließend über die Übung.

Zielsetzung/Wirkung

Durch diese Übung lernen die Teilnehmenden mehr über ihre persönlichen Talente und den Beitrag, den sie zur Gruppe beisteuern. Diese Erkenntnis lädt die Teilnehmenden dazu ein, ihre besonderen Talente noch häufiger zu zeigen. Die Übung kann auch das Gefühl der Wertschätzung und Verbundenheit erzeugen. Die Gruppenmitglieder erkennen, dass sie einen Platz in der Gruppe haben, dass sie gesehen werden und dass es wertvoll ist, sich selbst zu zeigen. So können sich alle Beteiligten sicher genug fühlen, um öfter offen zu sprechen. Zugleich werden die Teilnehmenden sich der individuellen Stärken ihrer Kolleginnen und Kollegen bewusst. Das erhöht die Wahrscheinlichkeit, dass sie ihre Kolleginnen und Kollegen häufiger auf ihre Stärken ansprechen. Auch das ist ein Beitrag zur psychologischen Sicherheit in der Gruppe und schafft Raum für Kreativität.

Durchführung

Vorbereitung

Schreiben Sie die Anleitung, wie die Teilnehmenden vorgehen sollen, auf einen Flipchart-Bogen:

- Gehen Sie im Raum umher und suchen Sie eine Person aus der Gruppe, der Sie ein positives Feedback geben möchten.
  - Sagen Sie dieser Person, was Sie an ihr schätzen.
  - Formulieren Sie dabei so konkret wie möglich und erzählen Sie beispielsweise von einer Situation, in der die Person etwas gemacht hat, was Sie sehr anerkennenswert finden.
  - Überzeugen Sie sich davon, ob Ihr Feedback auch ankommt oder ob Sie Ihre Aussage etwas präzisieren müssen.
  - Schreiben Sie Ihr Feedback reduziert auf ein bis zwei entscheidende Stichwörter auf einen Haftnotizzettel und geben Sie es der entsprechenden Person.

- Nun erhalten Sie Feedback von dieser Person.
- Sie suchen eine weitere Person, der Sie Ihr positives Feedback geben möchten.

Überlegen Sie, ob Sie möchten, dass sich wirklich alle Gruppenmitglieder gegenseitig Feedback geben oder nicht. Manchmal ist das wichtig und auch möglich. Bei einer Gruppe mit mehr als 12 Teilnehmenden können Sie auch entscheiden, die Übung auf 15 Minuten zu begrenzen, wenn es nicht so wichtig erscheint, dass wirklich jede bzw. jeder Teilnehmende mit jeder oder jedem spricht. Kündigen Sie dann bereits bei Schritt 1 an, dass nicht alle Teilnehmenden allen Mitstreitenden Feedback werden geben können.

Schieben Sie Stühle und Tische zur Seite, damit sich alle frei bewegen können. Halten Sie Musik bereit, die Sie später leise abspielen können.

Schritt 1: Erläutern Sie die Übung

Erklären Sie, dass Sie gerne möchten, dass jedes Gruppenmitglied ihre oder seine Stärken in der Gruppe zur Geltung bringen kann, weil die Gruppe als Gesamtes dadurch stärker wird. Sprechen Sie auch darüber, wie schwierig es sein kann, eigene Talente überhaupt als solche wahrzunehmen, schlicht, weil wir sie für selbstverständlich halten. Wir merken oft gar nicht, dass etwas, das wir tun, für andere eine Bedeutung hat, und wir merken es deshalb nicht, weil wir selten darüber sprechen. Zeigen Sie, was auf dem Flipchart-Bogen steht, und erläutern Sie die einzelnen Schritte.

Schritt 2: Der Start

Fordern Sie nun die Beteiligten auf, sich frei im Raum zu bewegen und sich – jeweils im Zweiergespräch – Feedback zu geben. Stellen Sie die Musik an. Schreiben Sie währenddessen die Reflexionsfragen (Schritt 3) auf das Flipchart. Beenden Sie die Übung entweder nach 15 Minuten oder nachdem sich alle Gruppenmitglieder gegenseitig Feedback gegeben haben (siehe Vorbereitung).

Schritt 3: Nachbesprechung im Plenum

Stellen Sie die Stühle im Kreis auf. Geben Sie den Teilnehmenden Gelegenheit, sich Notizen zu dem erhaltenen Feedback zu machen oder ihre Klebezettel zu fotografieren. Zeigen Sie zur Inspiration das Flipchart mit den folgenden Reflexionsfragen:

- Gibt es einen roten Faden in dem Feedback, das Sie bekommen haben? Welche Stärken wurden Ihnen bescheinigt? Sind es Stärken, die sich gegenseitig intensivieren?
- Haben Sie noch Fragen zu einem bestimmten Feedback, das Sie bekommen haben?
- Welches Feedback hat Sie besonders berührt und warum?

Fragen Sie in die Gruppe, ob jemand etwas zur Übung sagen möchte. Bedenken Sie, dass es vielen Menschen schwerfällt, über eigene Stärken zu sprechen, da wir alle gelernt haben, welch hohen Stellenwert Bescheidenheit hat. Motivieren Sie die Teilnehmenden, es trotzdem zu tun, weil es für die Gruppe als Ganzes wichtig ist.

Schritt 4: Follow-up

Ermuntern Sie die Teilnehmenden, darüber nachzudenken, wie sie ihre Stärken künftig häufiger an ihrem Arbeitsplatz einbringen können. Bitten Sie die Teilnehmenden darum, dies auch mit ihren Führungskräften zu besprechen – falls nicht Sie das sind – oder mit jemanden, der sie hierbei unterstützen kann.

> **Infobox: Psychologische Sicherheit ist entscheidend für Lernprozesse, Zusammenarbeit und Kreativität**
>
> Amy Edmondson, Professorin an der Harvard Business School, beschreibt in einem TED Talk sehr anschaulich, wie entscheidend psychologische Sicherheit für uns alle ist (siehe Edmondson, 2014). Den meisten Menschen ist es angenehm, wenn andere positiv über sie denken. Deshalb gibt es viele effektive Strategien, wie wir einen positiven Eindruck hinterlassen können. Um nicht dumm zu erscheinen, sollten wir keine Fragen stellen. Um nicht inkompetent zu wirken, sollten wir unsere Fehler für uns behalten und Wissenslücken verschweigen. Um nicht aufdringlich zu wirken, sollten wir unsere Ideen nicht aussprechen. Und um keinen negativen Eindruck zu hinterlassen, sollten wir kein kritisches Feedback geben.
>
> Das alles tun wir, wenn wir uns nicht sicher fühlen: wenn wir nicht wissen, was passiert, wenn wir etwas tun oder sagen, das möglicherweise nicht gut ankommt. Oder noch schwieriger, wenn wir Angst haben, herabgewürdigt oder lächerlich gemacht zu werden. Wir tun das alles, wenn es im Team keine psychologische Sicherheit gibt.
>
> Das mag vielleicht relativ harmlos klingen, doch Edmondson eröffnet uns eine andere Perspektive. Was wir ihr zufolge tun, wenn wir unsere Ideen und Fragen sowie unser Feedback für uns behalten, ist nichts Geringeres, als dem Team kleine Lernmomente vorzuenthalten und die Chance zu nehmen, Fehler zu vermeiden. Das ist vermutlich auch der Grund dafür, warum die Forschung zeigt, dass psychologische Sicherheit die wichtigste Gemeinsamkeit erfolgreicher Teams ist (Duhigg, 2016). Auch ist psychologische Sicherheit eine notwendige Voraussetzung für synergetische Gruppenkreativität, bei der die Teammitglieder so zusammenarbeiten, dass sie sich gegenseitig herausfordern, ergänzen und inspirieren, bis ein Endprodukt entstanden ist, das nicht mehr auf die Arbeit einzelner Mitarbeitender zurückgeführt werden kann (De Dreu & Sligte, 2016).
>
> In Gruppen, in denen sich die Mitglieder in psychologischer Sicherheit erleben, lassen sich folgende Verhaltensweisen beobachten: Am Ende von Meetings zeigt sich, dass alle Beteiligten ungefähr gleich lange gesprochen haben. Die Beteiligten achten auf ihre Kolleginnen und Kollegen, nehmen wahr, wie sie sich fühlen, und lassen sie das auch wissen.

Übung 9: Götter und Göttinnen

Schwierigkeitsgrad: anspruchsvoll

Kurzbeschreibung

Die Teilnehmenden machen sich – anhand der Eigenschaften bekannter Gottheiten – auf die Suche nach ihrem eigenen Wesenskern, nach dem Archetypischen bei sich selbst und bei anderen Gruppenmitgliedern. Das kreative Talent Einzelner wird durch die Darstellung der Talente des Archetyps deutlich erkennbar.

Zielsetzung/Wirkung

Die Übung *Götter und Göttinnen* ist eine unterstützende Maßnahme für die Zusammenstellung einer kreativen Arbeitsgruppe, deren Teammitglieder sich bewusst sind, welchen Beitrag sie in welcher Phase des kreativen Prozesses einbringen. Als erstes braucht es Menschen mit Ehrgeiz und Geschäftssinn. Und wenn man wirklich gemeinsam etwas bewegen möchte, sind es vor allem die verbindenden und stimulierenden Rollen, die wichtig sind, um die richtige, inspirierende Atmosphäre zu schaffen. Als nächstes braucht man die wirklich kreativen Köpfe, um Bahnbrechendes zu schaffen. Daneben werden Teammitglieder gebraucht, die es verstehen, Produkte zu vermarkten. Und schlussendlich werden Menschen gebraucht, die die kreativen Ideen konkret ausgestalten.

Durchführung

Vorbereitung

Bereiten Sie eine Präsentation über die verschiedenen Götter und Göttinnen vor (Dauer: ca. 20 Minuten). Im Kasten unten sind verschiedene Götter und Göttinnen mit ihren spezifischen Eigenschaften übersichtlich aufgelistet. Beim Literaturtipp zu dieser Übung finden Sie Bücher zu diesem Thema. Stellen Sie in Ihrer Präsentation die Götter und Göttinnen und ihre archetypischen Eigenschaften vor. Sie benötigen außerdem ein Flipchart, dicke Stifte und einen Platz, an dem Sie Papierbögen aufhängen können.

Schritt 1: Präsentation der Archetypen

Stellen Sie Ihrem Publikum die Götter und Göttinnen nacheinander vor. Wichtig ist, ein klares Bild der verschiedenen Typen von Gottheiten zu vermitteln. Sie können das mit einer PowerPoint-Präsentation tun, in der Sie zuerst einige Grundlagen über Teams, Teamrollen und ihre jeweils unterschiedlichen Beiträge zum Ganzen skizzieren. Zeigen Sie danach mit jeder Folie ein neues Bild eines Gottes oder einer Göttin und nennen Sie seine oder ihre markantesten Eigenschaften, die für die Arbeit im Team relevant sind. Die Teilnehmenden können anhand dieser Präsentation ihre drei persönlichen Favoriten („Top 3“) bestimmen.

Schritt 2: **Selbstanalyse**

Sprechen Sie darüber, dass im Prinzip jede Göttin in jeder Frau und jeder Gott in jedem Mann vertreten ist. Die Gewichtung ist allerdings immer anders. So ist die eine Gottheit deutlich stärker anwesend oder sichtbar als andere. Ermuntern Sie die Teilnehmenden zu überlegen, welche der Gottheiten in ihnen am deutlichsten vertreten ist. Dafür können alle Teilnehmenden eine Art persönliches Ranking, eine Top-7-Liste erstellen und die Gottheiten sortieren, von „sehr wiedererkennbar“ bis „am wenigsten wiedererkennbar“.

Schritt 3: **Feedbackrunde**

Führen Sie eine Feedbackrunde durch, die folgendermaßen abläuft: Sie fragen alle Teilnehmenden, welchen Gott bzw. welche Göttin sie am stärksten in Teilnehmer:in 1 vertreten sehen und welchen Gott bzw. welche Göttin am wenigsten. Wichtig ist, dass auch konkrete Beispiele genannt werden. Bitten Sie dann Teilnehmer:in 1 seine oder ihre Top-7-Liste offenzulegen und vergleichen Sie diese mit dem Feedback. Wiederholen Sie diese Runde für alle weiteren Teilnehmenden und erstellen Sie dabei eine Übersicht der Ergebnisse auf dem Flipchart.

Schritt 4: **Vertiefung**

In diesem Schritt geht es darum, dass alle Teilnehmenden sich mit den drei Gottheiten auseinandersetzen, die am stärksten in ihrer Person vertreten sind. Diese drei Gottheiten ergeben sich aus der Verknüpfung von Selbstanalyse und Feedback der anderen Teilnehmenden. Aufgabe der Teilnehmenden ist, zu überprüfen, ob das eigene Selbstbild mit dem Bild, das andere von ihm/ihr haben, übereinstimmt. Am Ende entscheidet jede und jeder für sich, welche drei Gottheiten am stärksten in ihr oder ihm repräsentiert sind. Ein Beispiel: Wenn ein Teilnehmer mehrfach von anderen zu hören bekommt, er sei ein wahrer Apollo, und auf seiner Liste steht dieser Gott auf Platz 3, dann kann er in Erwägung ziehen, Apollo an die erste Stelle zu setzen, denn offensichtlich wirkt er so auf andere und deshalb sind die Apollo-Eigenschaften das, was er in der Interaktion mit anderen von sich zeigt. Diese Position auf der Top-3-Liste wird manchmal auch beschrieben als „das, was man ins Schaufenster stellt.“ An zweiter Stelle könnte er einen Gott platzieren, den Menschen, die ihn besser kennen, in ihm sehen, den sogenannten „Co-Piloten". An die dritte Position könnte er einen Gott stellen, den faktisch nur die Menschen in ihm sehen, die ihn sehr gut kennen, einen sogenannten „verborgenen Gott".

Schritt 5: Verknüpfung mit Teamrollen

In diesem Schritt präsentieren die Teilnehmenden ihre drei Gottheiten in der Gruppe und bringen diese Gottheiten in Verbindung mit einer Teamrolle (siehe Kasten). Kombinieren Sie die einzelnen Analysen miteinander, um zu einer optimalen Rollenverteilung zu gelangen. Ein Beispiel: Angenommen, Sie arbeiten in einem Team mit acht Personen. Jedes Teammitglied schreibt seine „Top 3" der Gottheiten auf einen Flipchart-Bogen. Wenn Sie die acht Flipchart-Seiten betrachten, können Sie als Gruppe herausfinden, welche Talente gut vertreten sind und welche eventuell weniger.

Variante: Götter- und Göttinnen-Test

Anstelle einer Präsentation können Sie auch einen Fragebogen ausfüllen lassen, mit dem die Teilnehmenden ermitteln können, welche drei Gottheiten in ihrer Persönlichkeit stark repräsentiert sind. Solche Tests sind einfach über das Internet zu finden, und es gibt verschiedene Webseiten, auf denen man solche Selbsttests über Archetypen finden und ausfüllen kann.

Material zur Übung „Götter und Göttinnen": Die Gottheiten

Götter

- *Apollo:* solide, bringt Stabilität und Standhaftigkeit ein, ist zielorientiert, diszipliniert, loyal und pflichtbewusst, gut organisiert, besonnen, objektiv, realistisch
- *Dionysos:* Lebensgenießer, ewig jung, auf der Suche nach dem Kick und nach Ekstase, temperamentvoll, leidenschaftlich, fantasievoll, freiheitsliebend
- *Hades:* Materialist, Berater, Einzelgänger, introvertiert, kann in Zeiten der Not oder des Mangels Kräfte finden und mobilisieren, reich an Emotionen, hat Tiefgang
- *Hermes:* Netzwerker, Charmeur, redegewandt und kontaktfreudig, erfinderisch, innovativ, abenteuerlich, angenehme Gesellschaft, fröhlich, impulsiv, unberechenbar

- *Hephaistos:* Fachmann, Solist, engagiert, handwerklich geschickt, kreativ, strebt nach Meisterschaft, ästhetisch, loyal, kann völlig in einer Sache aufgehen
- *Poseidon:* empfindsam, loyal, emotional, kreativ, mitreißend, emotional, leidenschaftlich, künstlerisch, passioniert und beseelt, ehrgeizig
- *Zeus:* Vorzeigemann, Stratege, Anführer, entscheidungsfähig, dominant, einflussreich, freimütig und großzügig, Inspirator, versteht es, Menschen zu mobilisieren, kraftvoll und visionär, stolz

Göttinnen

- *Aphrodite:* charmant, kann sich gut präsentieren, hat Sinn für Humor, bringt Vitalität und Inspiration, braucht Abwechslung, ist kreativ, emotional und impulsiv, beschäftigt sich gern mit Kunst und Schreiben
- *Artemis:* Pionierin, Unternehmerin, zielorientiert, ehrgeizig, selbstbewusst, kompetitiv, ausdauernd, nonkonformistisch, zukunftsweisend, kämpferisch, setzt sich für Schwächere ein
- *Athene:* Strategin, scharfsinnig, pragmatisch, kühl, diszipliniert, gut organisiert, karriereorientiert, politisch klug, weise, hat starken Geltungsdrang, ist einflussreich, mächtig, rational
- *Demeter:* Beschützerin, fürsorgliche Frau, hilfsbereit, mitfühlend, kann zuhören, ist hingebungsvoll, ausdauernd, loyal, unbeugsam, großzügig, reich ausgestattet, irdisch
- *Hestia:* bringt Ruhe, ist eine verbindende Kraft, Ratgeberin, weise, hilfsbereit, die gute Seele im Hintergrund, introvertiert, bescheiden, pflichtbewusst, sorgfältig, zuverlässig, vorbehaltlos
- *Hera:* Vorkämpferin für den Zusammenhalt in der Gemeinschaft, traditionsbewusst, dem Arbeitgeber treu ergeben, würdevoll, ehrgeizig, legt Wert auf Prestige, loyal
- *Persephone:* entwaffnend, sanft, aufgeschlossen, unschuldig, sensibel für die Bedürfnisse anderer, temperamentvoll, jugendlich, lebenslustig, kreativ, unbekümmert, voller Vertrauen, flexibel

Literaturtipp

Möchten Sie mehr über Götter und Göttinnen erfahren? Dann sollten Sie die folgenden Bücher lesen: *Göttinnen in jeder Frau. Psychologie einer neuen Weiblichkeit* (Bolen, 2004) und *Götter in jedem Mann. Besser verstehen, wie Männer leben und lieben* (Bolen, 1998).

Material zur Übung „Götter und Göttinnen": Übertragung auf Teamrollen

	Göttinnenrolle	Götterrolle	Göttinnen	Götter
Willenskraft	Unternehmerin Aktivistin	Politiker Unter-nehmer	• *Artemis* sorgt für Unternehmergeist, Kampfeslust, Wettbewerbsfähigkeit und Ergebnisorientierung • *Athene* sorgt für Ehrgeiz und Einfluss	• *Zeus* sorgt für eine Machtbasis • *Dionysos* ist als Pionier zukunftsweisend und unternehmerisch
Verbindende Kraft	Teamarbeiterin Beschützerin Vorsitzende	Stimmungsmacher Ruhebringer Inspirator	• *Demeter* sorgt für Gruppenbindung, Kollegialität und ein konstruktives Arbeitsklima • *Artemis* kümmert sich um die Schwächeren • *Hera* sorgt für Loyalität, Stolz und starke Identifikation mit dem Management	• *Dionysos* sorgt für Arbeitszufriedenheit, Spaß und Leidenschaft, für Herausforderungen, Träume und Visionen • *Hades* sorgt für Gelassenheit in Zeiten der Unruhe und der Not • *Poseidon* sorgt für Loyalität und ein anregendes Umfeld • *Zeus* sorgt für Inspiration
Denkkraft	Strategin Kreative	Stratege Wissen-schaftler Kreativer Problem-löser	• *Athene* sorgt für strategische Denkkraft und politisches Geschick • *Aphrodite* sorgt für kreative Denkkraft	• *Zeus* sorgt für strategische Denkkraft und Visionen • *Apollo* sorgt für objektive Denkkraft • *Poseidon* sorgt für Kreativität • *Hades* sorgt für Erfindungsreichtum und ist ein starker Problemlöser

Soziale Kraft	Galionsfigur Beziehungsmanagerin	Akquisiteur	• *Aphrodite* sorgt für Werbekraft, sie hat die Funktion einer Galionsfigur inne • *Persephone* sorgt für Empfänglichkeit, Kundenorientierung und Beziehungsmanagement	• *Hermes* sorgt für Netzwerke, neue Kontakte und Akquisitionskraft
Operative Kraft	Organisatorin Prozessexpertin	Organisator Qualitätsbewacher	• *Hestia* sorgt für Disziplin, Struktur und Systematik • *Demeter* baut Momente der Ruhe und Entspannung ein	• *Apollo* sorgt für Systematik, Struktur und Loyalität • *Hephaistos* sorgt für Kompetenz, Konzentration und Qualität

Übung 10: Beziehungs-Mindmapping für zwei

Schwierigkeitsgrad: anspruchsvoll

Kurzbeschreibung

Zwei Teammitglieder stellen mithilfe einer strukturierten Mindmap-Methode ihre Arbeitsbeziehung visuell dar.

Zielsetzung/Wirkung

Offene und positive Arbeitsbeziehungen sind eine wichtige Voraussetzung für Kreativität. Wenn Ärger oder fehlende Offenheit eine Arbeitsbeziehung prägen, geht dies zulasten der Kreativität. Aufgrund von Missverständnissen oder eines Mangels an Empathie können Beziehungen schwierig sein und dazu führen, dass die beteiligten Personen die Standpunkte des oder der anderen nicht mehr nachvollziehen können. Wenn dann die Emotionen hochkochen, ist schnell eine negative Spirale in Gang gesetzt, aus der man nicht mehr leicht herausfindet. Die komplexe Struktur einer Beziehungs-Mindmap gibt den Beteiligten die Chance, ihre Beziehung aus einer breiteren und positiveren Perspektive zu betrachten. Beide Parteien erhalten einen umfassenden Einblick in die Sichtweise und die Wahrnehmung der anderen Person und zudem oft auch einen klareren Blick auf sich selbst. Die Kommunikationskanäle können wieder offen und transparent werden, und die Kette negativer Assoziationen kann durchbrochen werden, sodass sich die Beziehung wieder stabilisieren kann.

Durchführung

Vorbereitung

Wichtig ist, dass Sie Kenntnisse und Erfahrungen im Umgang mit der Methode Mindmapping haben. Mehr Information finden Sie im Anhang dieses Buches. Suchen Sie sich einen komfortablen Raum mit zwei voneinander abgetrennten Bereichen. Weiter brauchen Sie ein Flipchart, dicke Stifte und einen Platz, an dem Sie Flipchart-Bögen aufhängen können. Bedenken Sie, dass diese Übung viel Zeit in Anspruch nimmt. Planen Sie mindestens 2 Stunden ein.

Schritt 1: Beziehungs-Mindmaps erstellen

Erklären Sie anhand eines Beispiels auf dem Flipchart, was eine Mindmap ist. Die beiden Teilnehmenden erhalten nun den Auftrag, jeweils drei Mindmaps zu erstellen. Sie tun das getrennt voneinander in zwei verschiedenen Räumen oder abgetrennten Bereichen. Überreichen Sie beiden einige Flipchart-Bögen. Die im Folgenden beschriebene Reihenfolge ist unbedingt einzuhalten, da sie einen aufeinander aufbauenden Prozess in Gang setzt. Das heißt, die Teilnehmenden arbeiten sich von negativen Aspekten voran zu positiven und dann zu ihrem Idealbild.

- Mindmap 1: Auf dieser Mindmap halten die Teilnehmenden die negativen Aspekte der Beziehung fest: Was raubt ihnen Kraft und Energie? Was belastet sie? Wo gibt es Probleme, wo große Differenzen? Was ist frustrierend? usw.
- Mindmap 2: Fordern Sie die Teilnehmenden auf, angenehme Aspekte der Beziehung aufzuschreiben: Was bringt die Beziehung? Was gibt ihnen die Beziehung? Was ist befriedigend? Was wird gemeinsam unternommen? Wie lernen die Teilnehmenden aus der gegenseitigen Beziehung? Wo sehen sie Gemeinsamkeiten? Wo ergänzen sie sich? usw.
- Mindmap 3: Lassen Sie die Teilnehmenden in dieser Runde aufschreiben, wie ihre Arbeitsbeziehung im Idealfall aussehen würde: Was können beide dafür tun, damit die Zusammenarbeit besser wird? Ein Beispiel: Einer der Teilnehmenden ärgert sich darüber, dass der andere erst spät seinen Unmut äußert und nicht schnell genug mitteilt, wenn ihm etwas nicht passt. Daraus entsteht die Frage an die andere Person, ob sie ihren Ärger früher mitteilen könnte, verbunden mit dem Versprechen, dass der andere ruhig und offen darauf reagieren wird.

Schritt 2: Austauschen der Beziehungs-Mindmaps

- Person 1 präsentiert auf dem Flipchart die negativen Aspekte der Beziehung. Person 2 hört zu und erstellt gleichzeitig eine Mindmap zu den Ausführungen von Person 1. Weisen Sie Person 2 darauf hin, dass die Aussagen alle aus der Perspektive von Person 1 stammen und für diese somit wahr sind.
- Die Rollen werden getauscht. Person 2 präsentiert die negativen Aspekte der Beziehung, so wie sie sie erlebt.
- Nun ist wieder Person 1 an der Reihe, um die angenehmen Aspekte der Beziehung darzulegen. Person 2 erstellt wiederum eine Mindmap zu den Ausführungen von Person 1.
- Die Rollen werden wieder getauscht.
- Als nächstes präsentiert Person 1 ihre Vorstellungen von einer idealen Beziehung zu Person 2. Person 2 erstellt erneut eine Mindmap von dem, was sie zu hören bekommt.
- Die Rollen werden wieder getauscht.

Schritt 3: Über Lösungen sprechen und einen Aktionsplan erstellen

Nachdem Schritt 2 abgeschlossen ist, ist es sinnvoll, den beiden Teilnehmenden die Möglichkeit zu geben, auf den Prozess zu reagieren. Sie könnten ihnen folgende Fragen stellen:

- Was war Ihnen bereits bekannt?
- Was war neu?
- Wie verlief der Austausch?
- Gibt es genügend Anknüpfungspunkte, um gemeinsam die Arbeitsbeziehung zu verbessern?
- Gibt es ein Gleichgewicht bei den gegenseitigen Investitionen zur Verbesserung der Beziehung?

Erstellen Sie anschließend einen Aktionsplan, der Vereinbarungen für den ersten Monat enthält und Punkte beinhaltet, die überprüfbar sind (siehe Kasten).

Infobox: Einen Aktionsplan erstellen

Versuchen Sie, alle gemeinsam beschlossenen Punkte in einen möglichst konkreten Plan zu fassen. Nutzen Sie dafür die SMART-Formel:

S = Spezifisch

M = Messbar

A = Akzeptiert

R = Realistisch

T = Terminierbar

Variante: Beziehungswerte hinzunehmen

Ergänzen Sie diese Methode, indem Sie eine Reihe von Beziehungswerten in die Beziehungs-Mindmap aufnehmen. Diese Werte werden einer Selbstanalyse unterzogen, was Aufschluss über die eigenen Anteile an der Beziehung gibt:

- Verantwortung: Inwiefern übernehme ich Verantwortung für mich selbst, für mein Gegenüber (Kolleg:in, Partner:in) und für die Qualität der Beziehung?
- Aufrichtigkeit: Inwiefern zeige ich mich offen und verwundbar?
- Akzeptanz: Inwiefern akzeptiere ich mich selbst und mein Gegenüber?
- Attraktivität: Inwiefern bin ich attraktiv für mich selbst und mein Gegenüber?
- Respekt: Inwiefern respektiere ich mich selbst und mein Gegenüber?
- Vertrauen: Inwiefern habe ich Vertrauen in mich selbst und in mein Gegenüber?

Theoretischer Hintergrund: Mindmapping

Diese Übung ist eine Abwandlung der Methode *Interpersonal problem-solving using Mind Maps* des britischen Autors und Trainers Tony Buzan. Er gilt als Erfinder der Mindmapping-Technik, über die er mehrere Bücher geschrieben hat (vgl. Buzan, 2010; Buzan & Buzan, 1993/2013). Im Anhang dieses Buches wird die Mindmapping-Technik genauer erläutert.

Übung 11: Talking Stick

Schwierigkeitsgrad: mittel

Kurzbeschreibung

Der Talking Stick ist im wortwörtlichen Sinn ein Redestab, wie ihn indigene Völker seit Jahrhunderten verwenden. Mit einem Talking Stick kommen alle Perspektiven, die in einer Gruppe vertreten sind, auf den Tisch. Wer den Talking Stick in der Hand hält, hat das Wort und schildert seine Sichtweise des Problems. Die anderen hören zu und reden erst, wenn sie selbst den Talking Stick in der Hand halten.

Zielsetzung/Wirkung

Bei dieser Methode geht es darum, dass sich die Teilnehmenden in die Standpunkte der anderen hineinversetzen. So lernen sie, ein Problem aus unterschiedlichen Perspektiven zu betrachten; eine wichtige Fähigkeit, wenn es darum geht, Fragestellungen oder Probleme kreativ zu lösen. Da hier jeder Teilnehmende den Standpunkt seines Vorredners in eigene Worte fasst – und zwar so, dass dieser sich darin wiedererkennt –, kommt relativ schnell ein respektvoller Dialog zustande. Negative Energien und Rivalitäten verschwinden. Dadurch gewinnt die Gruppe insgesamt an Stärke und Möglichkeiten, Probleme zu bewältigen.

Durchführung

Vorbereitung

Halten Sie einen Talking Stick oder einen anderen Gegenstand, der für diesen Zweck geeignet ist, bereit. Manche Vertreter:innen indigener Völker verwenden zum Beispiel eine Feder oder eine Schale.

Schritt 1: Talking Stick erklären

Erklären Sie den Teilnehmenden das Prinzip des Talking Stick: Ein Gruppenmitglied bekommt den Talking Stick in die Hand und erläutert dann seine oder ihre Sichtweise auf die Thematik. Die anderen hören zu, bis dieses Gruppenmitglied zu Ende gesprochen hat. Danach formuliert die nächste Teilnehmende den Standpunkt des Vorredners in eigenen Worten, aber so, dass der Vorredner sich verstanden fühlt. Erst wenn er sich tatsächlich verstanden fühlt, darf der folgende

Teilnehmende den Talking Stick übernehmen und seinen eigenen Standpunkt formulieren. Wenn alle Gruppenmitglieder gesprochen haben, bekommen Sie – die Gruppenleitung – den Talking Stick zurück.

Schritt 2: **Dialog**

Beraten Sie mit den Teilnehmenden, welches Thema oder welche Fragestellung besprochen werden soll. Machen Sie das mit dem Talking Stick in der Hand. Wenn Sie damit fertig sind, halten Sie den Talking Stick von sich weg, als Zeichen dafür, dass jemand anderes ihn jetzt übernehmen kann. Der Dialog findet statt.

Schritt 3: **Abschluss**

Fragen Sie die Teilnehmenden, wie es ihnen mit der Übung ergangen ist. Haben sich interessante Punkte aus dem Dialog ergeben?

Theoretischer Hintergrund: Verständnis zeigen

Wenn man den Standpunkt einer anderen Person darlegen möchte, muss man selbst diesen Standpunkt nicht automatisch teilen. Es geht darum, sich in die Lage der anderen Person hineinzuversetzen und ihre Gefühle nachzuvollziehen. Das gelingt, wenn man genau hinhört und eventuelle Vorurteile bewusst außer Acht lässt. Andere Menschen fühlen sich dann von uns verstanden, wenn es uns gelingt, ihre Standpunkte und Sichtweisen klar darzulegen. So entsteht Raum für Lösungen.

Infobox: Verzierungen des Talking Sticks

Viele Mitglieder indigener Völker verzieren ihre Talking Sticks mit Symbolen, die die Sprechenden daran erinnern sollen, ihr Recht, zu sprechen, auch wirklich zu nutzen. Zum Beispiel:

- Die Feder eines Adlers soll den Sprechenden den Mut und die Weisheit verleihen, aufrichtig und vernünftig zu sprechen.
- Ein Kaninchenfell am Ende des Stabs soll die Sprechenden daran erinnern, dass sie aus dem Herzen sprechen sollen und in sanften, warmen Worten.
- Büffelhaare sollen die Sprechenden mit der Macht und Kraft dieses Tieres sprechen lassen.
- Perlen stehen für alle Windrichtungen, was die Sprechenden daran erinnern soll, dass sie die Dinge möglichst von allen Seiten betrachten sollen.

Es gibt verschiedene Bücher zum Thema Talking Stick. In seinem Buch *Kracht zonder macht* (deutsch: „Kraft ohne Macht") beschreibt der niederländische Autor Cees Hoogendijk (2008), wie ein vertikaler Dialog seitens des Managements in Gang gebracht werden kann.

Teil 2: (Selbst-)Einsicht vergrößern

Inhaltsübersicht

Einführung

Wirkliche Einsicht in die Situation, um die es geht, ist unerlässlich, wenn wir ein Problem zu lösen haben oder uns weiterentwickeln wollen. Im zweiten Teil dieses Buches werden wir uns deshalb mit Methoden beschäftigen, die dabei helfen, mehr (Selbst-)Einsicht zu gewinnen.

Die ersten Übungen in diesem Teil haben gemeinsam, dass sie unser Vorstellungsvermögen nutzen, damit unsere wahren Ideen, Wünsche und Bedürfnisse ans Tageslicht befördert werden. Diese Übungen richten sich an den Bereich in unserem Gehirn, der für intuitive Prozesse zuständig ist und in Bildern, Symbolen, Fantasien und Metaphern kommuniziert. Das Kraftvolle an diesen Übungen ist: Sie dringen zum Wesentlichen vor und sprechen sowohl Kopf als auch Herz an.

Ein Bild vermittelt die Dinge in ihrem Zusammenhang, das können Worte in dieser Form nicht. Die folgenden Übungen machen sich diesen Umstand zunutze: *Zeichnerisch darstellen, Traumbild, Fantasia, Die Seereise, Verkehrszeichen* und *Feedback im Fokus.*

Bei der Übung *Zeichnerisch darstellen* geht es darum, mit der Gruppe zu einem gemeinsamen bildlichen Ausdruck zu kommen, indem man zum Beispiel eine Landschaft zeichnet. In welcher Landschaft leben die Gruppenmitglieder heute, und wie sieht ihre Idealvorstellung einer Landschaft aus? Die Übung *Traumbild* ermöglicht den Teilnehmenden, Einsicht in ihre eigenen Wünsche zu bekommen und bestärkt sie darin, ihre Wünsche auch zu verwirklichen. Dabei gilt der bewährte Grundsatz: Je konkreter und lebensnaher das Wunschbild ist, desto größer ist die Wahrscheinlichkeit, dass es realisiert wird. Eine völlig andere Methode kommt in der Übung *Fantasia* zum Einsatz. Mittels einer geführten Fantasiereise wird eine (persönliche) Mission bildlich aufbereitet und in Worte gefasst. Nach der Theorie von C. G. Jung ist Fantasie eine Art Symbolsprache, eine Möglichkeit für das Unterbewusstsein, mit dem Bewusstsein zu kommunizieren. Das Meer mit seinen ruhigen und stürmischen Phasen kann als allgemeine Metapher für das Leben verstanden werden. Mithilfe dieses ansprechenden Bildes werden in der Übung *Die Seereise* Träume und Sehnsüchte in kreative Ideen umgesetzt. Die Kraft eines Rollenmodells wird in der Übung *Helden und Heldinnen* genutzt, um Einsicht in schlummernde und ungeahnte Talente und Ambitionen in einem Team zu gewinnen. Diese Übung bietet die Möglichkeit, alle Stärken eines Teams auf spielerische und miteinander zusammenhängende Weise darzustellen, ohne dass Faktoren wie Bescheidenheit oder soziale Erwünschtheit zum Tragen kommen. Bei der Übung *Verkehrszeichen* werden der Zufall und Symbole genutzt, um Erfolgs- und Misserfolgsfaktoren zu visualisieren. *Feedback im Fokus* ist eine Übung, bei der andere Menschen davon erzählen, wie sie eine oder einen der Teilnehmenden sehen. Sie tun das, indem sie ein Bild auswählen, das ihrer Einschätzung nach zu dieser Person passt. Damit sagen sie unbewusst oft mehr aus, als wenn sie ihr Feedback mit Worten ausdrücken würden.

Die Reise eines Topteams ist eine Übung, bei der die Teamentwicklung wie eine spannende Reise mit Höhe- und Tiefpunkten gesehen wird. Das hilft dem Team dabei, verschiedene Talente und Phasen der Teamentwicklung zu erkennen und die noch kommenden Phasen zu antizipieren. Bei der Übung *Liebevolle Konfrontation* werden Selbstanalyse und Feedback auf eine schöne und tiefgreifende Weise zusammengeführt. Das führt zu mehr Verbundenheit, Verständnis und Anerkennung in einem Team.

In diesem Teil sind auch zwei Übungen vertreten, die den Teilnehmenden Einsicht in ihre persönlichen und ureigenen Inspirationsquellen geben. Denn kreativ zu sein gelingt umso besser, je mehr wir es verstehen, auf unsere ureigenen Inspirationsquellen zuzugreifen. Die beiden Übungen *Inspirationstisch* und *Ein inspirierendes Kartenspiel* vermitteln den Teilnehmenden diese Einsicht. Bei der Übung *Informationstisch* kommt als Vorteil hinzu, dass während der gesamten Gruppenarbeit inspirierende Gegenstände im Raum stehen. Das fördert die Kreativität.

Zum Abschluss finden sich in diesem Abschnitt zwei Übungen, die eine eher rationale Herangehensweise propagieren. Es sind die Übungen *Die sechs Denkhüte* (nach de Bono, 2000) und *Post-it!*. Mithilfe der Kreativitätstechnik von Edward de Bono wird ein Problem aus sechs unterschiedlichen Blickwinkeln betrachtet. Im übertragenen Sinn wird so eine detaillierte Karte des Problems erstellt. Bei der Übung *Post-it!* legen alle Teilnehmenden dar, welche Faktoren ihrer Meinung nach im Zusammenhang mit einem bestimmten Problem eine Rolle spielen. Sie kategorisieren diese und bestimmen, wie wichtig sie für die Lösung dieses Problems sind.

Übung 12: Zeichnerisch darstellen

Schwierigkeitsgrad: mittel

Kurzbeschreibung

Bei dieser Übung bringen die Teilnehmenden mithilfe von Zeichnungen unbewusste Prozesse, die eine wichtige Rolle beim Treffen von Entscheidungen spielen, zum Ausdruck.

Zielsetzung/Wirkung

Mithilfe einer Zeichnung können wir dem Kern eines Problems und unseren Wünschen und Bedürfnissen näherkommen. Eine Zeichnung hilft dabei, Wünsche für uns selbst konkreter zu machen und sie sichtbarer werden zu lassen. Dadurch werden die Lösungen, die so in den Blick kommen, effektiver, weil sie den Kern der Sache berühren. Wir nutzen hier das Unterbewusstsein und gelangen so zu überraschenden Lösungen.

Durchführung

Vorbereitung

Sie benötigen großformatiges Papier (DIN A3), viele Buntstifte und einen großen Tisch.

Schritt 1: Eine Landschaft zeichnen

Wählen Sie ein Problem aus, das Sie sich gemeinsam näher ansehen wollen, oder bestimmen Sie ein Thema, das die Gruppe beschäftigt. Bitten Sie die Teilnehmenden, eine Landschaft zu zeichnen. Es geht nicht darum, eine schöne oder künstlerisch wertvolle Zeichnung zu machen. Das Bild muss von innen kommen. Die Teilnehmenden konzentrieren sich zunächst auf das Problem (eventuell mit geschlossenen Augen) und warten dann ab, welche Landschaftsbilder vor ihrem geistigen Auge erscheinen. Die Teilnehmenden dürfen alles, was ihnen in den Sinn kommt, in die Zeichnung einbauen, und Sie müssen auch sich selbst in die Zeichnung einfügen.

Schritt 2: Beschreibung der Landschaft

Wenn alle Gruppenmitglieder mit ihrer Zeichnung fertig sind, bitte Sie jeden Einzelnen, kurz die Landschaft, die er oder sie gezeichnet hat, zu beschreiben. Dies soll so präzise und detailliert wie möglich geschehen. Anschließend stellen die anderen Teilnehmenden Fragen zu allem, was ihnen an der Zeichnung auffällt.

Schritt 3: Gemeinsamkeiten

Wenn alle über ihre gezeichnete Landschaft gesprochen haben, stellen Sie den Teilnehmenden die Frage, welche Gemeinsamkeiten es auf den Landschaftsbildern gibt. Und was müsste sich an der gemeinsamen Landschaft noch verändern, um das angestrebte Zielbild zu erreichen? Was sollten die Teilnehmenden gemeinsam tun? Wie sollte die ideale Landschaft aussehen, wenn wir sie auf das Problem übertragen?

Schritt 4: Veränderungen herbeiführen

Regen Sie eine Diskussion in Begriffen, die mit Landschaften zu tun haben, an. Wie können wir Veränderungen in der Landschaft erreichen? Welche Veränderungen lassen sich leicht umsetzen und welche brauchen mehr Zeit?

Theoretischer Hintergrund: Die Kraft von Metaphern nutzen

Bei dieser Übung wird mit zwei Techniken gearbeitet, die das kreative Denken unterstützen: metaphorisches Denken und Zeichnen. In Metaphern denken zu können, ist eine wichtige kreative Fähigkeit. Wenn Sie mit Metaphern arbeiten, bringen Sie ein Thema oder eine Fragestellung in einen völlig anderen Kontext, wodurch ein Zugang zu originellen Ideen entsteht. Hinzu kommt, dass eine Metapher weniger bedrohlich erscheint, als wenn man in eigenen Worten sagen müsste, was man von einer Situation hält. Anders gesagt: Es ist einfacher, über einen wilden Garten zu sprechen als über eine Organisation, bei der es nicht rund läuft. Metaphern können außerdem sehr ansprechend wirken. Wer es versteht, ein schönes Bild zu entwerfen, hat bessere Aussichten, dass sich andere Menschen für seine Idee begeistern.

Gareth Morgan (1986/2018) ist der Autor des Klassikers *Images of organization* (deutscher Titel: *Bilder der Organisation*), in dem er verschiedene Metaphern benutzt, um Organisationen zu beschreiben. Er zeigt, dass die Metapher, die man sich aussucht, zu einem erheblichen Anteil bestimmt, was man sieht und wie man handelt.

Bei dieser Übung lassen Sie die Teilnehmenden zeichnen, weil sie – ohne bewusst darüber nachzudenken – in vielen Details ausdrücken können, wie sie ihre Situation sehen und wie sie sie gerne hätten. Im Zeichnen liegen aber noch weitere Aspekte, die es zur nützlichen Technik für das kreative Denken machen. Wenn man zeichnet, sieht man die Dinge förmlich vor sich. Man appelliert außerdem stärker an seine Vorstellungskraft, als wenn man etwas aufschreiben würde. Man nutzt eine andere Gehirnaktivität, und „anders zu denken“ ist wichtig für die Kreativität.

Variationen

Zu dieser Übung gibt es unzählige Variationen. So könnten Sie die Teilnehmenden zum Beispiel ein Haus, ein Arbeitszimmer, ein Büro, ein Geschäft, eine Stadt oder einen Zoo zeichnen lassen. Wichtig ist, dass die Teilnehmenden frei heraus fantasieren und beliebig viele Aspekte einbeziehen können.

Übung 13: Traumbild

Schwierigkeitsgrad: einfach

Kurzbeschreibung

Das Anfertigen eines Traumbildes ist eine konkrete Fantasie der Wirklichkeit. Es stellt dar, wie sich die Person, die das Bild gemacht hat, die Wirklichkeit wünscht. Bei dieser Übung fertigen die Teilnehmenden eine Zeichnung oder eine Collage von diesem Bild der Wirklichkeit an, um ihr Ideal oder ihr Ziel zu konkretisieren.

Zielsetzung/Wirkung

Diese Übung kann sowohl die Entschlusskraft als auch die Umsetzungsstärke von einzelnen Personen, Teams oder Organisationen beleben. Sie lässt Ziele, Ambitionen und Ideale näherkommen. Es ist dabei unerheblich, ob es sich um ein persönliches Ziel oder ein Ziel im beruflichen Kontext handelt.

Durchführung

Vorbereitung

Sie können das Traumbild als Zeichnung oder als Collage oder auch als Kombination aus beiden herstellen lassen. Sie sollten dafür ausreichend Material zur Auswahl anbieten können: große Bögen Papier, Farbe, Pinsel, Buntstifte und/oder Filzstifte. Wenn Sie sich für die Erstellung von Collagen entscheiden, benötigen Sie möglichst viele Zeitschriften mit zahlreichen Fotos und Leim oder Klebestifte. Bitten Sie die Teilnehmenden vorab, mindestens ein schönes Foto von sich selbst mitzubringen (siehe hierzu auch den Hinweis im Kasten).

Schritt 1: Traumbilder anfertigen

Die Teilnehmenden werden gebeten, sich ein bestimmtes Ziel auszusuchen, das sie in den Fokus nehmen wollen. Man kann ein Traumbild von der Arbeit oder vom Zuhause machen, von Beziehungen, der Gesundheit, der eigenen Entwicklung oder der persönlichen Mission (siehe hierzu auch die Hinweise im Kasten). Die Teilnehmenden sollen versuchen, ihr Ziel oder die Situation, nach der sie streben, so ideal wie möglich darzustellen, also ohne nachteilige Aspekte und ohne Kehrseite. Ermutigen Sie die Teilnehmenden dazu, Farbe zu verwenden, dadurch wird das Traumbild noch ansprechender. Damit die Gruppe nicht zu lange mit Malen und Kleben beschäftigt ist, empfiehlt es sich, ein Zeitlimit festzulegen.

Schritt 2: Eigener Platz im Traumbild

Bitten Sie jede einzelne Person aus der Gruppe, auch sich selbst einen Platz in der Zeichnung oder der Collage zu geben. Welche Rolle hat die Person inne? Was ist ihre Position? Wenn jeder Teilnehmende in seinem eigenen Traumbild vorkommt, ist es einfacher, wirklich daran zu glauben.

Schritt 3: Collagen/Zeichnungen besprechen

Lassen Sie nun die Teilnehmenden der Reihe nach ihr Traumbild vorstellen und erklären. Um welches Ziel oder welche Situation handelt es sich? Wie denken sie, das Ziel oder die Situation zu erreichen? Wovon erwarten sie sich viel? Die anderen Teilnehmenden können darauf reagieren, sie können auch Tipps geben, wie man dem Traumbild näherkommen kann.

Schritt 4: Dem Traumbild folgen

Nach dem Workshop hängen die Teilnehmenden ihr Traumbild an einem Ort auf, an dem sie sich häufig aufhalten und zu dem sie uneingeschränkt Zugang haben, zum Beispiel in ihrem Arbeitszimmer. Sie sollen ihr Traumbild möglichst oft sehen und darüber nachdenken können. Wenn sie Fähnchen darauf stecken oder bestimmte Einzelschritte farblich hervorheben, können sie zudem sichtbar machen, welche Schritte sie bereits realisiert haben.

Material zur Übung „Traumbild“: Tipps für die Gruppe

Damit das Resultat möglichst aussagekräftig wird, sollten Sie den Teilnehmenden noch ein paar Tipps geben. Die Auswahl des Fotos, auf dem sie selbst abgebildet sind, sollte im Vorfeld geschehen. Weitere Informationen können Sie bei Schritt 1 hinzufügen:

- Suchen Sie ein Foto von sich aus, auf dem Sie gut getroffen sind, sich sichtbar wohlfühlen, fit und aktiv erscheinen und glücklich und fröhlich sind.
- Erschaffen Sie ein Bild von sich, wie Sie sich gerne fühlen würden: vollkommen entspannt, lebensfroh, warmherzig, ruhig, kreativ, konzentriert, erfolgreich usw.
- Bei einem beruflichen Kontext halten Sie im Bild fest, was Ihr Ziel ist und wer Ihnen dabei helfen könnte: Kolleg:innen, Führungskräfte, Kund:innen.
- Bei einem privaten Kontext können Sie auch Fotos von Ihrem Partner oder Ihrer Partnerin, Kindern, Angehörigen und Freund:innen in das Bild mit einfügen. Wenn Sie auf der Suche nach einer neuen Partnerschaft sind, schneiden Sie dann eine Person aus einer Zeitschrift aus, die Ihrem Ideal sehr nahekommt, und schreiben Sie Eigenschaften dazu, die Ihnen wichtig sind.

- Zeigen Sie möglichst viel von sich und bilden Sie Ihre Ziele, die Ihnen wichtig sind, ab – zusammen mit interessanten Kolleg:innen, Kund:innen und anderen Kontakten in einem für Sie angenehmen Arbeitsumfeld.
- Zeigen Sie sich, indem Sie andere daran teilhaben lassen, was Sie im Leben erreichen wollen. Zeigen Sie zum Beispiel die Reiseziele, die Sie gern besuchen möchten.

Übung 14: Fantasia

Schwierigkeitsgrad: mittel

Kurzbeschreibung

Fantasia ist eine geführte Fantasiereise. Sie lesen eine Geschichte vor, und die Teilnehmenden besprechen später ihre eigene Interpretation der Geschichte, die ihrer Fantasie entsprungen ist. Diese Übung können Sie anwenden, wenn Sie alle gemeinsam vor einem neuen Projekt stehen und eine Bestandsaufnahme machen wollen, wo die Chancen und Risiken liegen.

Zielsetzung/Wirkung

Geführte Fantasiereisen sind sehr gut als Übung geeignet, um Kreativität und Inspiration zu wecken und zugleich alle Sinnesorgane zum Einsatz zu bringen. Sie funktionieren auch sehr gut, wenn man wieder den Kontakt zu seinen grundlegenden Werten, Ambitionen oder seiner persönlichen Mission finden möchte, einschließlich der dazugehörenden Dilemmata. Für diesen Zweck eignen sich beispielsweise Geschichten von Reisen, einer Wanderung im Wald, einem Haus mit Keller, einem geheimen Garten oder einem Dachboden, den jahrelang niemand mehr betreten hat. Über die Erzählstruktur führen Sie die Teilnehmenden zu verschiedenen Themenbereichen. Die Teilnehmenden greifen auf dem Weg zum Ziel jeweils das auf, was ihnen wichtig ist.

Durchführung

Vorbereitung

Wählen Sie eine Geschichte aus, die Sie vorlesen möchten. Die Geschichte, die wir hier verwenden, ist nur eine von vielen Beispielen für geführte Fantasiereisen mit ähnlicher Erzählstruktur. Außerdem benötigen Sie ausreichend leeres Papier.

Schritt 1: Entspannungsübung

Machen Sie zunächst die folgende kurze Entspannungsübung: Bitten Sie die Teilnehmenden, eine ruhige Sitzposition einzunehmen. Beide Füße stehen fest auf dem Boden, die Hände liegen locker im Schoss, die Haltung ist entspannt, die Augen sind geschlossen. Bitten Sie die Teilnehmenden, auf ihre Atmung zu achten und zu versuchen, die Atmung in den Bauch zu lenken.

Schritt 2: Die geführte Fantasiereise

Die Teilnehmenden haben die Augen noch geschlossen. Lesen Sie ihnen nun in ruhigem Ton die Geschichte „Das Schloss“ (siehe Kasten) vor. Legen Sie dabei regelmäßig kurze Pausen von etwa 30 Sekunden ein, damit die Zuhörenden Zeit haben, Bilder entstehen zu lassen.

Schritt 3: Kernpunkte aufschreiben

Bitten Sie die Teilnehmenden, die Kernpunkte ihrer Wahrnehmungen aufzuschreiben. Kernpunkte sind Aspekte, die ihnen von der Übung besonders in Erinnerung geblieben sind.

Schritt 4: Informationen austauschen

Besprechen Sie mit den Teilnehmenden, was sie aus der geführten Fantasiereise mitnehmen können, um das Problem auf eine andere Art und Weise zu betrachten.

Material zur Übung „Fantasia“: Die Geschichte „Das Schloss“

Sie machen einen Spaziergang im Wald und befinden sich plötzlich in der Nähe eines Schlosses. Sie fühlen sich wohl und genießen die Umgebung. Sie spüren Ihren Atem. Mit jedem Schritt nehmen Sie neue Dinge wahr. Sie nehmen den Geruch der Umgebung wahr, Sie fühlen den Boden unter Ihren Füßen, Sie spüren, wie die Sonne noch ein wenig auf Ihren Rücken scheint, und Sie sehen Schatten. Die Dämmerung setzt ein. Sie sind neugierig auf das Schloss. Auf der Tür steht „Willkommen“, und Sie fühlen sich eingeladen, das Gebäude zu betreten. Sie lassen die Eingangshalle ausgiebig auf sich wirken. Was sehen Sie? Was spüren Sie? [Pause]

Sie gehen weiter und erreichen die Küche. Was riechen Sie? Was sehen Sie alles? [Pause]

Anschließend betreten Sie den nächsten Raum, das Spielzimmer. Was sehen Sie? Was liegt herum? Hören Sie etwas? Bewegt sich etwas? [Pause]

Sie gehen wieder weiter und kommen in das Studierzimmer. Wie sieht dieses Zimmer aus? Was fühlen Sie in diesem Zimmer? Was sehen Sie alles? [Pause]

Sie gehen weiter und stehen urplötzlich im Ballsaal. Wie groß ist dieser Saal und was sehen Sie? Was hören Sie? [Pause]

Sie gehen erneut weiter und entdecken eine kleine Treppe nach unten. Sie gehen diese Treppe hinunter und sind im Keller. Dort steht eine Truhe. Sie öffnen die Truhe. Was können Sie alles sehen? [Pause]

In der Truhe befindet sich ein Schächtelchen, das mit einem Schloss versperrt ist. Sie überlegen, was in dem Schächtelchen sein könnte. Sie gehen wieder nach oben und stehen wieder im Ballsaal. Dort sitzt eine alte Frau, der Sie eine Frage stellen dürfen. Welche Frage würden Sie ihr gerne stellen? [Pause]

Sie gehen den Weg nun wieder zurück. Das heißt, Sie verlassen den Ballsaal und kommen wieder in das Studierzimmer. Sie gehen weiter zum Spielzimmer, zur Küche, zur Eingangshalle. Mit jedem Schritt kehren Sie sozusagen mehr und mehr ins Hier und Jetzt zurück. Sie gehen durch die Eingangstür und verlassen das Schloss. Sie stehen wieder draußen.

Alternative 1: Fantasiereise in Anlehnung an Verhoef (2005)

Im Folgenden finden Sie eine gekürzte Version einer Visualisierungsübung aus dem Buch *Creatieve loopbaanplanning* des niederländischen Autors Alien Verhoef (2005), die gut für Gruppensitzungen geeignet ist:

Sie gehen schon eine Weile durch einen Wald, und urplötzlich steht ein wildes Tier vor Ihnen.

Wie sieht das Tier aus? Welche Farben hat es? Wie groß ist das Tier? Wie schaut das Tier? Was macht das Tier? Was ist Ihr erstes Gefühl beim Anblick dieses Tieres?

[Pause]

Sie verlassen den Wald und spüren wieder Raum um sich. Nach einer Weile bemerken Sie ein großes Hindernis.

Was ist das für ein Hindernis? Wie sieht es aus und aus welchem Material besteht es? Was war Ihr erstes Gefühl und Ihr erster Gedanke beim Anblick dieses Hindernisses?

[Pause]

Sie wollen weitergehen und finden eine Möglichkeit, an dem Hindernis vorbeizukommen und Ihren Weg fortzusetzen. Sie gehen weiter. Nach einer Weile treffen Sie auf eine Person auf dem Weg, die Sie aufhält.

Wie sieht diese Person aus? Wie schaut diese Person Sie an? Sagt die Person etwas zu Ihnen? Was hatten Sie für ein Gefühl und was dachten Sie beim Anblick dieser Person?

[Pause]

Sie wollen wieder weitergehen und finden eine Möglichkeit, Ihren Weg fortzusetzen. Sie erreichen den Gipfel eines Berges mit herrlicher Aussicht und das bei traumhaftem Wetter. Sie sehen eine weise Person.

Wie sieht diese Person aus? Wie deutlich sehen Sie diese Person?

[Pause]

Die Person gibt Ihnen ein Geschenk, das Ihre persönliche Mission symbolisiert.

Was gibt sie Ihnen? Wie sieht das Geschenk aus? Welche Farben, welche Maße hat es?

[Pause]

Dann machen Sie sich langsam auf den Rückweg, und allmählich kommen Sie zurück in Ihre eigene Zeit und Ihre eigene Umgebung. Machen Sie sich Notizen zu dem wilden Tier, dem Hindernis, der Person auf dem Weg, der weisen Person auf dem Berg und dem Geschenk. Schreiben Sie alle Merkmale dieser Metaphern auf und übertragen Sie sie auf Ihre persönliche Mission.

Alternative 2: Eine eigene Geschichte erfinden

Sie können sich auch selbst eine geführte Fantasiereise ausdenken. Ihre Geschichte sollte die folgende Struktur aufweisen und einige wichtige Kernelemente beinhalten:

1. Sorgen Sie für eine entspannte Atmosphäre.
2. Stellen Sie sicher, dass ein Weg zurückgelegt wird, bei dem alle Sinnesorgane angesprochen werden.
3. Aktivieren Sie die rechte Gehirnhälfte, indem Sie mit Symbolen spielen und eine Begegnung mit einem Menschen oder einer Sache stattfinden lassen.
4. Integrieren Sie unerwartete Wendungen, Rückschläge oder Hindernisse.
5. Die Gruppenmitglieder sollen dafür jeweils Lösungen finden.
6. Kehren Sie ins Hier und Jetzt zurück.
7. Bitten Sie die Teilnehmenden, die Symbolik oder Metaphorik auf die ursprüngliche Fragestellung zu übertragen.

Übung 15: Die Seereise

Schwierigkeitsgrad: anspruchsvoll

Kurzbeschreibung

Bei dieser Übung wird eine Seereise als allgemeine Metapher für den gesamten kreativen Prozess genutzt.

Zielsetzung/Wirkung

Mithilfe einer imaginierten Reise übers Meer werden kraftvolle Metaphern angeboten, um Fragestellungen rund um Ambitionen, Inspirationen und Karriereziele zu identifizieren und in kreative Ideen umzusetzen.

Durchführung

Vorbereitung

Besorgen Sie 50 Ansichtskarten, auf denen Fotos oder Gemälde von verschiedenen Meeren und Wasserfahrzeugen (Schiffe, Boote) abgebildet sind, auch Kapitäne, Besatzungsmitglieder, verschiedene Attribute sowie Hürden und Hindernisse werden gebraucht. Alternativ können Sie diese Motive auch selbst auf Blankokarten zeichnen. Oder, wenn Sie möchten, beschreiben Sie Ihrer Gruppe die Karten nur, aber Bildmaterial ist sicher ausdrucksstärker.

Schritt 1: Das aktuelle Bild erfassen

Legen Sie die Karten, nach Kategorien sortiert (siehe Kasten), offen auf den Tisch. Geben Sie den Teilnehmenden folgenden Auftrag: „Nehmen Sie aus jeder Kategorie die Karte, die Ihre heutige Situation am besten repräsentiert. Stellen Sie nun weitere Assoziationen an. Im Idealfall sollten Sie dies zusammen mit einer zweiten Person tun, Sie können es aber auch allein machen. Wenn Sie zu zweit sind, bitten Sie dann die andere Person, Notizen zu machen. Wie ist die aktuelle Situation? Auf welchem Meer sind Sie gerade? Auf welchem Fahrzeug befinden Sie sich? Wie bereiten Sie sich vor? Wie sind Sie am liebsten unterwegs? Welcher Kapitän hat das Sagen? Welche Menschen haben Sie um sich herum? Was gibt Ihnen Halt? Mit welchen Gefahren müssen Sie sich auseinandersetzen?“

Schritt 2: Das Wunschbild erfassen

In diesem Schritt erhalten die Teilnehmenden den folgenden Auftrag: „Wählen Sie nun aus jeder Kategorie die Karte aus, die Ihrem Wunschbild am nächsten kommt. Bilden Sie weitere Assoziationen. Wo wollen Sie ankommen? Welches Meer passt zu Ihnen? Welches Fahrzeug benötigen Sie dafür? Wie wollen Sie sich vorbereiten? Auf welche Weise sind Sie am liebsten unterwegs? Welchen Kapitän setzen Sie wann ein? Mit welchen Menschen wollen Sie sich umgeben? Welche Gefahren können auf Sie lauern? Wie wollen Sie die Gefahren umgehen?" Mögliche Metaphern für das endgültige Ziel sind Schatzinsel, Horizont, Heimathafen.

Schritt 3: Reiseplan

In Schritt 3 erhalten die Teilnehmenden den folgenden Auftrag: „Damit Sie von einem Meer (aus Schritt 1) zu dem anderen Meer (aus Schritt 2) gelangen können, brauchen Sie einen Reiseplan. Was benötigen Sie, um zu erreichen, was Sie erreichen wollen? Wenn das Meer zu ruhig ist, könnten Sie sich fragen, welche Aktivitäten Sie entfalten sollten. Oder, im umgekehrten Fall: Was sollten Sie wirklich abgeben? Als Ergebnis erhalten Sie Aktivitäten, die Sie näher an Ihr Ziel heranbringen – auf Ihre eigene Art und Weise."

Material zur Übung „Die Seereise":
Übersicht über die Kategorien und die entsprechenden Karten

Meerestyp	Ruhiges Meer	Stilles Meer	Unruhiges Meer	Wildes Meer	Unberechenbares Meer
Wasserfahrzeug	Rettungsboot	Ruderboot	Schnellboot	Kreuzfahrtschiff	Gondel
	Fähre	Segelschiff	Katamaran		
Fahrweise	Nur die Destination bestimmen	Kurs festlegen	Herumschaukeln	Eine vergnügliche Kahnfahrt machen	Wettkampfsegeln
Kapitän	Instinktiver Kapitän	Gefühlsbetonter Kapitän	Bedächtiger Kapitän		
Besatzung	Fröhlicher Matrose	Zorniger, hitzköpfiger Matrose	Kritischer Matrose	Entspannter Matrose	Stiller Matrose

	Ängstlicher, vorsichtiger Matrose	Eifersüchtiger, verschlossener Matrose	Kräftiger Matrose	Blinder Passagier	Pirat
Halt/ Sicherheit	Seekarte	Kompass	Bake	Leuchtturm	Bojen
Gefahren	Schlechtes Schiff	Warnungen ignorieren	Nicht rechtzeitig lavieren	Zu schnell das Ruder herumreißen	Keinen Horizont sehen
	Mann über Bord	Kompass kaputt	Die Elemente falsch eingeschätzt	Sirenen	Meuterei
	Piraterie	Havarie			

Material zur Übung „Die Seereise": Kurze Erläuterungen zu den Metaphern

- *Meer:* Wasser ist Symbol des Lebens. Das Meer steht für das Leben an sich bzw. die Art, wie wir unser Leben empfinden.
- *Wasserfahrzeug:* Unser Lebensstil (sehr dynamisch oder eher ruhig)
- *Fahrweise:* Wie wir mit unserer Zeit umgehen (biologisch oder streng durchgetaktet sowie alle Abstufungen dazwischen)
- *Kapitän:* Was dominiert unsere Entscheidungsfindung (Gefühl, Verstand oder Instinkt)
- *Besatzung:* Die Menschen in unserer unmittelbaren Umgebung oder die Menschen, die wir am liebsten um uns haben
- *Halt/Sicherheit:* Hilfsmittel; alles, was uns weiterbringt
- *Gefahren:* Bewährungsproben; alles, was uns behindert

Material zur Übung „Die Seereise": Redewendungen aus der maritimen Welt

Es gibt viele Redewendungen mit Begriffen aus der Seefahrt und der Fischerei. Sie könnten bekannte und weniger bekannte Sprüche auf ein Flipchart schreiben, um so das Denken in Seefahrt-Metaphern anzuregen. Hier ein paar Beispiele:

- Vor Anker liegen
- Den Anker werfen

- Hart am Wind segeln
- Jemanden auf dem Kieker haben
- Mit allen Wassern gewaschen sein
- Eine volle Breitseite abfeuern
- Unter falscher Flagge segeln
- Jemanden im Schlepptau haben
- Jemandem den Wind aus den Segeln nehmen
- Etwas vom Stapel lassen
- Jetzt weht ein anderer Wind
- Alle sitzen in einem Boot
- Etwas über Bord werfen
- Wer wird denn gleich die Segel streichen?
- Flagschiff eines Unternehmens sein
- Das Ruder fest im Griff haben.

Theoretischer Hintergrund: Inspirierende Metaphern

Metaphern aus der maritimen Welt sind sehr wirksam und nützlich, wenn es darum geht, kreative Pläne zu entwickeln oder Träume zu verwirklichen. Wasser und Meer gelten schließlich als Ursymbol des Lebens. In seinem Buch *Een zee van tijd* (deutsch: „Ein Meer von Zeit") beschreibt der niederländische Autor Kees Harmsen (2001), wie Karrierefragen und Zeitdilemmata mithilfe von Metaphern verdeutlicht werden können.

Übung 16: Helden und Heldinnen

Schwierigkeitsgrad: mittel

Kurzbeschreibung

Bei dieser Übung reflektieren die Gruppenmitglieder über ihre persönlichen Helden und Heldinnen und analysieren gemeinsam, welche Talente, grundlegenden Werte, Ambitionen, Schwachstellen und persönlichen Fallstricke in der Gruppe im Spiel sind.

Zielsetzung/Wirkung

Diese Übung basiert auf der Vorstellung, dass wir unsere unterentwickelten und ungenutzten Talente auf Heldinnen und Helden projizieren, oder anders gesagt: Was wir an einem anderen Menschen bewundern, ist unser eigenes unterentwickeltes Potenzial. Mithilfe dieser Übung können alle Gruppenmitglieder gemeinsam in einem intensiven Prozess analysieren, wofür sie jeweils stehen und wonach sie streben. Ein Team kann dadurch schneller Entwicklungsschritte durchlaufen und früher ein höheres Niveau der Teamentwicklung erreichen. Mit dieser Übung kann man sehr gut in der Anfangsphase der Teamentwicklung arbeiten, wenn bei der Vergabe von Rollen und Aufgaben ein gemeinsames Leitbild gefunden werden und der richtige Teamgeist noch entwickelt werden muss.

Durchführung

Vorbereitung

Stellen Sie sicher, dass die Teilnehmenden bereits im Vorfeld über das Ziel und die Art der Gruppenarbeit informiert sind. Planen Sie etwa einen halben Tag für den Workshop ein, wenn die Gruppe aus 6 bis 8 Personen besteht. Stellen Sie – möglichst schon im Vorfeld, vor dem Workshop – den Teilnehmenden die folgenden Fragen:

- Wer sind Sie Ihre drei wichtigsten Held:innen? Es kann sich um wirkliche Personen oder um fiktive Figuren handeln, zu denen Sie einen starken Bezug haben und die Sie – offen oder insgeheim – bewundern. Bringen Sie von jedem Helden und jeder Heldin ein Foto oder Bild mit.
- Bitte für alle drei Held:innen beantworten: Warum spricht diese Person/Figur Sie an? Welche drei Eigenschaften sind es hauptsächlich, die Sie bewundern? Welche grundlegenden Werte repräsentiert Ihr Held oder Ihre Heldin?

- Welche Schattenseiten könnten Ihre Held:innen haben?
- Haben Sie sich selbst auch schon einmal wie ein Held oder eine Heldin gefühlt? Wann war das? Mussten Sie dafür über eine Schwelle gehen? Welche Schwelle? Wie ist es Ihnen gelungen, diese Schwelle zu überwinden?

Bitten Sie jeden Teilnehmenden, für den Workshop eine 5- bis 10-minütige Präsentation vorzubereiten. Die Art der Präsentation ist freigestellt, die einzige Vorgabe ist die Beantwortung dieser vier Fragen. Zur Verdeutlichung können Fotos oder Bilder gezeigt werden.

Schritt 1: Präsentation der Held:innen

Lassen Sie alle Teilnehmenden der Reihe nach ihre Geschichte erzählen. Machen Sie sich Notizen und erstellen Sie als Gruppenleitung eine Liste mit den wichtigsten genannten Eigenschaften, Werten, Ambitionen und Schattenseiten.

Schritt 2: Analyse der Held:innen

Bitten Sie nach jeder Präsentation die anderen Gruppenmitglieder um ihre Reaktion. Mögliche Fragen können sein:

- Brauchen Sie noch weitere Erläuterungen bezüglich bestimmter Punkte oder Aspekte?
- Sehen Sie in der Präsentation von Person X einen roten Faden, was die einzelnen Held:innen angeht?
- Haben Sie den Eindruck, dass bei Person X eine große Sehnsucht besteht, bestimmte Talente zu entwickeln?
- Welche Schattenseiten sehen Sie eventuell bei Person X?
- Was glauben Sie, braucht Person X ganz besonders?

Wenn Sie merken, dass einige Aspekte noch nicht genannt wurden, können Sie Ihre persönlichen Eindrücke und Analysen mit der Gruppe teilen.

Schritt 3: Ein Team von Held:innen bilden

Bitten Sie die Teilnehmenden, ein Team von Held:innen zu bilden. Lassen Sie die Gruppe auf der Grundlage der einzelnen Präsentationen zu einer Analyse der vorhandenen Talente und Fähigkeiten kommen. Fordern Sie die Gruppe auf, zu überlegen, welche Rollen sich gegenseitig ergänzen und verstärken könnten. Fügen Sie eventuell Ihre persönlichen Beobachtungen und Eindrücke hinzu.

Theoretischer Hintergrund: Phasen der Teamentwicklung

In der Literatur zur Teamentwicklung werden oft verschiedene Phasen der Teamentwicklung unterschieden. Eine praxisnahe und leicht zu vermittelnde Einteilung findet sich in dem Buch *Aan de slag met teamcoaching* von Marijke Lingsma (2005):

- *Phase 1: Unterschiedliche Menschen treffen aufeinander (Abhängigkeit).* Jedes Teammitglied ist auf sich selbst fokussiert, die Motivation ist extrinsisch. Es herrscht eine große Abhängigkeit von der Projekt- bzw. Teamleitung oder den Führungskräften. Noch gibt es wenig Gemeinsamkeiten, was die Ziele des Teams oder die Rollenverteilung angeht, oder anders gesagt: es fehlt „Ownership".
- *Phase 2: Subgruppen entstehen (Gegenabhängigkeit, Opposition).* Noch ist die Gruppe kein Team. Es bilden sich Subgruppen und Subkulturen, die alle ihre eigenen Normen und Werte haben. Es gibt offene und verdeckte Kritik, Reibereien und Widerstand gegen andere Subgruppen oder die Projekt- bzw. Teamleitung. Es kommt zu Problemen bei der Zusammenarbeit. Einzelne Subgruppen und eventuell auch einzelne Personen werden ausgeschlossen.
- *Phase 3: Eine Gruppe entsteht (Unabhängigkeit).* Inzwischen herrscht das Gefühl der Verbundenheit unter den Teammitgliedern. Das Team ist ergebnisorientiert, unabhängig und selbstsicher. Die Teammitglieder sind in der Zusammenarbeit auf Augenhöhe, und die Teamleitung wird mehr und mehr Teil der Gruppe. Mögliche Problemfelder sind Engstirnigkeit und Arroganz nach dem Motto „Wir sind besser ...". Es besteht das Risiko des Gruppendenkens und der Konformität.
- *Phase 4: Guter Kontakt des Teams zu allen Ebenen der Organisation (wechselseitige Abhängigkeit).* Die Mitglieder der Gruppe fühlen sich positiv miteinander verbunden, und es besteht eine Verbundenheit zur Außenwelt. Die Teamleistung wird im Sinne eines gemeinsam gesteckten und getragenen Ziels erbracht. Das Team ist Teil der Gesamtstruktur und richtet sich auf die Organisationsziele und auf die gemeinsamen Ergebnisse aus. Das Team „performt" gut in Bezug auf Inhalte, Verfahrensweisen und Prozesse.

Mithilfe dieser Übung können Sie schneller von Phase 2 zu Phase 3 gelangen.

Variante: Mit Filmmaterial arbeiten

Diese Variante ist besonders für Gruppenleitungen geeignet, die gern und viel mit Filmmaterial arbeiten. Bilder sind schließlich eindrücklich und wirken lange nach. Bitten Sie die Teilnehmenden vor dem Treffen, Ihnen eine Filmszene zu nennen, in der sie jemanden für einen wahren Helden oder eine wahre Heldin halten. Es muss kein Spielfilm sein, genauso geeignet sind Dokumentarfilme oder Filmaufnahmen von Ereignissen, die wirklich stattgefunden haben. Heutzutage findet man auch viele Filmausschnitte auf YouTube. Es ist außerdem relativ einfach, Szenen aus Filmen auszuschneiden, zum Beispiel mit Computerprogrammen wie HandBrake, die einfach und kostenlos heruntergeladen werden können.

Übung 17: Die Reise eines Topteams

Schwierigkeitsgrad: anspruchsvoll

Kurzbeschreibung

Diese Übung basiert auf dem Konzept der Double-Healix-Triple-T-Teamentwicklung (*T*eamphasen, *T*eamleitung, *T*eamrollen; van Doorn & Dols, 2018), das wiederum auf die Reise des Helden Joseph Campbell zurückgeht. Das Konzept denkt auch die Teamphasen von Tuckman (1965) weiter. Die meisten Teammodelle bleiben an der Spitze stehen, beim Erfolg und der größtmöglichen Leistungsfähigkeit des Teams. Viele Teams gehen aber nach dem Erfolg durch tiefe Täler, bevor sie erneut zum Erfolg zurückfinden. Was macht ein Team wirklich stark und produktiv? Dieses Modell geht einen Schritt weiter und betrachtet Teamentwicklung als eine spannende Reise mit unterschiedlichsten Stationen: Erfolge erzielen, Rückschläge verarbeiten, sich weiterentwickeln und die Frage beantworten, ob ein sinnvoller Beitrag zum Ganzen, der Organisation oder der Gesellschaft, geleistet wird.

Zielsetzung/Wirkung

Ein (Projekt-)Team, das die Reise eines Topteams kennenlernt und dabei alle Teamphasen, die erwünschte Form der Teamleitung und die verschiedenen Teamrollen erkundet, kann hinterher nicht nur die nächste Phase korrekt antizipieren oder besser mit Rückschlägen und Erfolg zurechtkommen, sondern auch die richtigen Menschen zum richtigen Zeitpunkt einsetzen, um den verschiedenen Herausforderungen der Reise zu begegnen.

Durchführung

Vorbereitung

Machen Sie sich mit dem Teamentwicklungsmodell Triple-T vertraut. Setzen Sie sich mit den Teamphasen, der erwünschten Art der Teamleitung und den Teamrollen auseinander (siehe Kasten). Wichtig ist, mit den 12 Phasen der Teamreise zu beginnen. Bereiten Sie eine Präsentation der 12 Teamphasen vor. Auf der Webseite www.doublehealix.com finden Sie zum Beispiel nützliche Hinweise, Informationen und filmische Darstellungen dieses Teammodells (in niederländischer Sprache). Sie benötigen 12 Flipchart-Bögen mit den Bezeichnungen der einzelnen Teamphasen und den Schlüsselbegriffen, die die jeweilige Teamphase kennzeichnen. Zudem benötigen Sie ausreichend Stifte und leere Flipchart-Bögen. Für diese Übung werden drei Termine mit einer Dauer von jeweils 2 bis 3 Stunden benötigt.

Schritt 1: In welchem Stadium der Reise befinden wir uns? (Termin 1)

Erläutern Sie die 12 Teamphasen in groben Zügen. Legen Sie anschließend die Flipchart-Bögen, auf denen Sie die Schlüsselbegriffe notiert haben, in einem Kreis im Raum aus. Überprüfen Sie gemeinsam mit den Teilnehmenden, ob die verschiedenen Phasen deutlich geworden sind. Betrachten Sie den Kreis wie eine Uhr und legen Sie Phase 1 auf 8 Uhr, Phase 2 auf 9 Uhr usw. Am Ende kommt Phase 12 auf 7 Uhr.

Schritt 2: Teamphase(n)

Bitten Sie alle Teilnehmenden, einzeln die folgenden Fragen zu beantworten und die Antworten auf einen Flipchart-Bogen zu schreiben:

- In welcher Phase (welchen Phasen) befindet sich dieses Team?
- Gilt das für alle Projekte, an denen dieses Team arbeitet?
- In Anbetracht der aktuellen Phase, welche Art von Leitung braucht dieses Team?
- Wie kann dieses Team verhindern, in dieser Phase zu verharren oder sogar zurückzufallen?

Präsentationen. Die Teilnehmenden präsentieren der Gruppe – anhand der obenstehenden Fragen – ihre Ergebnisse. Geben Sie allen Teilnehmenden die Gelegenheit, ihre Präsentation ohne Unterbrechungen durch Reaktionen der Gruppe halten zu können. Die Gruppe kann nach den Einzelpräsentationen klärende Fragen stellen.

Teambild. Nach den Einzelpräsentationen wird ein gemeinsames Bild der Teamanalyse erstellt. In welcher Phase/welchen Phasen befindet sich das Team? Welche übereinstimmenden Antworten gibt es und welche Unterschiede? Versuchen Sie, die analytischen Fähigkeiten des Teams zu nutzen und haken Sie als Gruppenleitung immer wieder nach. Fragen Sie nach Beispielen, um einzelne Punkte zu verdeutlichen. Wenn nötig, fügen Sie – aber erst am Ende des Gesprächs – noch etwas hinzu, um Einzelheiten zu verdeutlichen.

Schritt 3: Teamleitung (Termin 2)

Schreiben Sie vorab auf die Flipcharts mit den Teamphasen die erwünschte Form der Teamleitung pro Phase. Erläutern Sie den Teilnehmenden die erwünschte Teamleitung für jede Phase. Rufen Sie anschließend noch einmal die wichtigsten Inhalte und Erkenntnisse aus Termin 1 in Erinnerung. Bilden Sie Zweierteams und bitten Sie jedes Zweierteam, die folgenden Fragen zu beantworten und ihre Ergebnisse auf einen Flipchart-Bogen zu schreiben:

- Wie kann sich dieses Team am besten auf die folgende(n) Phase(n) vorbereiten?
- Welche Teamleitung passt zur aktuellen und zur nächsten Phase?
- Auf welche Stolperfallen sollte dieses Team achten und wie können das Team und die Teamleitung damit umgehen?
- Was braucht dieses Team an Ressourcen und Voraussetzungen?

Präsentationen. Bitten Sie jedes Zweierteam, seine Ergebnisse zu präsentieren. Geben Sie jedem Duo die Gelegenheit, die Präsentation zu halten, ohne dass die anderen Gruppenmitglieder direkt darauf reagieren. Die Gruppe kann nach der Präsentation des Zweierteams klärende Fragen stellen.

Teamleitung. Im Anschluss an die Präsentationen wird ein gemeinsames Bild der erwünschten Form der Teamleitung erstellt. Es wird auch analysiert, wie es gelingen kann, auf die nächste Phase bestmöglich vorbereitet zu sein. Für die Gruppenleitung gilt: Halten Sie fest, was es an Übereinstimmungen gibt und worin die Bilder sich unterscheiden.

Schritt 4: Teamrollen (Termin 3)

Vor dem dritten Termin sollen die Teammitglieder über ihre natürliche(n) Teamrolle(n) nachdenken. Das Interessante am Triple-T-Modell ist, dass jede Teamrolle mit einer bestimmten Phase der Teamreise verknüpft werden kann. Natürlich ist während der gesamten Reise jede Rolle wichtig, aber der einen oder anderen Teamrolle kann in einer bestimmten Phase eine entscheidende Bedeutung zukommen.

Fragen Sie die Teammitglieder, ob sie anhand der beschriebenen Teamrollen eine Zuordnung treffen können und wie sie glauben, selbst bei den verschiedenen Rollen abzuschneiden. Machen Sie von den Antworten eine übersichtliche Darstellung auf dem Flipchart und analysieren Sie gemeinsam mit den Gruppenmitgliedern, welche Stärken und welche Schwächen das Team hat. Mögliche Fragen sind:

- Welche Teamrollen sind gut repräsentiert?
- Welche Teamrollen sind nicht gut repräsentiert?
- Welche Phasen der Teamreise sind durch die vorhandenen Teamrollen gut „abgedeckt“?
- Welche Phasen der Teamreise sind durch die vorhandenen Teamrollen nicht gut „abgedeckt“?
- Welche Teammitglieder sind in der aktuellen Phase und in der/den nächsten Phase(n) wichtig?

Material zur Übung „Die Reise eines Topteams“:
Übersicht der Triple-T-Teamentwicklung (nach Manfred van Doorn)

Teamphasen	Die Teamleitung ist darauf ausgerichtet, ...	Teamrollen
1 Forming	Vertrauen aufzubauen	Netzwerker
2 Storming	zu mobilisieren	Unternehmer
3 Norming	ein Wir-Gefühl zu erzeugen	Arbeitsbiene
4 Informing	zu experimentieren und zu lernen	Kreativer
5 Performing	Ergebnisse zu erzielen	Leistungsträger
6 Celebrating	zu begeistern und zu motivieren	Star
7 Formalizing	Einsatz und Loyalität zu verstärken	Ordnungshüter
8 Blown-away	den Dialog in Gang zu bringen	Diplomat
9 Mourning	schmerzliche Beschlüsse zu treffen	Analytiker
10 Regrouping	die Firmenphilosophie und die Richtung vorzugeben	Visionär
11 Transforming	Prinzipien zu verteidigen	Das Gewissen
12 Serving	zu dienen und etwas zurückzugeben	Helfer

Variante: Mit Filmmaterial arbeiten

Diese Übung entfaltet in Kombination mit Übung 4: *Das Filmfragment* eine noch stärkere Wirkung. Die Teamsitzungen können durch die Auswahl von Szenen aus dem Dokumentarfilm *History of The Eagles* (Regie: Alison Ellwood, 2013, deutscher Titel: The Eagles – Die Geschichte einer amerikanischen Band) unterstützt werden. In diesem Film geht es um Aufstieg, Erfolg, Krisen, Niedergang und Wiederauferstehung der Band. Die 12 Teamphasen können sehr gut anhand der Geschichte nachvollzogen werden (Quelle: „Teamontwikkelingsfasen in History of The Eagles“ in Dols, 2015).

Übung 18: Verkehrszeichen

Schwierigkeitsgrad: mittel

Kurzbeschreibung

Die Übung *Verkehrszeichen* beschreibt eine Vorgehensweise, mit der man gewinnbringend arbeiten kann, wenn Aktionspläne erarbeitet werden müssen, zum Beispiel für Veränderungsprozesse in der Organisation.

Zielsetzung/Wirkung

Verkehrszeichen sind starke und klare Symbole oder Bilder, die den komplexen Straßenverkehr regeln. Die starke Aussagekraft von Verkehrsschildern kann man auch bei der Einführung neuer Maßnahmen nutzen, wenn man die Veränderungen gern plastisch darstellen und vermitteln möchte. Verwenden Sie zum Beispiel Gebots- und Verbotsschilder, um Erfolgs- und Misserfolgsfaktoren darzustellen, und Warnschilder für wichtige Hinweise. Die Aussagekraft der Schilder kann zudem bei Prozessen, bei denen mit Widerstand, Risiken und Unwägbarkeiten zu rechnen ist, hilfreich sein.

Durchführung

Vorbereitung

Laden Sie eine Übersicht der wichtigsten Verkehrszeichen (auf verschiedenen Webseiten zu finden) herunter. Es gibt in Deutschland ca. 500 Verkehrszeichen, die in verschiedene Kategorien – Gefahrzeichen, Vorschriftzeichen, Wegweisende Beschilderung u. a. – unterteilt sind. Wählen Sie aus jeder Kategorie aussagekräftige Schilder aus und nummerieren Sie diese. Erstellen Sie von allen ausgewählten Schildern ein Poster. Nummerieren Sie kleine Zettel von 1 bis zur Gesamtzahl Ihrer Verkehrsschilder. Bereiten Sie für jedes Gruppenmitglied einen Umschlag mit maximal 10 Nummern vor – möglichst aus vielen unterschiedlichen Kategorien.

Schritt 1: Auftrag formulieren

Überreichen Sie den Teilnehmenden je einen Umschlag und bitten Sie sie, mit den Verkehrszeichen, die sie im Umschlag vorfinden, zu arbeiten. Das bedeutet konkret, dass sie sich zu jedem Verkehrszeichen überlegen sollen, wie sich die Symbolik auf die Frage der bedachtsamen Implementierung der neuen Ideen oder

Maßnahmen übertragen lässt. Ein Beispiel: Bei einem Warnschild, das auf eine 10-prozentige Steigung hinweist, kann man sich überlegen, dass die Symbolik ausdrücken könnte, dass in der Einführungsphase eines neuen Verwaltungssystems 10 % schief gehen werden. Ein Warnschild mit einer Dampflok kann eine Gruppe symbolisieren, die Dinge erhalten will und sich gegen Neuerungen zur Wehr setzt, oder allgemein Dinge, die den Prozess stören können und mit denen Sie von Beginn an rechnen müssen.

Schritt 2: Die Symbolik besprechen

Die Teilnehmenden enthüllen, welche Verkehrszeichen sie hatten und welche symbolische Bedeutung sie ihnen zugeordnet haben.

Schritt 3: Die zentralen Punkte und Erfolgsfaktoren auswählen

Geben Sie der Gruppe den Auftrag, die relevantesten Verkehrszeichen auszuwählen und sie als entscheidend für den Implementierungsprozess zu betrachten. Dies sind die zentralen Punkte und die Erfolgsfaktoren, die dafür sorgen, dass der Veränderungsprozess gelingt.

Schritt 4: Eine Übersicht der zentralen Punkte erstellen

Fordern Sie die Teilnehmenden auf, ein Poster zu erstellen, auf dem die Verkehrszeichen, die für die zentralen Punkte sowie die Erfolgs- und Misserfolgsfaktoren stehen, versammelt sind. Dieses Poster unterstützt den Veränderungsprozess und sollte an verschiedenen Stellen, an denen sich die Beteiligten oft aufhalten, aufgehängt werden. Jedes Verkehrszeichen dient dann als Erinnerung daran, den Prozess reibungslos ablaufen zu lassen.

Material zur Übung „Verkehrszeichen“: Die wichtigsten Metaphern

Die verschiedenen Kategorien von Verkehrszeichen (siehe unter „Vorbereitung“) können wie folgt auf organisationale Veränderungsprozesse übertragen werden:

- *Geschwindigkeitsbegrenzung:* Wie schnell darf/soll der Veränderungsprozess verlaufen? Gibt es Unterschiede in der Geschwindigkeit bei verschiedenen Zielgruppen?
- *Vorfahrtsschilder:* Welcher Zielgruppe oder welcher Sache wird Vorfahrt eingeräumt?
- *Vorschriftzeichen:* Welchen Weg sollten wir nicht einschlagen?
- *Park- und Halteverbot:* Welche Meilensteine bauen wir in den Veränderungsprozess ein und wie überwachen wir den Prozessfortschritt?
- *Hinweisschilder:* Was müssen wir wann genau tun?

- *Warnschilder:* Welche Gefahren drohen?
- *Wegweiser:* Wie ist das Drehbuch?
- *Informationsschilder:* Wie können wir für alle Beteiligten den Prozessverlauf transparent gestalten?
- *Gebotsschilder:* Welche allgemeinen Anweisungen müssen wir erlassen?

Variationen

- *Variante 1:* Die Gruppenmitglieder bekommen jeweils zwei Schilder zugewiesen – per Zufallsprinzip. Die Kombination der Schilder ergibt wiederum eine neue symbolische Bedeutung. So wird die Kreativität noch einmal auf andere Weise angeregt.
- *Variante 2:* Alle Teilnehmenden sehen sich die Gesamtübersicht der Verkehrszeichen an und wählen jeweils die acht Schilder aus, von denen sie sich am meisten angesprochen fühlen. Es macht nichts, wenn mehrere Personen dasselbe Schild wählen, denn die Bedeutung, die sie mit dem Schild verknüpfen, kann immer wieder eine andere sein.
- *Variante 3:* Ein Gruppenmitglied wählt spontan acht Verkehrszeichen aus. Die anderen Gruppenmitglieder erhalten den Auftrag, die Schilder aus ihrer persönlichen Perspektive zu betrachten und die symbolische Bedeutung zu benennen, die sie darin sehen. Diese Übung kann auch mit der Übung 23: *Die sechs Denkhüte* kombiniert werden, wobei die Teilnehmenden jeweils aus der Perspektive eines der Denkhüte auf die Schilder und ihre Bedeutung schauen.

Übung 19: Liebevolle Konfrontation

Schwierigkeitsgrad: anspruchsvoll

Kurzbeschreibung

Bei dieser Übung geben die Teilnehmenden mithilfe eines Wappenschilds einen Einblick in sich selbst und bekommen konstruktives Feedback zurück. Das Wappenschild besteht aus vier getrennten Feldern, von denen drei vom Akteur selbst ausgefüllt werden und das vierte später von der Gruppe ausgefüllt wird.

Zielsetzung/Wirkung

Diese Übung führt zu mehr Selbsteinsicht bei jedem einzelnen Teammitglied und beim Team als Ganzes. Sie bietet einen direkten Einblick in Leidenschaften, Kraftquellen, Sorgen, Kernqualitäten und Stolpersteine eines jeden Einzelnen. Außerdem schafft diese Übung Verbindung, Sicherheit und Vertrauen bei einem startenden (Projekt-)Team. Sie ist besonders gut dafür geeignet, die psychologischen Stärken eines (Projekt-)Teams von ca. 6 bis 10 Mitgliedern herauszuarbeiten.

Durchführung

Vorbereitung

Stellen Sie sicher, dass die Teilnehmenden bereits im Vorfeld über das Ziel und die Art der Gruppenarbeit informiert worden sind. Sie müssen etwa 3 Stunden Zeit für den Workshop einplanen. Alle Teilnehmenden benötigen einen Notizblock, Stifte und Flipchart-Bögen mit passendem Stift.

Schritt 1: In Zweierteams arbeiten

Zunächst erhalten die Teilnehmenden einen vorbereitenden Arbeitsauftrag, den sie in Zweierteams bearbeiten sollen: A interviewt B eine halbe Stunde lang, dann werden die Rollen getauscht. Es soll gern konkret nachgehakt werden. Inhaltlich geht es um die folgenden Fragen:

- Was ist deine größte Leidenschaft, was treibt dich an? Was motiviert dich? Wofür stehst du morgens gerne auf, auch ohne dafür bezahlt zu werden? Bei welcher Aktivität vergisst du völlig die Zeit? Kannst du ein Beispiel nennen?

- Was sind deine größten Sorgen oder Ängste? Welche Katastrophen-Fantasien hast du gelegentlich? Worüber grübelst du manchmal oder regelmäßig nach? Was befürchtest du, insbesondere für dich persönlich? Was würdest du ganz schrecklich finden, wenn dir das zustoßen würde?
- Was ist deine innere Kraftquelle, wenn sich mal alles quer stellt? Was hält dich aufrecht? Was bewirkt, dass du nicht aufgibst, auch wenn der Mut dich verlassen hat? Auf was kannst du dich bei dir selbst verlassen, wenn du eine Bewährungsprobe bestehen musst?

A überlegt sich nach dem Interview für jedes der drei Themen ein passendes Stichwort, das er oder sie auf einen Flipchart-Bogen schreiben könnte.

Schritt 2: **Kurze Demonstration durch die Gruppenleitung**

Nach einer Pause kommt die Gruppe wieder in einem Raum mit einem Flipchart zusammen, das für alle gut sichtbar positioniert wird. Die Gruppenleitung zeigt, um ein Beispiel für die Vorgehensweise zu geben, seine oder ihre eigene Ausarbeitung.

Teil 1: Was motiviert dich?

Teil 2: Was ist deine größte Angst?

Teil 3: Worin besteht deine innere Kraft?

Teil 4: *Feedback von der Gruppe (das kommt später)*

Bei dieser kurzen Demonstration werden die Themen von der Gruppenleitung in Stichworten vorgestellt. Um warm zu werden, könnte die Gruppenleitung noch fragen, was die Gruppe ihr oder ihm für den weiteren Weg wünscht. Das betrifft dann Teil 4. Alle Teilnehmenden dürfen sagen, was ihnen in den Sinn kommt, Wünsche, wie sie etwa ein Freund oder eine Mentorin jemandem auf den Lebensweg mitgeben würde. Das, was die Gruppe der Gruppenleitung an Wünschen mitgibt, sind „kleine Geschenke."

Schritt 3: **Präsentation der eigenen Themen**

Die Gruppenleitung gibt zunächst die folgenden Spielregeln bekannt:
- Die Person, die vorträgt, verwendet in ihrer Präsentation nur Stichworte.
- Wenn Feedback von der Gruppe gegeben wird für Feld 4, reagiert die Person, der das Feedback gilt, nicht darauf. Auch innerhalb der Gruppe wird nicht darauf reagiert. Die Gruppenleitung schreibt alles, was an Feedback gegeben wird, auf das Flipchart, damit die Person selbst in Kontakt mit der Gruppe bleiben kann.
- Die Gruppenleitung bittet um Konzentration und Stille und sorgt für ein gewisses Maß an Ruhe und Entschleunigung.

Die erste Person geht zum Flipchart und trägt ihre Stichworte zu den einzelnen Feldern ein. Danach erfolgt das Feedback von der Gruppe. Wenn die Person etwas Außergewöhnliches zu hören bekommt, kann sie später immer noch mit der Feedbackgeberin oder dem Feedbackgeber ins Gespräch kommen und sich die Aussage erläutern lassen. Die Gruppenleitung wartet ganz ruhig ab, bis wirklich kein Feedback mehr kommt. Anschließend fragt die Gruppenleitung, wie es für die Person war, ihre Themen zu präsentieren, und wie es war, das Feedback entgegenzunehmen, und welches Feedback sie besonders berührt. Am Ende bedankt sich die Person bei der Gruppe, und das nächste Gruppenmitglied geht zum Flipchart. Bei einer Gruppengröße von 10 Personen ist es sinnvoll, nach 5 Personen eine Pause zu machen, da die Übung eine hohes Maß an Konzentration verlangt.

Schritt 4: **Nachbetrachtung und Evaluation**

Die Teilnehmenden setzen sich noch einmal jeder für sich mit ihren Flipchart-Einträgen auseinander und versuchen, den gemeinsamen Nenner des Feedbacks, das sie bekommen haben, zu einem Kernthema zu verdichten. Wenn das Kernthema gefunden ist, wird daraus ein Anliegen oder ein Lernpunkt für das nächste (halbe) Jahr formuliert.

Theoretischer Hintergrund: Liebevolle Konfrontation

Teil 4 dieser Übung steht faktisch für die liebevolle Konfrontation, die uns sonst gute Freundinnen und Freunde zuteilwerden lassen. Die Gruppenmitglieder erklären aus echter Anteilnahme oder Empathie, was sie der vortragenden Person gönnen oder wünschen. Weil dieses Feedback aus einer Atmosphäre der Wärme heraus gegeben wird, wird es oft besser und ohne Abwehr angenommen. Konkret könnte zum Beispiel ein Teil der Gruppe einer Person, die Züge eines Workaholics zeigt, Ruhe und innere Balance wünschen. Wenn nun immer mehr Gruppenmitglieder in anderen Worten dasselbe Thema ansprechen, kommt dieses Feedback tatsächlich stärker bei der betreffenden Person an. Hier ist dann auch die Prozesskompetenz der Gruppenleitung gefragt, weil einzelne Teilnehmende sich auch sehr betroffen oder berührt zeigen können. Wichtig ist, diesen Personen genügend Zeit zu lassen, das Feedback zu verarbeiten und in positivem Sinn zu nutzen.

Übung 20: Feedback im Fokus

Schwierigkeitsgrad: mittel

Kurzbeschreibung

Diese Übung hilft den Teilnehmenden, mehr Einsicht in die eigene Person zu gewinnen. Vor der kreativen Gruppenarbeit bitten alle Teilnehmenden zuerst andere Menschen um Feedback, und zwar ausgedrückt durch Bilder. Diese Bilder werden bei der anschließenden Gruppenarbeit besprochen.

Zielsetzung/Wirkung

Wenn andere Menschen uns auf ehrliche und respektvolle Weise Feedback geben, führt dies zu mehr Selbsteinsicht. Und das hilft uns, weiter zu wachsen. Meistens geben wir uns Feedback mit Worten. Diese Übung zeigt, dass man Feedback auch in Form von Bildern geben kann. Das funktioniert oft sogar besser, weil es intuitiver geschieht und weil man mit Bildern mehr ausdrücken kann als mit Sprache. Das Feedback wird manchmal erst verständlich, wenn man mehrere Bilder miteinander vergleicht oder wenn man die Bilder ein zweites Mal ansieht. Es braucht eine Atmosphäre der Offenheit, um sich in der Gruppe gegenseitig Feedback zu geben. Die Teilnehmenden lernen sich dabei von einer anderen Seite kennen.

Durchführung

Vorbereitung

Schicken Sie den Teilnehmenden vorab den folgenden Auftrag: „Fragen Sie drei Menschen, die Sie gut kennen, welches Bild sie vor Augen haben, wenn sie an Sie denken. Bitten Sie um Erläuterung. Suchen Sie passende Fotos zu diesen drei Bildern, die man Ihnen genannt hat, und bringen Sie diese mit zu unserem Workshop." Wenn der Workshop ein bestimmtes Thema hat, können Sie die Teilnehmenden auch dazu auffordern, sich das Feedback in Bezug zu diesem Thema geben zu lassen. Das ist aber nicht notwendig, Sie können den Auftrag auch ohne Bezugnahme zu einem Thema bearbeiten lassen.

Schritt 1: Die Übung erläutern

Erläutern Sie, worum es geht. Erklären Sie, warum Sie den Teilnehmenden diesen Auftrag gegeben haben. Machen Sie deutlich, dass alle Teilnehmenden den benötigten Raum bekommen werden, um ihre Bilder zu erklären.

Schritt 2: **Für Sicherheit sorgen**

Diese Übung können Sie nur machen, wenn eine Atmosphäre der Sicherheit in der Gruppe herrscht. Wenn die Teilnehmenden sich noch nicht (gut) kennen, ist es wichtig, dass sie erst vertrauter miteinander werden. Dafür können Sie mit den Übungen aus Teil 1 dieses Buches arbeiten. Vereinbaren Sie in jedem Fall, dass alles, was bei dieser Gruppenarbeit geschieht, in der Gruppe bleibt. Außerdem ist zu empfehlen, dass Sie als Gruppenleitung sich auch selbst an der Übung beteiligen und zuerst berichten, was für ein Feedback Sie bekommen haben. Auf diese Weise geben Sie den Ton an.

Schritt 3: **Bilder teilen**

Nachdem Sie Ihre eigenen Bilder mit der Gruppe geteilt haben, fragen Sie in die Runde, wer als nächstes den Stab von Ihnen übernehmen möchte. Wenn dieses Gruppenmitglied berichtet hat, welches Feedback sie oder er bekommen hat, lassen Sie die Gruppe zu Wort kommen. Was ist den anderen Teilnehmenden an den Bildern und an den dazugehörigen Geschichten aufgefallen? Gibt es Fragen? Sagen Sie auch, was Ihnen aufgefallen ist. Respektieren Sie dabei die Grenzen der Person, die ihr Feedback geteilt hat. Machen Sie so weiter, bis alle über ihre Bilder erzählt haben.

Schritt 4: **Abschluss**

Danken Sie den Teilnehmenden für ihre Offenheit, bitten Sie um Reaktionen und sprechen Sie auch an, was Ihnen in der Gruppe aufgefallen ist. Dabei kann es um die Offenheit in der Gruppe gehen, die Bereitschaft, das Feedback zu teilen, die Art und Weise, wie die Gruppe mit dem besprochenen Feedback umgeht, die Tiefe des Feedbacks usw.

Tipp: Die Bilder vergleichen

Schauen Sie sich aufmerksam die Gemeinsamkeiten und die Unterschiede bei den Bildern, die eine Person erhalten hat, an. Ein Beispiel: Bei einem Workshop erklärte ein Teilnehmer, er habe von zwei Kollegen eine Freiheitsstatue und einen Baum mit kräftigen Wurzeln bekommen – zwei schöne Bilder, mit wunderbaren Texten zur Erklärung. Beim genauen Hinsehen konnte man aber auch zwei statische und einsame Motive sehen. Diese Beobachtung berührte einen wunden Punkt. Von einem Familienmitglied hatte der Teilnehmer dagegen ein Bild von zwei Menschen bekommen, die sich umarmen. In diesem Fall sagte das etwas über die unterschiedliche Art und Weise aus, wie der Teilnehmer in seinem privaten Umfeld und bei der Arbeit wahrgenommen wird.

Eine andere Teilnehmerin hatte Bilder bekommen, die sie als verbindendes Element in ihrem Team zeigten. Die Gemeinsamkeit der beiden Bilder war, dass sie eine Verbindung zwischen zwei Dingen darstellen, die andererseits aber auch wie festgezurrt an ihrem Platz standen. Mit dieser letzten Beobachtung konnte die Teilnehmerin nichts anfangen. Dadurch zeigt sich: Manchmal berühren die Gemeinsamkeiten in den Bildern einen Kern, und manchmal sind sie für die Feedback-Empfängerin bedeutungslos.

Übung 21: Inspirationstisch

Schwierigkeitsgrad: einfach

Kurzbeschreibung

Für diese Übung bringen alle Teilnehmenden einen Gegenstand mit, der sie inspiriert. Die Gruppe stellt Fragen, was es mit dieser Inspirationsquelle auf sich hat, damit es für die entsprechende Person selbst deutlich wird, was genau sie inspiriert, unter welchen Umständen das so ist usw. Die Übung passt gut an den Anfang einer kreativen Gruppenarbeit, als Kennenlernübung, aber auch noch in ein späteres Stadium, wenn die Arbeit in der Gruppe stagniert und die Teilnehmenden Inspiration suchen.

Zielsetzung/Wirkung

Wenn Menschen nicht inspiriert werden, sind sie letztlich müde, erschöpft, antriebslos, ausgelaugt. Inspiration bewirkt, dass wir Lust bekommen, etwas zu unternehmen oder etwas Schönes aus unseren Aufgaben oder unserer Arbeit zu machen. Zu wissen, was einen inspiriert, ist wichtig für die eigene Kreativität. Diese Übung sorgt dafür, dass die Teilnehmenden diese Erkenntnis gewinnen. Darüber hinaus lernen sie, bewusst genau diese Umstände zu schaffen, aus denen sie neue Inspiration schöpfen können.

Durchführung

Vorbereitung

Bitten Sie die Teilnehmenden, etwas mitzubringen, das sie inspiriert oder schon einmal inspiriert hat. Wenn es schwierig ist, eine Inspirationsquelle physisch mitzubringen, kann stattdessen auch ein Foto oder etwas, das die Inspirationsquelle symbolisiert, mitgebracht werden. Stellen Sie einen Tisch in dem Raum auf, in dem der Workshop stattfindet. Der Tisch soll für alle Beteiligten gut sichtbar sein.

Schritt 1: **Erläuterung**

Bitten Sie die Teilnehmenden, ihre persönliche Inspirationsquelle jeweils einzeln vorzustellen und zu erläutern. Im Anschluss an jede Präsentation können die anderen Teilnehmenden spezifische Fragen zu dieser Inspirationsquelle stellen (Beispielfragen finden Sie im Kasten).

Schritt 2: Zum Inspirationstisch

Wenn ein Teilnehmender seine Inspirationsquelle vorgestellt und die Fragen aus der Gruppe beantwortet hat, bitten Sie ihn, seine Inspirationsquelle auf dem Tisch abzulegen.

Schritt 3: Schlussfolgerungen

Wenn alle Teilnehmenden über ihre Inspirationsquelle gesprochen haben, beenden Sie diesen Teil, indem Sie über auffallende Einzelheiten sprechen: In welchem Verhältnis stehen die genannten Inspirationsquellen zueinander? Werden bestimmte Quellen öfter genannt, oder sind die einzelnen Quellen eher sehr unterschiedlich?

Schritt 4: Die sich aufdrängende Frage stellen

Stellen Sie nun allen Teilnehmenden die folgende Frage: Wie viel Zeit reservieren Sie für Dinge, die Sie inspirieren? Lassen Sie die Gruppe kurz nachdenken und fragen Sie dann einzelne Gruppenmitglieder nach ihrer Antwort. Oft wird sich herausstellen, dass man sich wenig Zeit nimmt für Dinge, die einen inspirieren. Weisen Sie die Teilnehmenden darauf hin, wie wichtig es ist, inspiriert zu bleiben. Empfehlen Sie ihnen, mindestens einmal in der Woche etwas zu tun, das sie inspiriert.

Theoretischer Hintergrund: Wissen, was einen inspiriert

Inspiration bedeutet Eingebung oder Beseelung. Man hat plötzlich Ideen, auf die man vorher nicht gekommen war. Oder man bekommt Lust, etwas besonders Schönes oder Originelles aus einer Arbeit zu machen. Wir Menschen finden in unterschiedlichen Dingen Inspiration. Manche Komponisten, wie Franz Liszt oder Maurice Ravel, ließen sich zum Beispiel vom Wasser inspirieren, während Mozart Inspiration auf seinen Reisen fand und Beethoven bei seiner Geliebten.

Ein anderes Beispiel ist Walt Disney, der sehr genau wusste, wo er Inspiration findet, und dem es gelang, dieses Wissen effektiv in seine Arbeit einzubringen. Disney war immer auf der Suche nach Inspiration, in alten Gemälden, moderner Kunst, Masken, Kirchen, Landschaften, Büchern und Filmen. So sind die Treppen im Film *Aschenputtel* fast identisch mit dem Labyrinth aus Korridoren und Treppen auf Kupferstichen von Giovanni Battista Piranesi. Und das Gesicht der bösen Königin im Film *Schneewittchen* scheint eine Mischung aus dem Gesichtsausdruck von Joan Crawford und einer Frauenbüste aus dem 13. Jahrhundert aus dem Naumburger Dom zu sein (ter Borg, 2008).

Material zur Übung „Inspirationstisch": Beispielfragen zu Schritt 1

- Wofür steht Ihre Quelle der Inspiration? Wenn jemand ein Foto von einem schönen Platz in einem Wald zeigt, wovon wird er oder sie dann genau inspiriert? Durch die Erfahrung des Draußen-Seins? Durch die Stille oder durch Vogelgezwitscher? Oder bekommt sie oder er neue Ideen durch die Bewegung an der frischen Luft und in einer schönen Umgebung? Und wird er oder sie vor allem durch diesen speziellen Ort inspiriert oder würde das in einem anderen Wald genauso funktionieren?
- An welchen Momenten des Tages werden Sie häufig inspiriert? Viele Menschen haben zum Beispiel neue Ideen kurz bevor sie einschlafen, andere, wenn sie unter der Dusche stehen und wieder andere beim Autofahren.
- Welche Umstände spielen bei Ihnen sonst noch eine Rolle, wenn es darum geht, Inspiration zu erleben? (Stille, Musik, Hintergrundgeräusche? Wenn andere Menschen in der Nähe sind? Wenn Sie sehr ausgeruht sind? Wenn Sie sich bewegen oder nicht bewegen?)

Variante: Die Übung mit einem Team durchführen

Diese Übung können Sie auch sehr gut mit einem Team durchführen, das gerne kreativer werden möchte. Was inspiriert die Teammitglieder? Wie können Sie das nutzen, um ihren Arbeitsplatz inspirierender zu gestalten? Manche Teammitglieder werden andere Bedürfnisse haben als andere. Menschen, die offen sind und kaum Struktur brauchen, können zum Beispiel von einem Arbeitsplatz, der besondere Reize zu bieten hat, inspiriert werden. Für andere Menschen funktioniert eine solche Umgebung gar nicht. Um es noch komplizierter zu machen, können Bedürfnisse auch pro Person in unterschiedlichen Momenten unterschiedlich ausfallen, beispielsweise in Abhängigkeit von der Phase, in der sich das Projekt gerade befindet.

Infobox: Zwei verschiedene Denkstile

De Dreu und Sligte (2016) beschreiben zwei Denkstile, mit denen man zu einer kreativen Lösung gelangen kann. Der erste Weg führt über das flexible und divergente Denken. Ein bekanntes Beispiel dafür ist Archimedes. Während er ins Bad stieg, sah er vor sich, wie er eine schwierige Fragestellung lösen könnte. Für den Tyrannen Hiero musste er nämlich herausfinden, ob eine speziell geformte Krone aus purem Gold gefertigt war oder aus Gold und einer minderwertigen Metallbeimischung (siehe auch Übung 61: *Das Orakel*). Auch Brainstorming und das Sich-Ausdenken möglichst vieler origineller Ideen passen zu diesem freien, flexiblen Denkstil.

Der andere Weg zur kreativen Lösung ist, systematisch und ausdauernd daran zu arbeiten. De Dreu und Sligte nennen als Beispiel Ferran Adrià, der im legendären

Restaurant El Bulli mit seiner Molekularküche die Kochkunst revolutionierte. Adrià erzählt, dass er in einem Jahr ca. 4 000 Tests unternahm und mit 300 davon weiterarbeitete, um neue Gerichte zu erfinden. Auch der berühmte Satz von Thomas Alva Edison: „Genie besteht zu einem Prozent aus Inspiration und 99 Prozent aus Transpiration" passt zu diesem ausdauernden und analytischen Denkstil.

De Dreu und Sligte erklären, dass man diese Denkstile nicht gleichzeitig anwenden könne. Sie verknüpfen die Denkstile mit Persönlichkeitsmerkmalen, schließen aber nicht aus, dass ein und dieselbe Person den Denkstil wechseln kann. In einer Phase des flexiblen Denkens kann man zu originellen Einsichten kommen. Anschließend kann man diese Einsichten durch ausdauernde und analytische Arbeit weiterbringen. Es gibt viele Beispiele von bekannten kreativen Menschen, die auf diese Weise arbeiten.

Wer Einsicht in seine Kreativität haben möchte, sollte sich fragen:

- Habe ich eine Vorliebe für einen dieser Stile?
- Kann ich auch den anderen Stil anwenden?
- Was hilft mir, damit ich auf diese unterschiedlichen Arten arbeiten kann?
- Kann ich mit jemandem zusammenarbeiten, der meinen bevorzugten Stil verstärkt?

Wichtig ist, dass man weiß, welchen Denkstil man in einem bestimmten Moment bevorzugt einsetzt, weil man beide Denkstile auf unterschiedliche Weise fördern kann. De Dreu und Sligte haben herausgefunden, dass man den flexiblen Denkstil beispielsweise folgendermaßen unterstützen kann:

- Langfristiges Denken. Überlegen Sie also nicht: Was werde ich nächste Woche tun? Fragen Sie sich vielmehr: Wie wird meine Arbeitswoche in zwei Jahren aussehen?
- Sich auf Dinge ausrichten, die man spannend und interessant findet.
- Dafür sorgen, dass man in aufgeweckter Stimmungslage ist.

Wer dem Denkstil „beharrlich und hartnäckig" folgen möchte, dem helfen diese Umstände:

- Sorgen Sie dafür, dass es möglichst wenig externe Stressfaktoren gibt.
- Legen Sie regelmäßig Pausen ein, damit Sie durch diese Arbeitsweise weniger schnell ermüden.
- Stellen Sie sicher, dass Sie wirklich wissen, was der Sinn Ihrer kreativen Arbeit ist.
- Angst und Ärger können gute Beweggründe für diese Arbeitsweise sein, aber nur, wenn Sie davon nicht völlig vereinnahmt werden und wenn noch Platz im Kopf frei bleibt. Es muss zudem ausreichend Zeit vorhanden sein, um zu einer Lösung zu kommen.

In diesem Buch stellen wir einerseits Übungen vor, die auf das flexible Denken ausgerichtet sind, zum Beispiel Übung 46: *Experimentieren mit Assoziationen*, Übung 47: *Ideen aufsammeln*, Übung 61: *Das Orakel* oder Übung 64: *Brainwriting*. Und es gibt Übungen, die sich an das analytische und beharrliche Denken richten, nämlich Übung 33: *Der blaue Ozean*, Übung 42: *Hypothesen torpedieren* oder Übung 71: *Puzzeln mit Einzelteilen*.

Variante: Mit inspirierenden Beispielen arbeiten

Diese Übung kann auch gut vor der Übung 72: *Einen Prototyp erstellen* eingesetzt werden oder wenn Sie ein bestehendes Produkt oder eine bestehende Dienstleistung verbessern wollen. Fragen Sie dann nicht „Was inspiriert Sie?", sondern „Was für inspirierende Beispiele kennen Sie von ... (hier ist zu ergänzen, wonach Sie auf der Suche sind)". Lassen Sie alle Beteiligten kurz die Beispiele, die sie am meisten inspirieren, präsentieren. Wählen Sie gemeinsam die Beispiele aus, die am ansprechendsten sind. Wie können diese Beispiele als Inspiration für ihre gemeinsame Fragestellung dienen?

Übung 22: Ein inspirierendes Kartenspiel

Schwierigkeitsgrad: mittel

Kurzbeschreibung

Mithilfe eines Kartenspiels erkennen die Teilnehmenden ihre individuellen Inspirationsquellen. Im Gegensatz zu Übung 21: *Inspirationstisch* müssen die Teilnehmenden für diese Übung nichts vorbereiten. Die Übung ist insbesondere dann hilfreich, wenn Sie die Kreativität einzelner Teilnehmenden stärken wollen, zum Beispiel als Warm-up für die Übungen in Teil 5.

Zielsetzung/Wirkung

Durch das Kartenspiel erhalten die Teilnehmenden mehr Einsicht in ihre Inspirationsquellen. Das bedeutet, dass sie diese dann auch gezielt aufsuchen und besser nutzen können. Auch die Umstände, die ihnen Inspiration bieten, können bewusst und gezielt kreiert werden. Ein weiterer Effekt ist, dass die Beteiligten dadurch öfter originelle Einfälle und mehr Energie haben werden, um etwas Schönes aus ihrer Arbeit zu machen. Das stärkt wiederum die Kreativität.

Durchführung

Vorbereitung

Sie benötigen mehrere Karten mit unterschiedlichen Abbildungen. Sie können zum Beispiel vorhandene Karten, wie die aus dem *Motivationsspiel* (Gerrickens & Verstege, 2002), verwenden oder selbst Ansichtskarten sammeln. Zusätzlich benötigen Sie leere Karten, die die Teilnehmenden selbst gestalten können, falls ihre Inspirationsquelle nicht bei den Ansichtskarten zu finden ist.

Schritt 1: Vorgehensweise

Erklären Sie zunächst das Ziel der Übung. Teilen Sie die Gruppe auf, falls sie aus mehr als 4 Personen besteht. Für jede (Teil-)Gruppe brauchen Sie ein eigenes Kartenspiel. Wenn Sie mit Teilgruppen arbeiten und nicht jede Gruppe intensiv betreuen können, ist es empfehlenswert, jeder Gruppe die Schritte 2 bis 5 schriftlich auf einem DIN-A4-Blatt zu überreichen.

Schritt 2: Inspirationsquellen auswählen

Legen Sie alle Karten offen auf den Tisch. Eine Person aus der Gruppe wählt die fünf Karten aus, von denen sie sich am meisten inspiriert fühlt.

Schritt 3: Inspirationsquellen erläutern

Die Person spricht nun über jede der ausgewählten Inspirationsquellen. Die anderen Gruppenmitglieder stellen Fragen: Was bedeutet der Person diese Inspirationsquelle? Steht dahinter ein Wert, eine Leidenschaft oder ein Bedürfnis? Wie verhalten sich die einzelnen Inspirationsquellen zueinander? Gibt es gemeinsame Kennzeichen? Gibt es eine Inspirationsquelle, die eindeutig wichtiger ist als die anderen?

Schritt 4: Übertragung ins Heute

Nimmt sich die Person Zeit für die verschiedenen Quellen der Inspiration, die ihr wichtig sind? Was könnte sie tun, um sie noch stärker in ihr Leben zu integrieren? Beenden Sie diesen Schritt mit einem konkreten Aktionspunkt. Beispiele:

- Ich werde jede Woche zwei Stunden Fachzeitschriften lesen.
- Ich werde inspirierende Poster in meinem Arbeitszimmer aufhängen.
- Ich werde jede Woche mit einer anderen Person, von der ich glaube, dass sie interessante Perspektiven vertritt, Mittagessen gehen.
- Ich sorge dafür, dass jeden Monat ein inspirierendes Treffen in meiner Abteilung stattfindet.

Schritt 5: Der/die Nächste

Ein weiteres Gruppenmitglied, das noch nicht an der Reihe war, beginnt nun mit Schritt 2.

Schritt 6: Abschluss

Beenden Sie die Übung, wenn alle Teilnehmenden an der Reihe waren: Wie ist es gelaufen? Was ist Ihnen aufgefallen? Wenn mit Teilgruppen gearbeitet wurde, erzählt jeweils eine Person stellvertretend für die Gruppe, wie es in ihrer Gruppe gelaufen ist.

Infobox: Mögliche Quellen der Inspiration

- Bildende Kunst
- Düfte
- Essen
- Farben
- Filme
- Gebäude
- Gefühle
- Geschichte
- Humor
- Ideale
- Idole
- Kinder
- Liebe
- Literatur
- Menschen
- Musik
- Mythen
- Natur
- Philosophie
- Reisen und andere Kulturen
- Religion oder Spiritualität
- Rituale
- Schönheit
- Symbole
- Träume
- Wachstum
- Weisheit
- Werte

Tipp: Inspirationsquellen finden

Wenn es jemandem schwerfällt, Inspirationsquellen zu nennen, sollte er oder sie einen Schritt zurückgehen. Fragen Sie die Person, wann sie das letzte Mal inspiriert war, vor Ideen sprudelte und die Arbeit sich wie von selbst erledigte. Kann sie sich an Details dieses Moments erinnern? Wo war sie in dem Moment und mit wem? Was hat sie gemacht? Wie spät war es? Was für Geräusche waren zu hören? Auf diese Weise bekommt die Person mehr Einsicht in ihre Inspirationsquellen.

Variante: Die Übung mit einem Team durchführen

Diese Übung eignet sich auch sehr gut für ein Team, das gerne kreativer werden möchte. Wodurch werden die Teammitglieder inspiriert? Wie können sie das nutzen, um ihren Arbeitsplatz inspirierender zu gestalten? Lassen Sie die Teammitglieder konkrete Aktionspunkte benennen und treffen Sie Vereinbarungen, wer welche Idee umsetzen wird.

Übung 23: Die sechs Denkhüte

Schwierigkeitsgrad: anspruchsvoll

Kurzbeschreibung

Die Teilnehmenden schauen – anhand der sechs Denkhüte nach Edward de Bono (2000) – aus unterschiedlichen Perspektiven auf ein ungelöstes Problem. Jeder Hut repräsentiert eine andere Perspektive. Die Teilnehmenden können, wenn sie es wollen, oder wenn jemand anderes sie darum bittet, die Perspektive wechseln.

Zielsetzung/Wirkung

Die sechs Denkhüte helfen dabei, die Erkundung eines Problems klar und strukturiert verlaufen zu lassen, ohne sinnlose Diskussionen zwischen Menschen, die unterschiedlich an ein Problem herangehen. Jeder Hut hat eine eigene Farbe und seine eigene Perspektive (siehe Kasten). Die Hüte sorgen für Klarheit und eine Vereinfachung des Denkens. Jeder Teilnehmende schaut immer nur aus einer Perspektive auf das Problem und muss sich deshalb nicht mit den anderen Aspekten befassen. Durch die Arbeit mit den Denkhüten kommen alle Aspekte eines Problems ans Tageslicht. Die Denkhüte ermöglichen es zudem, leichter auf eine andere Art des Denkens umzuschalten oder aber jemand anderes darum zu bitten, das zu tun. Die Fähigkeit, Perspektiven wechseln zu können, ist eine sehr wichtige kreative Fähigkeit. Wenn ein Problem einmal von allen Seiten beleuchtet wurde, rücken auch verschiedene Lösungsoptionen ins Bewusstsein. Ohne die sechs Hüte hätten sich die Teilnehmenden eventuell für die erste Lösung, die sich anbot, ausgesprochen.

Durchführung

Vorbereitung

Sie benötigen Kopfbedeckungen in den Farben Weiß, Rot, Schwarz, Gelb, Grün und Blau. Von jeder Farbe müssen so viele Kopfbedeckungen vorhanden sein, wie es Teilnehmende gibt. Sie können zum Beispiel ganz einfache Hüte aus Karton basteln. Außerdem brauchen Sie mehrere Karten in denselben Farben. Schreiben Sie auf jede Karte, was von dem Menschen, der einen Hut in dieser Farbe aufsetzt, erwartet wird.

Schritt 1: Erläuterung

Erläutern Sie das Prinzip der Denkhüte. Sie können dazu die Beschreibung im Kasten verwenden. Erklären Sie die Spielregeln wie folgt:

- Solange Sie einen bestimmten Denkhut aufhaben, dürfen Sie nur aus dieser Perspektive sprechen. Wenn Sie also den weißen Hut tragen, dürfen Sie beispielsweise nicht auf Ihre Emotionen eingehen. Dafür müssen Sie erst den roten Hut aufsetzen.
- Wenn Sie die Perspektive wechseln möchten, teilen Sie das bitte deutlich mit: „Ich setze jetzt den schwarzen Hut auf."
- Sie dürfen auch jemand anderes bitten, die Perspektive zu wechseln: „Würden Sie bitte den grünen Hut aufsetzen und neue Ideen in die Runde einbringen?"
- Sie dürfen auch darum bitten, dass die ganze Gruppe einen bestimmten Hut aufsetzen soll: „Wollen wir das alles einmal aus der Perspektive des gelben Hutes betrachten?"

Bitten Sie eine(n) der Teilnehmenden, ein Problem einzubringen, für das eine Lösung gefunden werden soll. Fragen Sie dann, mit welchen Hüten die Teilnehmenden auf dieses Problem schauen möchten. Im Laufe der gemeinsamen Arbeit können die Teilnehmenden den Hut wechseln. Legen Sie fest, wie lange Sie unter Zuhilfenahme der Hüte am Problem arbeiten wollen.

Schritt 2: Abschluss

Wenn die Zeit vorbei ist, wird die Diskussion beendet. Ziehen Sie gemeinsam Bilanz: Wurde das Problem richtig erfasst? Ergeben sich Perspektiven für eine brauchbare Lösung?

Material zur Übung „Die sechs Denkhüte": Farben der Hüte und Spielregeln

- *Der weiße Hut:* Weiß ist eigentlich gar keine Farbe. Weiß ist neutral und objektiv. Wer den weißen Hut aufsetzt, beschäftigt sich mit objektiven Tatsachen und Zahlen. Das können angenommene und verifizierbare Fakten und Zahlen sein.
- *Der rote Hut:* Rot wird mit Wut, Liebe und anderen Emotionen assoziiert. Dieser Hut symbolisiert folglich den emotionalen Standpunkt.
- *Der schwarze Hut:* Schwarz steht meist für Skepsis und Negativität („Schwarzmalerei"). Die Person mit dem schwarzen Hut führt stets Argumente an, warum etwas nicht geht oder funktioniert.
- *Der gelbe Hut:* Gelb steht für Sonnenschein, Optimismus, Hoffnung und eine positive Denkweise. Menschen mit dem gelben Hut betrachten das Problem von seiner sonnigen Seite und liefern konstruktive Beiträge.
- *Der grüne Hut:* Grün steht für Fruchtbarkeit und Wachstum. Der grüne Denkhut symbolisiert Kreativität und neue Einsichten und Denkweisen.

- *Der blaue Hut:* Blau ist eine kühle Farbe, die Farbe des Himmels, der über allem steht. Blau wird assoziiert mit dem moderierenden Denken und dem Dirigieren des Denkprozesses. Läuft alles optimal? Ist es wünschenswert, dass bestimmte Teilnehmende einen anderen Denkhut aufsetzen? Sind alle Denkhüte an der Reihe gewesen?

Mehr über die Denkhüte von de Bono können Sie im Klassiker *Six Thinking Hats* (de Bono, 2000) oder im Band *De Bonos neue Denkschule: Kreativer Denken, effektiver arbeiten, mehr erreichen* (de Bono, 2010) nachlesen.

Infobox: Paare von Gegensätzen

Die Hüte können auch als drei gegensätzliche Paare gesehen werden: (1) weiß und rot, (2) schwarz und gelb, (3) grün und blau.

Es ist wichtig, dass bei der Diskussion neuer Ideen zuerst der gelbe Denkhut aufgesetzt wird und erst dann der schwarze. Sonst hat die neue Idee von Anfang an keine Chance.

Übung 24: Post-it!

Schwierigkeitsgrad: einfach

Kurzbeschreibung

Bei dieser Übung werden Haftnotizzettel (z. B. Post-it Notes) verwendet, um den kreativen Ideen und Eingebungen freien Lauf zu lassen und sie mit Schlagwörtern zu beschreiben. Dies ist eine einfache und leicht anzuwendende Übung. Sie erhalten damit rasch einen guten Überblick über alle wichtigen Faktoren bei einem (komplexen) Problem.

Zielsetzung/Wirkung

Post-it-Zettel werden verwendet, um ein Problem zu entwirren und es in seine Einzelteile zu zerlegen. Jede bzw. jeder Beteiligte darf aufschreiben, was ihm oder ihr in den Sinn kommt, ohne sich dafür rechtfertigen zu müssen. Will man kreative Ideen „anzapfen", ist es wichtig, zuerst alle Ideen und Gedanken unsortiert und ungeordnet zu sammeln und erst später zu kategorisieren und zu bewerten. Diese Übung ist sehr gut am Anfang eines kreativen Prozesses geeignet, um in der Analysephase eines Problems so viele Aspekte wie möglich zu identifizieren.

Durchführung

Vorbereitung

Sie benötigen Flipchart-Bögen und Pinnwandpapier, dicke Stifte und einen Platz, um die Bögen aufzuhängen. Hängen Sie einige Blatt Pinnwandpapier im Raum auf. Überreichen Sie allen Teilnehmenden einen Satz Klebezettel. Bei dieser Übung gibt es vier Phasen: Sammeln, Ordnen, Selektieren und Schlussfolgerungen ableiten. Planen Sie 15 Minuten Zeit für jede Phase ein.

Schritt 1: Die Fragestellung konkret machen und Stichworte sammeln

Sorgen Sie dafür, dass die Fragestellung klar und unmissverständlich ist. Zum Beispiel: Was steht uns am meisten im Weg, wenn es darum geht, Aufträge von Kunden zu bekommen? Schreiben Sie die Frage auf einen Flipchart-Bogen. Die Formulierung sollte so gewählt sein, dass sich jede bzw. jeder Teilnehmende damit identifizieren kann und sie das Thema wirklich abdeckt. Alle Teilnehmenden schreiben anschließend ihre spontanen Einfälle in Stichworten auf die Klebezettel (ein Stichwort pro Zettel). Ermuntern Sie die Gruppe, unzensiert und intuitiv an die Aufgabe heranzugehen.

Schritt 2: Übersicht und Ordnen

In diesem Schritt kleben alle Teilnehmenden ihre Zettel willkürlich auf das Pinnwandpapier. Die Gruppe betrachtet aus einem gewissen Abstand die Zettel, um einen Überblick zu gewinnen. Im Gespräch mit den Teilnehmenden werden die Zettel geordnet und gruppiert. Vermeiden Sie lange Diskussionen. Verteilen Sie die Klebezettel auf dem Pinnwandpapier und ordnen Sie jedem Bogen einen Titel oder den Namen einer Kategorie zu.

Schritt 3: Selektieren

Anschließend geht es darum, dass die Teilnehmenden entscheiden, welche Aspekte der Fragestellung die wichtigsten sind und besondere Aufmerksamkeit verdienen. Legen Sie gemeinsam einige Kriterien für die Auswahl der wichtigsten Aspekte fest. Sie können dabei auch mit den Begriffen heiß (wichtig), lauwarm (ein wenig wichtig) und kalt (nicht wirklich wichtig) arbeiten. Eine weitere Möglichkeit ist, zwischen akuten, aber kleineren Faktoren zu unterscheiden, und Aspekten, die mehr brauchen, um gelöst zu werden. Bitten Sie die Gruppe, die drei wichtigsten Aspekte auszuwählen, und bilden Sie kleinere (Teil-)Gruppen, um diese Themen weiter auszuarbeiten und Handlungsempfehlungen zu formulieren.

Schritt 4: Schlussfolgerungen ableiten

Alle Handlungsempfehlungen werden diskutiert. Daraus ergibt sich ein kohärenter Aktionsplan oder ein Paket von Maßnahmen, die in der Praxis angewendet werden können.

Variante für eine Person

Diese Übung können Sie auch allein machen. Gehen Sie folgendermaßen vor:

- Bestimmen Sie, um welche Fragestellung es gehen soll, und formulieren Sie sie so konkret wie möglich.
- Sammeln Sie Informationen zum Thema und lesen Sie sich in die Materie ein.
- Schreiben Sie alles, was Ihnen einfällt, auf Notizzettel.
- Ordnen Sie die Zettel auf dem Tisch oder tragen Sie alle Ideen in eine Tabelle auf Ihrem Computer oder Tablet ein.
- Fassen Sie die zusammengehörigen Zettel unter einer Überschrift zusammen. Wenn Sie das auf dem Computer oder Tablet machen, können Sie jeder Spalte eine Überschrift geben und Ideen, die zu dieser Spalte passen, dort einfügen.

- Formulieren Sie ein Kriterium, das entscheidend dafür ist, ob eine Kategorie wichtig, ein wenig wichtig oder unwichtig ist.
- Suchen Sie Hintergrundinformationen zu den Kategorien, um die Analyse des Problems tiefgreifender werden zu lassen.
- Formulieren Sie das Problem jetzt konkret aus und lösen Sie es.

Teil 3: Ziele formulieren

Inhaltsübersicht

Einführung

Nachdem die Teilnehmenden an einem kreativen Team-Workshop Einsicht in die bestehende Situation gewonnen haben, können sie für sich festlegen, wohin sie sich bewegen möchten, was ihr Ziel ist. Sie schauen nach vorn, erkunden gedanklich die Möglichkeiten und spüren, wofür sie sich wirklich erwärmen können. Wenn sie ein attraktives Zukunftsbild definieren können und sich bereits in den Moment hineinversetzen können, in dem diese Vorstellung realisiert sein wird, dann wird die Energie, die dieses Unterfangen braucht, freigesetzt. Eine attraktive Zukunftsvision mobilisiert somit die Kräfte, die benötigt werden, um dieses Ziel zu realisieren. In diesem dritten Teil werden Übungen präsentiert, die dabei helfen, ein persönliches Zielbild oder eine Zukunftsvision für ein Unternehmen zu entwerfen. Viele der Übungen nutzen Fotos, Bilder und Metaphern, weil uns visuelle Darstellungen auf mehreren Ebenen ansprechen.

Projektive Verfahren sind klassische psychologische Untersuchungsmethoden, die unbewusste Motive und Bedürfnisse aufspüren. Die Übung *Eine Karte ziehen* macht sich diese Prinzipien zunutze. Hierbei wählen die Teilnehmenden aus einer großen Zahl von Bildern eines aus, das sie dazu verwenden, ihre Zukunftsvision zu formulieren. Diese Übung beseelt die Vorstellung von der Zukunft und verleiht ihr Tiefe.

Neben Bildern können auch Musikstücke schöne und passende Metaphern für die Darstellung der aktuellen und auch der erwünschten Dynamik eines Teams oder einer Organisation sein. Mit der energetisierenden und inspirierenden Übung *Classic Rock oder Celtic Punk?* wird eine „Gap-Analyse" zwischen der wahren Identität und dem erwünschten Image eines Teams oder einer Organisation erstellt.

Die Arbeit mit Metaphern hat sich bei der Suche nach Zukunftsbildern bewährt. Dabei werden zwei unterschiedliche Wirklichkeitsbereiche zusammengebracht. Das stimuliert die Fantasie und eröffnet die Möglichkeit, Gedanken und Gefühle ohne Einschränkungen auszusprechen. Bei den Übungen *Der Garten, Topinspiration* und *Chinesisches Roulette* wird auf unterschiedliche Weise mit Metaphern gearbeitet. Durch das Üben mit Metaphern wird zudem die Kreativität der Teilnehmenden gefördert.

Ein Garten dient in der gleichnamigen Übung als Metapher für eine Organisation oder eine Abteilung. Die Teilnehmenden erstellen Bilder von der aktuellen und der angestrebten Situation. Das Ergebnis ist ein gemeinsames und einheitliches Zukunftsbild. Die Übung *Topinspiration* nutzt Metaphern aus dem Bergsport, um den Gipfel zu definieren, die Kletterroute festzulegen und Rückschläge zu meistern. Das Ziel ist es, am Ende den Gipfel zu erreichen. Die Übung *Chinesisches Roulette* wurde nach dem Film von Rainer Werner Fassbinder benannt, bei dem die Hauptfiguren ein Psychospiel miteinander spielen. Dieses Spiel kann auf positive Weise genutzt werden, um die Kernelemente einer „(Personal) Brand" oder der Handelsmarke eines Unternehmens herauszuarbeiten.

Die Übungen *Starke Geschichten* und *Das 4V-Prinzip* basieren beide auf den Grundgedanken der „Appreciative Inquiry". Kern dieses Ansatzes ist die „wertschätzende Befragung oder Erkundung", wobei weniger von Mängeln und Problemen ausgegangen wird, sondern von Kraftquellen, Erfolgsfaktoren oder bewährten Vorgehensweisen („Best Practice"). Bei der Erkundung geht es darum, sich einer Situation offen und unvoreingenommen zu nähern und auf diese Weise möglichst viel zu lernen und an Verständnis zu gewinnen. Die Übung *Starke Geschichten* regt die Teilnehmenden dazu an, nach positiven Anknüpfungspunkten in ihrer eigenen Organisation zu suchen – nach Anteilen in der Organisation, die schon jetzt ein Stück weit in die Richtung weisen, die angestrebt wird. Wenn Sie Geschichten über Dinge erzählen, die gut laufen, verbreiten Sie Vorbildverhalten. Dadurch wird dieses Verhalten für andere konkret und lebendig. Zudem erzeugt es Energie, wenn Sie zeigen können, welche großartigen Dinge bereits heute in der Organisation verwirklicht werden.

Mit dem *4V-Prinzip* können Teammitglieder nicht nur auf strukturierte Weise eine visualisierte Zukunft miteinander teilen, sie können vielmehr auch direkt Maßnahmen formulieren, um die Zielvorstellung in greifbare Nähe zu rücken.

Die Übungen *Der blaue Ozean* und *Der Rückspiegel* stehen am Ende von Teil 3 dieses Buches. In der Übung *Der blaue Ozean* stellen die Teilnehmenden kritische Fragen, um mehr Einsicht in die aktuelle Situation der Organisation zu gewinnen und die Wettbewerbsfähigkeit zu steigern. *Der Rückspiegel* ist eine Übung, bei der die Teilnehmenden systematisch Lektionen aus der Vergangenheit und der Gegenwart mit in eine visualisierte Zukunft nehmen und so den Entwicklungsprozess, der zu ihrer Zielvorstellung führen soll, besser verstehen lernen.

Übung 25: Eine Karte ziehen

Schwierigkeitsgrad: mittel

Kurzbeschreibung

Die Teilnehmenden arbeiten mit Ansichtskarten, um eine gemeinsame Zukunftsvision zu entwerfen.

Zielsetzung/Wirkung

Eine Zukunftsvision wird durch die Arbeit mit Bildern beseelt und erhält Tiefgang. Die Teilnehmenden bekommen eine Vorstellung davon, was sie wirklich wollen. Die Wirkung eines Bildes ist langanhaltend und kann zu einem Symbol für den gesamten Entwicklungsprozess und das angestrebte Ziel werden. Das Symbol ermutigt die Teilnehmenden, nach einem gemeinsamen Ziel zu streben, und hat in diesem Prozess eine wichtige verbindende Funktion.

Durchführung

Vorbereitung

Wählen Sie für diese Gruppenarbeit 30 bis 40 Ansichtskarten aus, vorzugsweise ohne Text. Es sollten Karten sein, die die Fantasie anregen, realistische oder abstrakte Bilder. Sie können auch speziell für diesen Zweck entwickelte Assoziationskarten verwenden. Zudem benötigen Sie ausreichend Schreibpapier. Berücksichtigen Sie, dass diese Übung viel Zeit in Anspruch nimmt (abhängig von der Zahl der Teilnehmenden 2 bis 3 Stunden).

Schritt 1: Bilder auswählen

Legen Sie die Karten offen und übersichtlich auf den Tisch, sodass alle Teilnehmenden sie gut sehen können. Fordern Sie die Teilnehmenden auf, sich – möglichst unbefangen – jeweils zwei Karten zu nehmen. Eine Karte soll die Gegenwart symbolisieren und die andere die erwünschte Zukunftsvorstellung wiedergeben.

Schritt 2: Assoziieren

Bitten Sie jeden Teilnehmenden, zu seiner ersten Karte, dem Symbol für die Gegenwart, frei zu assoziieren und anhand der Assoziationen eine Liste von Stichworten zu erstellen. Anschließend wird dasselbe mit der zweiten Karte, dem Symbol für die Zukunft, gemacht.

Schritt 3: Erläuterung der Gegenwart

Alle Teilnehmenden erläutern ihre erste Karte. Achten Sie darauf, wie viele gemeinschaftliche Merkmale Sie zu diesem Thema bei den einzelnen Teilnehmenden heraushören und sehen. Machen Sie sich dazu Notizen. Bei Schritt 5 brauchen Sie diese Notizen.

Schritt 4: Erläuterung der erwünschten Zukunft

Alle Teilnehmenden erläutern ihre zweite Karte. Registrieren Sie auch in dieser Runde, ob sie gemeinsame Merkmale hören und sehen. Machen Sie sich auch dazu Notizen.

Schritt 5: Gemeinsame Merkmale

Diskutieren Sie im Plenum die Gemeinsamkeiten und versuchen Sie, ein gemeinsames Bild von der Gegenwart und der Zukunft zu entwerfen. Das heißt, dass Sie miteinander eine Übereinstimmung erreichen, was den Blick auf die heutige Situation angeht und wie das gemeinsam getragene Zukunftsbild aussieht.

Schritt 6: Der Weg oder die Annäherung an die gewünschte Zukunftsvision

Alle Teilnehmenden versuchen, mithilfe von Metaphern den Weg für die Gegenwart und die Zukunft vorzuzeichnen. Was muss die Abteilung oder diese Organisation tun, um sich von der heutigen Situation weg und zur Zukunft hinzubewegen? Um Antworten zu erhalten, können Sie wiederum mit Metaphern arbeiten, die durch die Bilder auf den Karten erweckt werden.

Variante: Mit verdeckten Karten arbeiten

Diese Übung kann auch mit verdeckten Karten durchgeführt werden. Sie geht dann noch tiefer, weil es durch den Zufallscharakter weniger Steuerung gibt. Auch verlangt die Übung in dieser Form den Teilnehmenden mehr projektive Fähigkeiten ab. Diese Variante wird wie folgt durchgeführt: Alle Teilnehmenden ziehen auf „gut Glück" eine Karte für die Gegenwart und eine für die Zukunft. Die Herausforderung besteht für die Teilnehmenden darin, so viel wie möglich von dem, was die Karte über die heutige und die künftige Situation „aussagt", zu entdecken. Dies kann durch spontane Assoziationen zu der Karte gelingen, die die Person gezogen hat. Anschließend schreiben die Teilnehmenden ihre Assoziationen auf. Bei der Diskussion über die Herangehensweise wird von der gesamten Gruppe nur eine verdeckte Karte gezogen, die den Weg in die Zukunft symbolisiert.

Tipp: Fragen Sie nicht nach dem Warum

Symbole kommunizieren mit dem Unterbewusstsein. Bilder werden ohne Zensur und Logik erlebt. Stellen Sie vor allem keine „Warum"-Fragen, wenn jemand Assoziationen zu einem Bild äußert. Die Warum-Frage appelliert nämlich an die mentale Ebene und somit wird die betreffende Person von ihrer emotionalen Ebene weggeholt. Warten Sie mit Ihren Interpretationen, damit die Teilnehmenden nicht zu sehr beeinflusst werden.

Tipp: Die Karten für alle sichtbar machen

Eine gute Möglichkeit, die von einer Person gewählten Karten für alle gut sichtbar zu machen, ist, sie zu digitalisieren und mit einem Beamer an die Wand zu projizieren, sodass sie „lebensgroß" erscheinen. Die Person, die die Karten ausgewählt hat, kann dann vor der Gruppe beide Bilder erklären und mit der Gruppe darüber diskutieren, mit welchen Schritten der Übergang vom ersten Bild (aktuelle Situation) zum zweiten Bild (Zukunft) gelingen kann.

Theoretischer Hintergrund: Ein Bild sagt mehr als tausend Worte

Der Grund, weshalb ein Bild mehr sagt als tausend Worte, liegt in dem Umstand, dass ein Bild die enorme Sensibilität der Großhirnrinde für Farben, Formen, Linien, Dimensionen und insbesondere für Fantasie nutzt. Deshalb sprechen Bilder viel lauter als Worte. Bilder können präzise, schnell und effektiv eine ganze Reihe von Assoziationen in uns hervorrufen und so das kreative Denken anstoßen.

Übung 26: Der Garten

Schwierigkeitsgrad: mittel

Kurzbeschreibung

Wie bei Übung 15: *Die Seereise* wird auch hier mit Metaphern gearbeitet, um die aktuelle Situation und die angestrebte Situation bildlich einzufangen. Je nachdem, was die Teilnehmenden mehr anspricht, können Sie dafür auch Übung 12: *Zeichnerisch darstellen* (für eher dynamische, hinsichtlich der Unternehmenskultur „maskuline" Organisationen) oder Übung 19: *Liebevolle Konfrontation* (für eher „responsive" Organisationen) heranziehen.

Zielsetzung/Wirkung

Mithilfe von Metaphern kann man sehr gut die aktuelle Situation bildlich darstellen und ein kohärentes, originelles Konzept für die Zukunft erstellen. Die Möglichkeiten, die sich für die Arbeit mit Metaphern bieten, sind nahezu unerschöpflich. Das Verknüpfen zweier völlig unterschiedlicher Bereiche der Wirklichkeit (zum Beispiel die Wirklichkeit eines Gartens mit der Ihrer heutigen Organisation) ist ein wichtiger Schlüssel für Erneuerung und Kreativität. Alles ist möglich und zugleich fern jeder Logik.

Durchführung

Vorbereitung

Sie benötigen für diese Übung großformatiges Papier, Filzstifte und/oder Buntstifte.

Schritt 1: Übersetzung in einen Garten

Die Teilnehmenden erhalten den Auftrag, sich die Organisation oder ihre Abteilung als einen Garten vorzustellen. Sie bekommen 5 Minuten Zeit, um vor ihrem geistigen Auge das Bild eines Gartens entstehen zu lassen, der sie an die aktuelle Situation der Abteilung oder der Organisation erinnert.

Schritt 2: **Zeichnung des Gartens**

Überreichen Sie den Teilnehmenden Papier und Stifte und bitten Sie sie, in aller Ruhe (ohne Einmischung der anderen) die heutige Situation so detailliert wie möglich zu zeichnen.

Schritt 3: **Sich ein Gesamtbild von der aktuellen Situation verschaffen**

Besprechen Sie alle Zeichnungen im Plenum. Die benötigte Zeit hängt von der Zahl der Teilnehmenden ab. Lassen Sie diese Diskussion entlang der Analysefragen im Kasten stattfinden. Betrachten Sie nach der Diskussion zusammen mit den Teilnehmenden die Gemeinsamkeiten in den Bildern.

Schritt 4: **Entwurf eines neuen Gemeinschaftsgartens**

Stellen Sie der Gruppe Fragen zu diesem neuen Gemeinschaftsgarten. Nutzen Sie dazu die Gestaltungsfragen, die ebenfalls im Kasten aufgelistet sind. Es ist wichtig, weiterhin die Gartenmetaphern für die Gespräche zu verwenden.

Schritt 5: **Übertragung des idealen Gartens auf die angestrebte Situation**

Übertragen Sie nun den idealen Garten auf die angestrebte Situation innerhalb der Organisation oder der Abteilung. Diskutieren Sie mit der Gruppe, wie die Verbesserungspläne für den Garten in geeignete Maßnahmen innerhalb der Abteilung oder der Organisation übersetzt werden können.

Tipp: Seereise oder Garten?

Aus der Schifffahrt (siehe Übung 15: *Die Seereise*) gibt es viele bildsprachliche Redensarten, die man in Verbindung mit Entwicklungs- oder Verbesserungsprozessen setzen kann. Denken Sie zum Beispiel an: Kurs halten, mit gesetzten Segeln voran, gegen den Wind segeln, vor sich hindümpeln, klar Schiff machen, etwas über Bord werfen, etwas verankern. Aber auch die Natur liefert inspirierende Ausdrücke. Übung 26 arbeitet mit dem Garten als Metapher.

Material zur Übung „Der Garten“: Analysefragen

- Wie sieht der Garten aus? In welchem Zustand befindet sich der Garten?
- Ist er gepflegt oder vernachlässigt?
- Ist es ein wilder, naturnaher Garten oder ein formaler, streng angelegter Garten?
- Gibt es sonnige und schattige Bereiche?
- Wofür stehen die einzelnen Pflanzen oder Bäume?
- Welcher Gartenbereich sind Sie selbst?

- Wer ist der Gartenarchitekt?
- Wer ist der Gärtner? Wie geht der Gärtner mit den Jahreszeiten um?
- Hat der Garten schon einmal mit Unwetter zu tun gehabt?
- Wie sieht es mit der Nährstoff- und Wasserversorgung des Gartens aus?
- Was sind die schönen Seiten des Gartens, und was die unschönen?
- Wie sieht es mit Unkraut aus?
- Ist der Garten bunt?
- Wonach riecht der Garten?
- Gibt es geheime Plätze im Garten?
- Wo befinden sich Hindernisse oder andere Einschränkungen?
- Gibt es Tiere und Insekten?
- Ist der Garten nach Süden hin ausgerichtet?
- Gibt es einen Zaun? Wie zugänglich ist der Zaun?

Material zur Übung „Der Garten“: Gestaltungsfragen

- Soll es ein Naturgarten, ein Nutzgarten oder ein Ziergarten werden?
- Brauchen wir eine Neugestaltung?
- Was muss getan werden, um den Garten in einen besseren Zustand zu bringen?
- Soll der Gärtner andere Dinge tun?
- Soll der Garten selbst an einen neuen Ort versetzt werden?
- Müssen Bäume gefällt werden?
- Muss Unkraut gejätet werden?
- Sollen bestimmte Pflanzen aus dem Garten entfernt werden?
- Wie viele verschiedene Gewächse darf es im Garten geben?
- Dürfen auch exotische Pflanzen im Garten stehen?

Tipp: Die Organisation in einen völlig neuen Kontext stellen

In einem Krankenhaus sollen auf Wunsch der Leitung einige Verbesserungsmaßnahmen durchgeführt werden. Man möchte dies während einer Art Klausurtagung mithilfe der Metapher eines Freizeitparks erarbeiten. Ganz bewusst wurde der Freizeitpark ausgewählt, als etwas, das denkbar weit von einem Krankenhaus entfernt ist. Indem nun das Krankenhaus als Freizeitpark betrachtet wird, entwickeln die Beteiligten interessante Ideen, um den Aufenthalt im Krankenhaus angenehmer, ansprechender und vor allem entspannter werden zu lassen.

Alternative 1: Ost und West

Schritt 1: Einführung

Sehen Sie sich den primären Geschäftsprozess oder die hervorstechenden Merkmale der eigenen Organisation sehr genau an. Angenommen, Ihre Organisation beschäftigt sich intensiv mit dem Thema Sicherheit, suchen Sie dann eine „Welt“, in der Risikobereitschaft und Abenteuerlust die primären Prozesse sind. Oder, wenn Ihre Organisation sehr auf Gewinnmaximierung ausgerichtet ist, versuchen Sie dann, sie sich als Wohltätigkeitsorganisation vorzustellen.

Schritt 2: Neue Perspektiven

Sprechen Sie miteinander darüber, welche neuen Perspektiven entstehen, wenn man in eine völlig andere Welt hineinsieht.

Schritt 3: Ideen auswählen

Diskutieren Sie gemeinsam über die Ideen, die entstanden sind, und wägen Sie ab, welche davon für die eigene Organisation brauchbar sind.

Alternative 2: Reisen

Das Thema Reisen eignet sich hervorragend als Metapher für Entwicklungs- und Transformationsprozesse. Beim Reisen geschieht es häufig, dass man in völlig unbekannte Welten eintaucht und dabei auf gute Ideen stößt, die sich für die Umsetzung in eigenen Lebensbereichen anbieten.

Schritt 1: Reiseplan entwickeln

Erstellen Sie mit allen Gruppenmitgliedern einen Reiseplan. Wohin soll die Reise gehen? Wie reisen wir dorthin? Warum reisen wir dorthin? Was glauben wir, dort zu finden? Wie interessant erscheint die Reise? Wie interessant ist das Reiseziel? Was werden wir tun, wenn wir am Zielort angekommen sind? Worauf freuen wir uns? Weswegen müssen wir uns in Acht nehmen? Welche Art von Prüfungen erwarten uns unterwegs? Sind wir Touristen, Wissenschaftler, wollen wir unseren kulturellen Horizont erweitern? Welcher Typ Reisender wollen wir sein? Was bezwecken wir mit unserer Reise, und welchen Beitrag können wir dadurch für unsere Kund:innen oder unsere Mitbürger:innen leisten?

Schritt 2: Neue Perspektiven

Sprechen Sie miteinander darüber, welche neuen Perspektiven entstehen, wenn man in eine völlig andere Welt eintritt.

Schritt 3: Ideen auswählen

Diskutieren Sie gemeinsam über die Ideen, die entstanden sind, und wägen Sie ab, welche für die eigene Organisation brauchbar sind.

Übung 27: Classic Rock oder Celtic Punk?

Schwierigkeitsgrad: anspruchsvoll

Kurzbeschreibung

Diese inspirierende Übung lässt sich genauso gut auf individueller Ebene wie auch auf Team- oder Organisationsebene anwenden. Mithilfe von selbst ausgewählten Musikstücken können die Teilnehmenden ihre aktuelle Situation und ihre Zukunftsvision beschreiben. Diese Übung setzt Erfahrung und Wissen seitens der Gruppenleitung voraus; er oder sie muss mit Metaphern arbeiten können und eine Affinität für verschiedene Musikrichtungen besitzen.

Zielsetzung/Wirkung

Diese Übung bietet Emotionen, Tiefgang und Inspiration bei der Erkundung und Bearbeitung von Identitäts- und Imagethematiken und der Zusammenarbeit im Team. Sie verbindet uns bei der Ausformulierung von Zukunftsvisionen mit einer anderen, eher unbewussten Ebene (unseres Selbst) und ist außerdem ein guter Gesprächsaufhänger. Die Übung öffnet Türen, die in eher rationalen Ansätzen verschlossen bleiben. Dahinter steckt die Überlegung, dass ein (Lieblings-)Musikstück viel darüber aussagt, was eine Person wirklich antreibt und bewegt. Auf diese Weise können Teilnehmende oder Teams oft unmittelbar spüren, was ihnen noch fehlt oder was im Weg steht, wenn es um die Umsetzung ihrer Zukunftsvision geht. Diese Übung ist so etwas wie eine Schnellstraße zum Kern des Problems oder der Fragestellung.

Durchführung

Vorbereitung

Diese Übung kann als ein meinungsbildender Workshop mit einem (Führungs-) Team verstanden werden, das sich inspirieren lassen möchte, um mithilfe von Musik eine Zukunftsvision für das eigene Team oder die Organisation zu formulieren. Diese Übung wird oft dafür genutzt, um eine Gap-Analyse zu machen, damit die Lücke, also der *Gap,* zwischen der heutigen Situation und der Zielsituation überwunden werden kann.

Bitten Sie alle Teilnehmenden, sich auf die folgenden Fragen vorzubereiten:

- Welche beiden Musikrichtungen sind charakteristisch für Sie? Können Sie beschreiben, warum diese Musik Sie anspricht, bewegt oder berührt?

- Welche Musikrichtung ist bezeichnend für Ihr Team in der heutigen Situation? Können Sie beschreiben, warum diese Musik typisch für die heutige Situation ist?
- Welche Musikrichtung könnte die Zielsituation charakterisieren? Können Sie beschreiben, warum diese Musik die zukünftige Situation kennzeichnet?
- Was ist der Unterschied zwischen der heutigen und der zukünftigen Musik?

Sorgen Sie als Gruppenleitung dafür, dass Sie während des Workshops eine breite Musikauswahl via Laptop (vorzugsweise mit Lautsprecherboxen) erklingen lassen können: Classic Rock oder Celtic Punk? Beatles, Beyoncé, Bach oder Blues?

Diese Übung wird sowohl auf individueller, persönlicher Ebene der Teilnehmenden als auch auf Teamebene eingesetzt. Die erste Frage richtet sich beispielsweise an die einzelnen Teammitglieder. Mit den Informationen aus Frage 1 könnten Sie eine Analyse der unterschiedlichen Teamrollen und der Teamdynamik erstellen: Welche Kräfte werden durch die verschiedenen Musikrichtungen repräsentiert?

Schritt 1: **Individuelle Musikauswahl**

Ein Teammitglied beginnt und erzählt, warum er oder sie diese Musik ausgewählt hat. Anschließend werden die Teammitglieder um Feedback zur Musikauswahl dieses Teammitglieds gebeten. Halten die anderen Teammitglieder die Auswahl für angemessen? Optional kann gefragt werden, welches Instrument seinen oder ihren Platz im Team oder der Organisation am besten repräsentiert. Die erste oder die zweite Geige? Der verbindende Bass oder die Trompete, die über allem erklingt? Oder vielleicht der Dirigent?

Mögliche Fragen an die übrigen Teammitglieder, die Feedback geben, sind:
- Welches waren die Schlüsselwörter in den Erläuterungen dieses Teammitglieds?
- Welches Gefühl erzeugt die jeweilige Musikauswahl?
- Welche Sehnsucht hören Sie aus der Musikauswahl heraus?
- Können Sie diese Musikauswahl mit dem Teammitglied in Übereinstimmung bringen?
- Passt die Wahl auch zu seiner oder ihrer charakteristischen Teamrolle?
- Gibt es Aspekte, die Sie vermisst oder überrascht haben?

Schritt 2: **Musikauswahl für die heutige Team-Situation**

Jedes Teammitglied bringt einen Teil der Musikauswahl, die für ihn oder sie die heutige Situation des Teams repräsentiert, zu Gehör und äußert sich dazu. Die anderen Teammitglieder hören zu und schreiben auf Memozettel zwei oder drei Stichworte, die die gehörte Musik charakterisieren, und sie schreiben auf, welche Schlüsselbegriffe sie in der Erläuterung des Teammitglieds gehört haben. Die Zettel werden dann auf einen Flipchart-Bogen geklebt und von der Gruppenleitung vorgelesen.

Das Team wird gefragt, welche gemeinsamen Begriffe es gibt und ob eine gewisse Linie in den unterschiedlichen Musikstücken zu entdecken ist. Welche Emotion ist in der heutigen Situation vorherrschend? Am Ende dieser Runde kann die Gruppenleitung noch ergänzen, was ihr oder ihm aufgefallen ist.

Schritt 3: Musikauswahl für die Zukunftsvision des Teams

Jedes Teammitglied bringt einen Teil der Musikauswahl, die für ihn oder sie die Zukunftsvision des Teams repräsentiert, zu Gehör und äußert sich dazu. Die anderen Teammitglieder hören zu und schreiben auf Memozettel zwei oder drei Stichworte, die die gehörte Musik charakterisieren, und sie schreiben auf, welche Schlüsselbegriffe sie in der Erläuterung des Teammitglieds gehört haben. Die Zettel werden wieder auf einen großen Flipchart-Bogen geklebt und von der Gruppenleitung vorgelesen.

Das Team wird gefragt, welche gemeinsamen Begriffe es gibt und ob eine gewisse Linie in den unterschiedlichen Musikstücken zu entdecken ist. Welche Emotion ist in der Zukunftsvision vorherrschend? Am Ende dieser Runde kann die Gruppenleitung noch ergänzen, was ihr oder ihm aufgefallen ist.

Schritt 4: Gap-Analyse

Worin besteht der große Unterschied zwischen der Musik, die die heutige Situation repräsentiert, und der Musik, die ein Ausdruck des Zukunftsbildes ist? Wie kann die Kluft dazwischen überbrückt werden? Beispielfragen sind:
- Wie groß ist der Unterschied der beiden Musikstile – wenn wir die Musik für die heutige Situation und die Musik für die Zukunft vergleichen?
- Welche Elemente der heutigen Musik sollten verstärkt werden, welche sollten eher in den Hintergrund treten?
- Wie sehen die Unterschiede bei Tempo, Klangfarbe und Melodie aus?
- Welche Instrumente sollten einen prominenteren Platz bekommen?
- Welche Schlüsselwörter haben wir oft gehört?
- Welchen Schritt könnten wir als erstes machen, um die Kluft zu überwinden?

Als Ergebnis dieses letzten Schritts werden gemeinsam kurzfristig umsetzbare Maßnahmen formuliert, um die Kluft zwischen der heutigen Situation und der Zukunftsvision zu verringern.

Theoretischer Hintergrund: Torwächter der Seele

Diese Übung kann auf individueller Ebene und auch auf Team- oder Organisationsebene durchgeführt werden. Sie geht auf das Gedankengut von Ocker A. Repelaer van Driel (www.accompanyincommunication.com) zurück, der es aufgrund seiner einzigartigen Kombination von Wissensgebieten, die er beherrscht, hervorragend versteht, Musikstücke zu deuten und – wenn es um die Klärung von Kommunikationsfragen geht – „die rationale Wissenserlangung mit gefühlsmäßigen und weichen Faktoren zu ergänzen." Er betrachtet Musik als Torwächter der Seele, und es gelingt ihm, immer wieder neue Quellen zu erschließen.

Diese Übung kann auch auf Fragen der Positionierung oder des (persönlichen) Brandings ausgeweitet werden. Denken Sie zum Beispiel an expressive Werte: Stil und Image einer Organisation oder einer Marke und an emotionale Werte: Welche Gefühle ruft eine Organisation oder eine Marke hervor?

Übung 28: Topinspiration

Schwierigkeitsgrad: mittel

Kurzbeschreibung

Bei dieser Übung arbeiten die Teilnehmenden mit Metaphern aus dem Bereich der Kletterexpeditionen, um die Spitze ihrer Organisation oder ihrer Abteilung zu definieren und zu erreichen.

Zielsetzung/Wirkung

Bei dieser Übung geht es nicht um ein Problem, sondern um die Ambition, ein Maximum zu erreichen: Es geht um die Entwicklung eines Aktionsplans, wie man an die Spitze kommt, oder um ein anderes (hochgestecktes) Ziel, das ein Team oder eine Organisation für sich definiert. Es gibt drei Phasen bei dieser Übung: (1) Gemeinsam das Ziel bestimmen, (2) die Bedingungen ausarbeiten und die Bereitschaft zum persönlichen Engagement wecken und (3) die gemeinsame Kletterroute definieren. Die Inspiration für diese Übung stammt aus dem Buch *Topinspiratie* von Katja Staartjes (2008).

Durchführung

Vorbereitung

Planen Sie drei Workshoptermine ein. Jeder Workshop wird etwa einen halben Tag in Anspruch nehmen. Zwischen den Terminen sollte jeweils ca. eine Woche liegen, damit die Dinge sacken können. Sie benötigen ein Flipchart, dicke Stifte und Platz, um die Flipchart-Bögen aufhängen zu können.

Schritt 1: Zielbestimmung (Termin 1)

Schreiben Sie im Vorfeld die folgenden vier Fragen auf je einen Flipchart-Bogen:
- Welche Spitzenposition, welchen Gipfel wollen wir erreichen?
- Wie sieht dieser Gipfel aus? Wie sehr können wir uns mit Herz und Seele diesem Ziel verschreiben? Es ist wichtig, dass die Beschreibung so konkret wie möglich ist. Beispiele: Wir wollen im Jahr X einen Stand auf der Designmesse in Mailand haben. Wir wollen ab dem Jahr X in jedem Jahr mindestens ein Patent erhalten. Wir wollen in unserer nächsten Studie zur Kundenzufriedenheit im Schnitt bei 8,5 landen. Ab dem Jahr X wollen wir klimaneutral produzieren.

- Streben wir dieses Ziel an, weil andere das von uns erwarten?
- Ist die von uns angestrebte Spitzenposition machbar? Oder liegt sie außerhalb unserer Reichweite? Oder haben wir sogar ein zu einfaches Ziel ausgesucht? Bei der Zielbestimmung ist es wesentlich, dass Sie den richtigen Mix aus Ambition und Realitätssinn zugrunde legen.

Hängen Sie die vier Papierbögen auf und gehen Sie alle Fragen durch. Notieren Sie alle Antworten. Streben Sie nach einer möglichst konkreten Zielbestimmung. Nehmen Sie in diesem Prozess die Rolle eines Moderators und Vorsitzenden ein.

Schritt 2: Bedingungen und die Bereitschaft zum Engagement (Termin 2)

Schreiben Sie im Vorfeld die folgenden sechs Fragen auf je einen Flipchart-Bogen:
- Was sind die begünstigenden und was die hemmenden Faktoren im Umfeld und bei uns selbst?
- Wie können wir die Bedingungen verbessern, oder wie können wir uns anpassen?
- Verfügen wir über die richtigen Kompetenzen, das benötigte Wissen und die Erfahrung?
- Müssen wir eventuell einen Guide oder ein weiteres Expeditionsmitglied hinzuziehen?
- Sind wir bereit, hart zu arbeiten und Opfer zu bringen? Wenn ja, welche Opfer müssen wir bringen?
- Sind wir bereit, die Konsequenzen unserer Wahl zu tragen?

Besprechen Sie anschließend, analog zum ersten Termin, alle Antworten und finden Sie zu einer gemeinsamen Analyse der Kräfteverhältnisse. Das Ergebnis ist eine Analyse der hemmenden und der begünstigenden Faktoren im äußeren Umfeld und in der Gruppe selbst.

Schritt 3: Die Expedition (Termin 3)

Schreiben Sie im Vorfeld die folgenden sechs Fragen auf je einen Flipchart-Bogen:
- Welche Wege führen zu diesem Gipfel? Was halten wir auf diesen Wegen für wichtig (denken Sie an Themen wie Ethik, Gesundheit, Freude)?
- Welche Wege können wir einschlagen? Welcher Weg verspricht die größten Chancen auf Erfolg und Freude?
- Welche Elemente sind auf dem Weg, den wir gewählt haben, sonst noch wichtig?
- Umkehrung: Wie kommen wir von unserem Endziel zu dem Punkt, an dem wir heute stehen, und was erwartet uns dort?
- Wie kann der lange Weg zum Gipfel in kleine übersichtliche Zwischenziele aufgeteilt werden?
- Wer wird an der Expedition teilnehmen, und wer wird welche Rolle spielen?

Das Ergebnis ist ein von allen Beteiligten unterstützter und gut durchdachter Aktionsplan.

Nachdem die drei Termine stattgefunden haben, wird ein Expeditionsleiter (Projektleiter) gewählt, der für die Umsetzung zuständig ist. Es ist auch sinnvoll, der Klettergruppe („Task Force") einen Namen zu geben.

Literaturtipp

Sie können bei dieser Übung mit der englischsprachigen Übersetzung *Peak Performance. The climb to success* des Buches von Katja Staartjes arbeiten und die darin enthaltenen Fotos zeigen oder jeweils passend zu den Flipchart-Bögen aufhängen. Dieses Buch ist auch sehr nützlich, wenn die Expedition bereits begonnen hat und das Team auf Hindernisse stößt.

Variante: Mit Filmmaterial arbeiten

Zeigen Sie den Teilnehmenden zu Beginn des zweiten Termins den Film *Touching the Void* (Regie: Kevin Mcdonald, 2003, deutscher Titel: Sturz ins Leere), der auf der wahren Geschichte einer Bergbesteigung beruht. Wenn Sie dieses Dokudrama an den Anfang der Gruppenarbeit legen, aktivieren Sie damit das Denken der Beteiligten in Bergsteiger-Metaphern, wenn es um mögliche Hindernisse und um Einsatz und Durchhaltevermögen in aussichtslos erscheinenden Situationen geht. Viele Bergsteiger halten diesen Film für den besten Bergsteigerfilm aller Zeiten.

Die Geschichte lautet in Kurzform wie folgt: 1985 unternehmen die beiden britischen Bergsteiger Joe Simpson und Simon Yates den Versuch, den Gipfel des Siula Grande in den peruanischen Anden zu bezwingen. Das hatte zuvor noch niemand geschafft. Während ein dritter Mann im Basislager zurückbleibt, machen sich Simpson und Yates auf den Weg. Sie wollen den Gipfel in wenigen Tagen erreichen. Nach einem schwierigen und lebensgefährlichen Aufstieg stehen sie nach dreieinhalb Tagen auf dem Gipfel, und es erwartet sie der schwierigste Teil: der Abstieg. Simpson bricht sich am vierten Tag mehrfach das Bein, und seine Lage scheint hoffnungslos. Yates hat allerdings einen Plan, wie er sie beide in Sicherheit bringen kann. Doch es gelingt ihm nicht, und Simpson gerät in eine Situation, aus der er unmöglich lebend herauskommen kann. Sein Bergsteigerkollege geht davon aus, dass er tot ist, und geht allein weiter.

Wenn Sie den Film zeigen, planen Sie ca. eineinhalb Stunden zusätzlich (inkl. Diskussion) für den zweiten Termin ein.

Übung 29: Chinesisches Roulette

Schwierigkeitsgrad: mittel

Kurzbeschreibung

Chinesisches Roulette ist eine Übung, bei der die Teilnehmenden mit Assoziationen arbeiten. Es ist eine harmlose Abwandlung des Psychospiels, welches in dem Film *Chinesisches Roulette* (Regie: Rainer Werner Fassbinder, 1976) gespielt wird.

Zielsetzung/Wirkung

Mit dieser Übung wird gern gearbeitet, wenn man sich nicht genau im Klaren darüber ist, wofür das Unternehmen oder die Organisation, der man angehört, steht. Die Assoziationen, die bei der Gruppenarbeit entstehen, liefern wertvolle Informationen zu den emotionalen Werten und dem Kern einer „(Personal) Brand“. Was genau beinhaltet eine Handelsmarke oder die Marke eines Unternehmens?

Durchführung

Vorbereitung

Sie benötigen ein Flipchart, dicke Stifte und einen Platz, an dem Sie die Flipchart-Bögen aufhängen können. Schreiben Sie die folgenden, assoziativen Fragen auf einen Bogen.

Wie stellen Sie es sich vor, wenn Sie alle

- ein Theaterstück, ein Film oder eine Serie wären,
- eine Mahlzeit?
- ein Transportmittel?
- ein Getränk?
- ein Land?
- ein Musikinstrument?
- ein Boot?
- ein Wettertyp?
- eine Reise?

Schritt 1: Assoziative Fragen auswählen

Wählen Sie gemeinsam mit der Gruppe die drei Fragen, die am meisten ansprechen, aus.

Schritt 2: Vertiefende Fragen

Fangen Sie mit der ersten assoziativen Frage an und überlegen Sie sich dazu gemeinsam etwa zehn weitere vertiefende Fragen. Im Kasten finden Sie zur Veranschaulichung vertiefende Fragen für die assoziative Frage „Wie stellen Sie es sich vor, wenn Sie alle ein Theaterstück, ein Film oder eine Serie wären?".

Schritt 3: Reflexion

Lassen Sie die Teilnehmenden 5 Minuten lang zur ersten assoziativen Frage reflektieren. Anschließend überlegen sich die Teilnehmenden – jeder für sich – Antworten auf die vertiefenden Fragen und schreiben diese Antworten auf. Wiederholen Sie diese Schritte mit der zweiten und dritten assoziativen Frage.

Schritt 4: Besprechung im Plenum

Besprechen Sie im Plenum die Antworten auf die erste assoziative Frage und suchen Sie nach den Gemeinsamkeiten. Machen Sie dasselbe mit der zweiten und dritten Frage.

Schritt 5: Der Markenkern

Was zeigt sich im Gesamtbild? Welche Elemente kommen bei den assoziativen Fragen immer wieder vor? Diese gemeinsamen Punkte bilden den Kern der Marke oder Handelsmarke.

Schritt 6: Vom Kernelement zur Marke

Verbinden Sie nun die Kernelemente mit der gewünschten Marke. Ein Beispiel: Auf die Frage: „Wie stellen Sie es sich vor, wenn Sie alle ein Theaterstück, ein Film oder eine Serie wären?" tauchen bei allen Teilnehmenden die Worte: „Heiterkeit und Spaß" in der Antwort auf. Das heißt, es wäre sinnvoll, „Heiterkeit und Spaß" in der Marke der Organisation zu verankern, damit Identität und Image kongruent sind.

Infobox: Der Film „Chinesisches Roulette“

Die Handlung des Films *Chinesisches Roulette* lässt sich wie folgt zusammenfassen: Gerhard und seine Ehefrau Ariana behaupten beide, sie würden am Wochenende auf Geschäftsreise sein. Gerhard muss angeblich nach Oslo, Ariane nach Mailand. Als Gerhard dann mit seiner Geliebten im Schloss der Familie eintrifft, ist Ariane mit ihrem Geliebten bereits vor Ort. Die prekäre Situation wird anfangs mit Humor aufgenommen. Als überraschend die gehbehinderte Tochter Angela mit ihrer stummen Erzieherin erscheint, kommt es zu Spannungen. Auf Wunsch von Angela spielt man „Chinesisches Roulette“, ein Wahrheitsspiel, bei dem jeder anhand von Fragen wie „Welche Rolle hätte Mama im zweiten Weltkrieg gehabt?“ unverblümt sagen muss, wie er über die anderen denkt. Langsam bröckelt der zivilisierte, höfliche Umgang, Konflikte und lange aufgestaute Unzufriedenheit brechen sich Bahn. Am Ende herrscht das Recht des Stärkeren.

Material zur Übung „Chinesisches Roulette“: Beispiele für vertiefende Fragen

Wie stellen Sie es sich vor, wenn Sie alle ein Theaterstück, ein Film oder eine Serie wären?

- Was für eine Art von Theaterstück, Film oder Serie wäre das dann?
- Zu welchem Genre gehört das Theaterstück, der Film, die Serie?
- Welche Themen gibt es in dem Theaterstück, dem Film, der Serie?
- Wann und wo spielt sich das Ganze ab?
- Welche Entwicklungen durchleben die Protagonist:innen?
- Wie sieht die Handlung aus?
- Wer sind die Schauspieler:innen?
- Wer die Zuschauer:innen?
- Womit wollen sich die Zuschauer:innen identifizieren?
- Was für ein Gefühl bekommt das Publikum beim Sehen des Stücks?
- Gibt es noch etwas, das Sie dem Publikum mitteilen möchten?

Übung 30: Starke Geschichten

Schwierigkeitsgrad: anspruchsvoll

Kurzbeschreibung

Bei der hier beschriebenen Vorgehensweise werden beispielhafte Geschichten aus der eigenen Organisation gesammelt. Diese drehen sich zum Beispiel um erfreuliches Verhalten, das man im eigenen Umfeld wahrgenommen hat und gerne öfter sehen möchte. Dann sorgt man dafür, dass diese Geschichten die Runde machen.

Zielsetzung/Wirkung

Geschichten sind kraftvoll, sie faszinieren uns. Es ist kein Zufall, dass alte Geschichten auch heute noch von Generation zu Generation weitergegeben werden. Diese Übung demonstriert, wie Sie die Kraft eindrucksvoller Geschichten innerhalb Ihrer Organisation nutzen können, um eine gewünschte Veränderung anzustoßen. Geschichten sind sehr hilfreich, wenn es darum geht, anderen Menschen ein konkretes, lebhaftes Bild von wertgeschätzten Verhaltensweisen zu vermitteln. Es kann anderen helfen, selbst neue Ideen zu generieren. Außerdem verleihen positive Geschichten häufig auch Energie.

Durchführung

Vorbereitung

Machen Sie sich mit der Richtung vertraut, in die die Organisation sich bewegen möchte, und machen Sie sich bewusst, um welche Veränderungen es dabei für die Beteiligten geht. Wie werden sich die Veränderungen auf das Verhalten der Menschen in der Organisation auswirken? Überlegen Sie sich auch genau, in welcher Situation und mit welchem Ziel Sie die Geschichten einsetzen wollen.

Fragen Sie Menschen, die der Organisation angehören, ob sie Kolleg:innen kennen, die vorangehen und sich schon jetzt regelmäßig so verhalten, wie die neue Richtung es erfordert. Sprechen Sie mit den Menschen, die in einer Vorbildfunktion sind. Erkundigen Sie sich nach den Geschichten, die sie erzählen können von Situationen oder Momenten, in denen sie sich selbst schon vorbildlich verhalten haben.

Machen Sie aus diesen Erfahrungen gemeinsam eine schöne Erzählung (siehe Kasten). Erklären Sie, wann und mit welchem Ziel Sie die Geschichte verwenden wollen. In der hier vorgestellten Übung wird die Geschichte bei einem Workshop, der im Kontext eines Veränderungsprozesses stattfindet, erzählt.

Schritt 1: Die Geschichte erzählen

Erzählen Sie der Gruppe die Geschichte oder lassen Sie den Urheber oder die Urheberin die Geschichte selbst erzählen.

Schritt 2: Fragen stellen

Geben Sie der Gruppe die Gelegenheit, Fragen zu stellen.

Infobox: Narrative Elemente guter Geschichten

Die Autorinnen des *Storytelling Handboek,* Suzanne Tesselaar und Annet Scheringa (2008), erklären, dass eine gute Geschichte bestimmte narrative Elemente enthalten sollte, nämlich:

- Es gibt eine Hauptfigur.
- Es gibt einen Erzählstrang. Die Ereignisse führen in (chrono)logischer Reihenfolge zu einem Plot.
- Die Hauptfigur hat einen Gegner. Etwas oder jemand steht ihr im Weg.
- Die Hauptfigur hat einen Verbündeten. Etwas oder jemand hilft ihr.

Weitere Tipps, um dafür zu sorgen, dass Ihre Geschichte im Gedächtnis der Zuhörenden haften bleibt, finden Sie in Übung 75: *Ideen, die haften bleiben.*

Variationen

- *Variante 1:* Natürlich müssen Sie sich nicht auf Veränderungsprozesse in Organisationen beschränken. Sie können im Grunde genommen jeden Workshop mit Geschichten bereichern. Vielleicht stellen Sie sich als Gruppenleiter:in in einem Seminar oder Workshop einmal mit einer persönlichen Geschichte vor? Wenn Sie das offen und aufrichtig tun, geben Sie den Ton für den gesamten Workshop an.
- *Variante 2:* Legen Sie eine Schatztruhe an, gefüllt mit Geschichten über Themen, zu denen Sie häufig Workshops veranstalten. Nutzen Sie Ihre persönlichen Erfahrungen, aber auch Begebenheiten, die Sie in Ihrem Umfeld aufschnappen. Überall kann man Inspiration finden. Erzählen Sie Ihre Geschichten probehalber zunächst Menschen aus Ihrem persönlichen Umfeld. Lassen Sie die Geschichten noch lebendiger werden, indem Sie sie mit einem Musikstück, einem Bild oder einem Filmausschnitt verknüpfen.

- *Variante 3:* Direkt vor Ort in London oder via Skype kann man in der „School of Life“ an einer „Bibliotherapie“ teilnehmen. Das heißt, jemand aus dem Team der Bibliotherapeut:innen schlägt Ihnen – sozusagen auf Rezept – eine Reihe von Büchern vor, die zu Ihrer Fragestellung und Ihrer aktuellen Situation passen. In ihrem Buch *Die Romantherapie: 253 Bücher für ein besseres Leben* haben die Bibliotherapeutinnen der School of Life, Ella Berthoud und Susan Elderkin (2014), zahlreiche Buchrezepte, die bei mehr als 200 „Beschwerden“ Hilfe versprechen, zusammengetragen.
- *Variante 4:* Zum Abschluss eines Workshops können Sie die Teilnehmenden bitten, eine „Six Word Story“ darüber zu schreiben, was sie an dem Tag am meisten berührt hat. Es kann sich dabei um eine neu gewonnene Erkenntnis handeln, aber auch um etwas, das sich im Kontakt mit den anderen Teilnehmenden ereignet hat. Das ist für den Lerneffekt sehr positiv, weil die Teilnehmenden dann ganz bewusst den Tag Revue passieren lassen und reflektieren, was sie erlebt haben. Dieses Vorgehen bietet außerdem die Möglichkeit, Themen in der Gruppe angemessen abzuschließen, falls dies erforderlich ist. Im Internet finden Sie auf verschiedenen Webseiten schöne Beispiele für Geschichten, die mit nur sechs Wörtern erzählt werden.

Übung 31: Das 4V-Prinzip

Schwierigkeitsgrad: mittel

Kurzbeschreibung

Beim 4V-Prinzip handelt es sich um eine sehr aktive Vorgehensweise, bei der die Gruppenleitung die Teilnehmenden zu verschiedenen Aktivitäten einlädt. Die Aktivitäten sind: Die Teilnehmenden bereiten sich auf ein bestimmtes, wichtiges Thema, welches Veränderung braucht, vor (*V*orbereiten), sie äußern sich zu einem bestimmten Thema (*V*erbalisieren), sie entwerfen das Bild einer idealen Zukunft (*V*isualisieren), und sie erarbeiten geeignete Maßnahmen, die sie selbst bereits am nächsten Tag ergreifen können, um dem idealen Zukunftsbild ein Stück weit näherzukommen (*V*erändern).

Zielsetzung/Wirkung

Als wichtigstes Ergebnis gilt, dass alle Teilnehmenden sich gehört fühlen, wenn es darum geht, Schwachpunkte in der Organisation anzugehen, und dass sie eingeladen werden, selbst Schritte in die richtige Richtung zu unternehmen. In relativ kurzer Zeit erhält ein (Management-)Team auf diese Weise ein gemeinsam vertretenes Bild der heutigen und der künftigen Situation und einen Überblick über die kleinen und großen Schritte, die es braucht, um die künftige Situation herbeizuführen. Diese Übung eignet sich sehr gut für größere Gruppen von etwa 15 bis 30 Personen.

Durchführung

Vorbereitung

Definieren Sie mit den Organisator:innen des Workshops das Kernthema. Worum geht es genau? Was soll verändert oder verbessert werden? Was soll im Wesentlichen in diesem Workshop behandelt werden? Das strikte Begrenzen des Themas ist entscheidend, damit es nicht verwässert oder übermäßig aufgebauscht wird.

Schritt 1: Spielregeln erklären

Sie benötigen einen großen Raum, in dem alle Stühle im Kreis aufgestellt werden können. Es ist sehr praktisch, wenn außer der Gruppenleitung noch eine Person anwesend ist, die alle Antworten protokollieren kann. Zudem benötigen Sie ein Flipchart für die Zusammenfassung bzw. das Feedback am Ende des Workshops.

Vereinbaren Sie die folgenden Spielregeln:

- Jede anwesende Person wird eingeladen, zu sagen, was sie zu diesem Thema loswerden möchte.
- Niemand wird unterbrochen, und es wird nicht aufeinander reagiert. Man hört sich nur zu.
- Nur die Gruppenleitung darf zwischendurch zur Klärung nachfragen, wenn eine Person nicht verstanden wird.

Schritt 2: Auflockern beim Speed-Dating

Die Teilnehmenden stellen sich im Raum auf und suchen sich jeweils eine Person aus der Gruppe für ein kurzes „Date“. A fragt zum Beispiel B, was ihr Lieblingsessen ist, ihre Lieblingsfarbe, sein Lieblingsbuch oder sein Lieblingsfilm.

Nach einer Minute werden die Rollen getauscht, und danach setzen sich alle wieder hin.

Schritt 3: Verbalisieren

Alle werden eingeladen, die folgenden Fragen zu beantworten:

- Was läuft in der gegenwärtigen Situation schief?
- Was macht Ihnen am meisten zu schaffen?
- Was stört Sie am meisten?

Nach dieser Runde folgt eine kurze Pause.

Schritt 4: Visualisieren

Alle (vorzugsweise in einer anderen Reihenfolge als bei Schritt 3) werden eingeladen, die folgenden Fragen zu beantworten:

- Stellen Sie sich vor, es wurden bereits so viele Schritte in die richtige Richtung gemacht, dass die wichtigsten Schwachstellen zu diesem Thema ausgemerzt werden konnten. Wie sieht das dann für Sie aus? Versuchen Sie, in Ihrer Beschreibung so detailliert wie möglich zu sein. Was für Bilder haben Sie vor Augen?

Nach dieser Runde folgt erneut eine kurze Pause.

Schritt 5: Verändern

Alle (vorzugsweise wieder in einer anderen Reihenfolge) werden eingeladen, die folgenden Fragen zu beantworten:

- Welchen ersten Schritt werden Sie in Anbetracht dessen, was jetzt schon da ist, machen? Was werden Sie morgen anders machen, um Ihr Idealbild näher heranzuholen? Was werden Sie in einem halben Jahr oder in einem Jahr anders machen?

Nach dieser Runde folgt erneut eine kurze Pause.

Schritt 6: Zusammenfassung

Die Gruppenleitung und der oder die Protokollant:in schreiben auf das Flipchart, was sie als roten Faden in den Phasen „Verbalisieren, Visualisieren und Verändern" wahrgenommen haben. Diese Erkenntnisse werden mit der Gruppe geteilt.

Auf der Grundlage dieses Feedbacks können nicht nur individuelle Teilnehmende mit der Arbeit beginnen, sondern es können auch Teilgruppen gebildet werden, die sich mit einem wichtigen Aspekt des Themas, der im Laufe dieses Workshops aufgetaucht ist, näher befassen.

Theoretischer Hintergrund: Appreciative Inquiry

Diese Übung ist eine verkürzte und vereinfachte Version einer oft mehrtägigen und mehrstufigen Intervention zur Gestaltung von Veränderungsprozessen. Sie geht im Ansatz auf Überlegungen von David Cooperrider, dem Begründer der *Appreciative Inquiry* („Wertschätzende Befragung"; vgl. Cooperrider & Whitney, 2005) zurück. Die psychologischen Prinzipien, die diese Methode so anregend und erfolgreich machen, sind:

- *Der Soziale Konstruktivismus:* Es gibt keine objektive Wirklichkeit, wir erschaffen unsere Wirklichkeit vielmehr selbst, indem wir ihr Worte zuordnen. Die sorgfältige Auswahl der Worte bis hin zur Neuschöpfung von Sprache ist dabei ein wichtiges Tool.
- *Das narrative Prinzip:* Eine Organisation – oder ein Team – ist eine Erzählung. Wir können sogar die Vergangenheit aus einer zukünftigen Situation heraus neu schreiben. Wichtig ist hierbei, Erfolgsgeschichten zu teilen.
- *Das antizipatorische Prinzip.* Das Visualisieren des eigenen Erfolgs (denken Sie zum Beispiel an Spitzensportler, die ihre herausragende Leistung vorher visualisieren) sorgt für die notwendige Energie, die Dringlichkeit und die Kraft für die Umsetzung.

Übung 32: Comicfiguren in geheimer Mission

Schwierigkeitsgrad: anspruchsvoll

Kurzbeschreibung

Es handelt sich um eine niedrigschwellige, spielerische Übung, bei der mit Comicfiguren gearbeitet wird. Die Teilnehmenden stoßen anhand dieser „Rollenmodelle" einen Bewusstwerdungsprozess an und nutzen sie als Inspiration, um einen gemeinsamen Kurs festzulegen.

Zielsetzung/Wirkung

Spiegelneurone im Gehirn bilden die Grundlage für das unbewusste Imitieren von Rollenmodellen. Diese Basis kann bereits in der Kindheit, durch Comic-Helden oder Märchenfiguren, gelegt worden sein. Unbewusst übertragen wir diese Rollenmodelle manchmal auf unsere verborgenen Ambitionen und heimlichen Wünsche am Arbeitsplatz. Wenn Pippi Langstrumpf Ihr Vorbild, Ihr Rollenmodell war, haben Sie wahrscheinlich ihre Unabhängigkeit, ihren Eigensinn, ihre Stärke und Fröhlichkeit bewundert. Vielleicht haben Sie diese Eigenschaften auch selbst entwickelt. Werden die verborgenen Stärken und Ambitionen dieser Vorbilder erschlossen, kann eine Gruppe oder ein Team dadurch viel positive Energie gewinnen und zu einer gemeinsamen Mission finden.

Durchführung

Vorbereitung

Voraussetzung dieser Übung ist, dass die Teilnehmenden in ihrer Kindheit Comics gelesen haben oder zumindest einen Bezug zu Comicfiguren hatten. Bitten Sie die Teilnehmenden, sich auf die Gruppenarbeit mit Comicfiguren vorzubereiten. Laden Sie sie ein, eine Lieblingsfigur, einen Lieblingshelden oder eine Lieblingsheldin auszusuchen und ein passendes Bild mitzubringen. Bitten Sie die Teilnehmenden, jeweils eine 10-minütige Präsentation ihrer Figur vorzubereiten, vorzugsweise digital und mit Bildern. Allgemeine Richtlinien für diese Präsentation sind.

- Wie würden Sie Ihre Lieblings-Comicfigur in ihrer Umgebung und ihrer zeitlichen Zugehörigkeit erläutern wollen?
- Wie verhält sich diese Comicfigur?
- Welche Fähigkeiten, welches Können zeichnet diese Comicfigur aus?

- Welche Werte und (limitierenden) Überzeugungen hat die Figur?
- Was ist die Identität der Comicfigur?

Sie benötigen ein Flipchart, dicke Stifte und einen Platz, an dem Sie die Bilder aufhängen können. Bringen Sie ausreichend Haftnotizzettel und Stifte mit. Es können maximal 8 Personen teilnehmen.

Schritt 1: Präsentation der Comicfiguren

Sammeln Sie die mitgebrachten Bilder ein und kleben Sie jedes Bild an den oberen Rand eines Flipchart-Bogens. Stellen Sie sicher, dass die Gruppe die Bilder noch nicht sehen kann. Bitten Sie die Teilnehmenden dann, der Reihe nach, ihre Lieblings-Comicfigur zu präsentieren. Die anderen Teilnehmenden schreiben jeweils für sich und in Stille auf Klebezettel, welche geheime Mission ihrer Meinung nach diese Comicfigur hat. Was möchte sie erreichen, und was möchte sie hinter sich lassen? Worum geht es ihr? Welchen Beitrag möchte sie für die Welt liefern? Was ist ihr Traumbild?

Schritt 2: Geheime Mission skizzieren

Hängen Sie, wenn alle Präsentationen gehalten wurden, die Flipchart-Bögen mit den Bildern der Comicfiguren auf. Zwischen den einzelnen Bögen sollte ausreichend Platz sein. Bitten Sie die Teilnehmenden, nun ihre Zettel, auf die sie die geheimen Missionen geschrieben haben, auf die Papierbögen zu den jeweiligen Comicfiguren zu kleben.

Schritt 3: Persönliche Mission formulieren

Bitten Sie die Teilnehmenden, sich jeweils zu dem Flipchart-Bogen mit ihrer Comicfigur zu begeben und die aufgeklebten Notizen zu lesen. Animieren Sie jeden einzelnen Teilnehmenden, aus den Notizen möglichst die Essenz der Mission herauszufiltern und diese mit den eigenen Vorstellungen, was die Mission dieser Comicfigur ist, zu vergleichen. Die Teilnehmenden erklären dann einzeln, was genau sie als Essenz aufgefasst haben und wie sie sich diese Erkenntnis zu eigen machen und sie zu ihrer individuellen Mission werden lassen können.

Schritt 4: Gruppenmission definieren

Die Gruppenleitung schreibt alle genannten, persönlichen Missionen auf einen neuen Flipchart-Bogen und versucht, eine gemeinsame Gruppenmission daraus zu entwickeln, die alle Teilnehmenden anspricht. Durchlaufen Sie danach die logischen Ebenen nach Gregory Bateson und Robert Dilts (vgl. Dilts, 2003), um die Gruppenmission konkreter und präziser werden zu lassen:

- Was ist unser Kontext?
- Wie sollten wir uns verhalten und was müssen wir tun, um näher an unser Ziel heranzukommen?
- Welche Fähigkeiten bringen wir gemeinsam ein?
- Welche unserer Werte, Normen und Überzeugungen bringen uns näher zum Ziel?
- Von welchen hinderlichen Überzeugungen sollten wir uns trennen?
- Wer wollen wir sein, und wie können wir zur Organisation und zur Außenwelt beitragen?

Tipp: Checkliste für eine Mission

- Hat diese Mission richtungsweisenden Charakter, was das Tun und Lassen aller Teammitglieder anbetrifft?
- Hat die Mission die Unterstützung von Vorstand, Management und Mitarbeitenden?
- Können aus der Mission SMARTe Ziele (Ziele, die so formuliert sind, dass sie spezifisch, *m*essbar, *a*kzeptiert, *r*ealistisch und *t*erminierbar sind) für das Team und die einzelnen Teammitglieder abgeleitet werden? (Vgl. den Kasten in Übung 10: *Beziehungs-Mindmapping für zwei*.)
- Kann die Mission Inspiration und Begeisterung hervorrufen?
- Hält die Mission für mindestens drei Jahre?

Siehe zu diesem Thema auch Übung 16: *Helden und Heldinnen* und Übung 48: *Gute Frage!*

Übung 33: Der blaue Ozean

Schwierigkeitsgrad: anspruchsvoll

Kurzbeschreibung

Diese Übung basiert auf der *Blue Ocean Strategy* (Chan Kim & Mauborgne, 2006/2016). Die Teilnehmenden stehen bei dieser Übung vor der Aufgabe, durch die Beantwortung einiger Schlüsselfragen ein neues Marktsegment zu erschließen. Diese Übung eignet sich besonders gut für Workshops mit Mitarbeitenden aus demselben Unternehmen.

Zielsetzung/Wirkung

Den Teilnehmenden werden einige Schlüsselfragen vorgelegt, die ihnen dabei helfen sollen, eine Blue Ocean Strategy zu entwickeln. Anhand dieser Fragen beginnen die Beteiligten, scheinbare Selbstverständlichkeiten zur Diskussion zu stellen, und machen sich auf die Suche nach neuen Marksegmenten (blauen Ozeanen). Die Blue Ocean Strategy ist für Unternehmen von großer Bedeutung, weil sie sich damit einen Vorsprung vor (möglichen) Konkurrenten verschaffen können.

Durchführung

Vorbereitung

Sie benötigen ein Flipchart, dicke Stifte und einen Platz, an dem Sie die Flipchart-Bögen aufhängen können. Setzen Sie sich vertieft mit der Blue Ocean Strategy auseinander. Information finden Sie u. a. auf der Webseite www.blueoceanstrategy.com.

Schritt 1: Erläuterung

Erläutern Sie die Blue Ocean Strategy und die geplante Übung.

Schritt 2: Entscheidende Faktoren

Identifizieren Sie die Faktoren, die innerhalb des Sektors, in dem die Teilnehmenden arbeiten, wichtig sind. Sind das zum Beispiel: die Wahrnehmung der Marke, der Standort, die Verpackung, der Preis? Zeichnen Sie ein Diagramm und schreiben Sie entlang der X-Achse alle wichtigen Faktoren nebeneinander auf. Auf der

Y-Achse schreiben Sie am unteren Ende „niedrig“ und am oberen Ende „hoch“. Tragen Sie Punkte im Diagramm ein, um anzugeben, wie das Produkt oder die Dienstleistung bei jedem einzelnen Faktor abschneidet. Verbinden Sie die Punkte miteinander. Machen Sie dasselbe für Produkte oder Dienstleistungen von konkurrierenden Anbietern. Sie haben nun ein „Strategy Canvas“ gezeichnet. Fragen Sie die Teilnehmenden, was ihnen auffällt. Haben alle Linien dieselbe Form? Oder unterscheidet sich ihr Produkt oder ihre Dienstleistung schon deutlich von den Produkten bzw. Dienstleistungen anderer Anbieter?

Schritt 3: Vier wichtige Fragen

Lassen Sie die Teilnehmenden folgende Fragen zu ihrem Produkt bzw. ihrer Dienstleistung beantworten:

- Auf welche Attribute unseres Produkts/unserer Dienstleistung können wir verzichten? Zum Beispiel, weil sie keinen wirklichen Mehrwert hinzufügen, aber viel kosten; weil sie für die Kund:innen nicht interessant genug sind oder weil wir eine andere Zielgruppe ansprechen können, wenn wir diese Attribute weglassen.
- Welche Faktoren sollten wir reduzieren? Können wir das Produkt/die Dienstleistung vereinfachen und damit einen Mehrwert generieren? Wenn einzelne Attribute unverzichtbar sind, können wir sie dann einfacher gestalten?
- Welche Aspekte können wir verbessern, wenn wir sie mit dem Standard in der Branche vergleichen? Können wir etwas mitnehmen, wenn wir uns ein anderes Segment anschauen? Können wir ein emotional aufgeladenes Produkt bzw. eine Dienstleistung funktionaler gestalten oder umgekehrt?
- Welche Aspekte, die in diesem Marktsegment noch nie angeboten wurden, können wir neu kreieren? Was wird in Zukunft wichtig sein, und was bedeutet das für unser Produkt bzw. unsere Dienstleistung? Sind Ergänzungen denkbar?

Erstellen Sie nun einen neuen – oder mehrere neue – Strategy Canvas, falls diese Übung dazu geführt hat, dass Inspiration für verschiedene neue Produkte oder Dienstleistungen entstanden ist.

Schritt 4: Integration

Laden Sie die Teilnehmenden dazu ein, die Strategy Canvas ihren Kund:innen, Nicht-Kund:innen und Stakeholdern zu präsentieren. Was halten diese davon? Sehen sie verbesserungswürdige Punkte? Nutzen Sie diese Informationen und passen Sie gemeinsam die Strategie an. Wenn diese Interessensgruppen nicht von der Idee überzeugt sind, kehren Sie zu Schritt 3 zurück.

Schritt 5: **Erste Ausarbeitung**

Arbeiten Sie die Idee mit einer kleinen Gruppe von Teilnehmenden zu einer Präsentation (siehe Übung 69: *Form und Urteil*) oder zu einem Prototyp (siehe Übung 72: *Einen Prototyp erstellen*) aus. Sie können aber auch allein anhand der Strategy Canvas klar kommunizieren, was Ihnen vor Augen schwebt. Vereinbaren Sie die nächsten Schritte.

Theoretischer Hintergrund: Blaue und rote Ozeane

Viele Organisationen haben mit starker Konkurrenz zu kämpfen. W. Chan Kim und Renée Mauborgne, Professoren an der INSEAD Business School, sprechen davon, dass sich diese Organisationen in einem roten Ozean befinden. Verschiedene Anbieter kämpfen „bis aufs Blut" um Kund:innen und um Marktanteile. Das Wasser färbt sich rot. Beide glauben, es wäre besser, sich einen ruhigen, blauen Ozean – ohne Konkurrenz – zu suchen. Die Kunst besteht darin, den besonderen Wert des Produkts bzw. der Dienstleistung so weit von dem der Konkurrenten zu entfernen, dass man sich eine eigene Nische, ein neues Marktsegment erschafft. Im blauen Ozean gibt es keinen Konkurrenzdruck, dort lässt es sich wunderbar arbeiten.

Praxisbeispiele zur Übung „Der blaue Ozean"

- Eine Organisation, die die Blue Ocean Strategy erfolgreich umgesetzt hat, ist der Cirque du Soleil. Der Cirque du Soleil hat ein eigenes Konzept entwickelt, das Zirkus und Theater miteinander verbindet. In diesem Bereich haben sie keine wirklichen Konkurrenten.
- Ein anderes Beispiel ist die Markteinführung der Spielkonsole Wii durch Nintendo. Diese Spielkonsole besitzt einen Controller, der über eingebaute Bewegungssensoren die Bewegungen des Spielenden wahrnimmt und auf die Spielfiguren überträgt. Nintendo hat auf diesem Gebiet keine Konkurrenz und bewegt sich damit in einem blauen Ozean.

Übung 34: Der Rückspiegel

Schwierigkeitsgrad: mittel

Kurzbeschreibung

In dieser Übung erkunden die Teilnehmenden ihre persönlichen Entwicklungswünsche, sowohl was die Gegenwart anbetrifft als auch die Zukunft. Dazu versetzen sie sich mithilfe von Flipchart-Bögen, die auf dem Boden liegen, in die jeweilige Zeitzone hinein. Die Übung zeichnet sich dadurch aus, dass Wünsche auf eine kraftvolle Weise visualisiert werden können.

Zielsetzung/Wirkung

Frühere und aktuelle Entwicklungspunkte werden unter die Lupe genommen und geben den Teilnehmenden einen guten Einblick in ihre Entwicklungswünsche und ihre Fähigkeit, Wünsche zu realisieren. Sie lernen aus früheren, erfolgreichen Strategien und erkennen dadurch besser, wie sie sich neue Wünsche erfüllen können. Die besondere Stärke dieser Vorgehensweise besteht darin, dass die Teilnehmenden beginnen, Einzelheiten zu visualisieren. Sie lernen, wie sie Dinge aktiv entwickeln können, und erhöhen damit die Wahrscheinlichkeit, dass Entwicklungswünsche tatsächlich realisiert werden. Ein Beispiel: Jemand tut sich aktuell schwer damit, Pläne zu entwickeln, und visualisiert nun, dass dieser Entwicklungspunkt in der näheren Zukunft bereits in Angriff genommen wurde. Diese Person überlegt nun, welcher Entwicklungspunkt für sie als nächstes relevant ist und kommt zum Beispiel zu dem Ergebnis, dass sie lernen könnte, besser Prioritäten zu setzen, und noch bewusster entscheiden könnte, welche Aufträge sie annehmen möchte und welche nicht. Sie lernt damit, zur rechten Zeit möglichen Klippen und Gefahren auszuweichen.

Durchführung

Vorbereitung

Die Übung wird in Zweierteams durchgeführt. Bereiten Sie für jedes Zweierteam vier große Flipchart-Bögen vor. Auf das erste Papier schreiben Sie mit großen Buchstaben „Vergangenheit", auf das zweite „Gegenwart" und auf das dritte „Zukunft". Auf das vierte Papier schreiben Sie „Zuschauer". Legen Sie anschließend die ersten drei Bögen nebeneinander auf den Boden und das vierte Papier mit der

Aufschrift „Zuschauer“ auf größeren Abstand, sodass man aus der Perspektive des Beobachters oder der Beobachterin die eigene Zeitlinie überblicken kann. Sorgen Sie dafür, dass die unten genannten Beispielfragen deutlich sichtbar im Raum angebracht sind oder dass jedes Zweierteam ein Handout mit den Fragen darauf bekommt.

Schritt 1: Zweierteams bilden

Bitten Sie die Teilnehmenden, zunächst Zweierteams zu bilden, und erklären Sie dazu, dass alle Teilnehmenden einmal die Rolle eines Coachs und dann die Rolle eines Coachees einnehmen werden. Der Coachee fängt damit an, seine Entwicklungswünsche zu erkunden, und der Coach befragt ihn oder sie gezielt dazu. Die Duos sollen jeweils die untenstehenden Schritte durchlaufen. Bei jedem Einzelschritt tauschen sie nach einer halben Stunde die Rollen.

Schritt 2: Gegenwart

Der Coachee stellt sich auf das Papier „Gegenwart“. Der Coach stellt nun eine Reihe von Fragen. Er kann sich dabei an den folgenden Beispielfragen orientieren:

- Was ist in diesem Moment Ihres Lebens Ihr größter Wunsch?
- Können Sie noch mehr zu diesem Wunsch sagen?
- Wie kommt es, dass Sie sich für genau diesen Wunsch entschieden haben?
- Wie lange ist Ihnen schon bewusst, dass Sie diesen Wunsch hegen?
- Was hindert Sie eventuell daran, sich diesem Wunsch anzunähern?
- Was könnte die Erfüllung dieses Wunsches für Sie bedeuten?

Schritt 3: Vergangenheit

Der Coachee stellt sich nun auf das Papier „Vergangenheit“. Der Coach bittet ihn, er möge sich, so gut es geht, in die Vergangenheit hineinversetzen und sich an einen Moment erinnern, an dem einer seiner Wünsche Wirklichkeit wurde. Der Coach stellt erneut einige Fragen, damit der Coachee genau nachvollziehen kann, wie er in der Vergangenheit die erfolgreiche Entwicklung vollzogen hat. Er kann folgende Beispielfragen dafür verwenden:

- Können Sie Ihren Wunsch aus der Vergangenheit einmal deutlich erläutern?
- Wie sah dieser Wunsch aus?
- Wie haben Sie diesen Wunsch verwirklicht?
- Was hat Sie eventuell zunächst daran gehindert, diesen Wunsch zu verwirklichen?
- Was oder wer hat Ihnen dabei geholfen, diesen Wunsch zu verwirklichen?
- Was hat es Ihnen gebracht, dass Sie diesen Wunsch verwirklicht haben?

Schritt 4: Zukunft

Der Coachee stellt sich nun auf das Papier „Zukunft“. Der Coach bittet ihn, sich, so gut es geht, in die Zukunft hineinzuversetzen, beispielsweise den Zeitraum drei oder fünf Jahre später, und sich vorzustellen, dass der Wunsch aus der Gegenwart dann erfüllt worden ist. Der Coach stellt erneut eine Reihe von Fragen. Er kann folgende Beispielfragen dafür verwenden:

- Was ist Ihr Wunsch in der Zukunft?
- Welche Schritte werden Sie dann schon gemacht haben, um diesen Wunsch zu verwirklichen?
- Was machen Sie also in der Zukunft anders?
- Was hat Ihnen dabei geholfen?
- Wie wirkt sich Ihr Verhalten auf Ihre Kontakte und Beziehungen aus?
- Was hat es Ihnen gebracht, dass dieser Wunsch verwirklicht wurde?

Schritt 5: Zeitlinie („Timeline“)

Zum Schluss wird sich der Coachee auf das Papier „Zuschauer“ stellen. Er schaut auf Vergangenheit, Gegenwart und Zukunft. Der Coach bittet ihn, sich seine Zeitlinie genau anzusehen, und stellt folgende Fragen:

- Was sehen Sie, wenn Sie Ihre Zeitlinie betrachten?
- Gibt es einen Zusammenhang zwischen Ihren Wünschen in der Vergangenheit, der Gegenwart und der Zukunft?
- Wie gehen Sie mit Ihren Wünschen um?
- Können Sie Ihren Umgang mit Wünschen aus der Vergangenheit für Wünsche in der Gegenwart und Zukunft nutzen?

Variante: Eine Reise durch die Zeit

Sie haben mehr Zeit zur Verfügung? Dann lassen Sie die Teilnehmenden länger auf den Bögen „Vergangenheit“ und „Zukunft“ stehen. Der Coach kann dabei helfen, dass sich der Coachee noch besser in eine bestimmte Phase seiner Vergangenheit hineinversetzen kann, zum Beispiel mit Fragen wie: Wie haben Sie zu der Zeit ausgesehen? Welche Musik haben Sie gehört? Welche Bücher haben Sie gelesen? Wo haben Sie gelebt? Wo haben Sie gearbeitet? Mit diesen Fragen kann man sein Gegenüber noch anschaulicher in die entsprechende Phase seines Lebens zurückführen. Dasselbe gilt für die Zukunft. Denken Sie an Fragen wie: Wie sehen Sie dann aus? Wo wohnen Sie? Wo arbeiten Sie? Was beschäftigt Sie?

Teil 4: Hindernisse überwinden

Inhaltsübersicht

© EkaterinaGr/Adobe Stock

Einführung

Sie haben die erforderlichen Voraussetzungen geschaffen, die Akzeptanz ist da, die Gruppe kennt ihr Ziel, aber aus irgendeinem Grund läuft es noch nicht. Es entstehen keine Ideen, es kommt nicht zum „Flow". Sie fragen sich, mit welchen Hindernissen Sie genau zu tun haben. Die Übungen in diesem Kapitel helfen Ihnen dabei, die Antwort zu finden.

Hindernisse sind oft in festgefahrenen Denkmustern zu verorten. Wenn Sie innerhalb Ihrer festen Muster nicht zu einer Lösung finden, können Ihnen diese an sich effizienten Denkmuster gehörig im Weg stehen. Es können sich Hindernisse auftun aufgrund der Art und Weise, wie eine Person oder eine Gruppe ein bestimmtes Thema sieht. Die Formulierung des Themas kann in die Sackgasse führen, oder aber es sind emotionale Barrieren vorhanden.

Wenn Sie ein Auge und ein Ohr für die vorhandenen Barrieren haben, können Sie diese entkräften und gezielt in Angriff nehmen. Oder Sie können – zumindest vorübergehend – einige von ihnen loslassen und prüfen, ob dadurch schon nützliche Ideen entstehen.

Glad, mad, bad & sad und der *Stuhltanz der inneren Anteile* sind beides spielerische, psychologische Vorgehensweisen, die zu mehr Einsicht in andere Menschen und auch Erkenntnissen über sich selbst führen. *Glad, mad, bad & sad* ist eine Übung, die gut dafür geeignet ist, um den im Team vorhandenen „Flow" zu verbessern. Irritationen, positive und negative Emotionen in der Zusammenarbeit werden besser verstanden, wenn man den „PIN-Code" der jeweils anderen Personen besser kennenlernt. Beim *Stuhltanz der inneren Anteile* wird mit Imaginationsübungen gearbeitet, und es werden die verschiedenen Seiten und Stärken der Teilnehmenden thematisiert, um psychische Barrieren zu überwinden.

Bei den Übungen *Advocatus Diaboli* und *Den Denkraum erweitern* formulieren die Teilnehmenden das Thema auf ungewöhnliche Art und Weise. Das heißt, sie denken außerhalb ihrer tief verankerten Muster und entdecken so möglicherweise neue Ansätze. Die Übung *Den Denkraum erweitern* setzt dabei gezielt auf eine Distanzierungstechnik, faktisch eine Ablenkungstechnik, um Lockerung und Entspannung hineinzubringen und den Reifungsprozess zu fördern. *Train your brain* heißt die Übung, die herausfinden will, ob bei den Mitgliedern eines Teams ein „Growth

Mindset“ oder ein „Fixed Mindset“ vorherrscht. Menschen mit einem Growth Mindset gehen nicht von Hindernissen aus, sondern glauben an Wachstum und Entwicklung. Dies steht im Gegensatz zu Menschen mit einem Fixed Mindset, die starre Vorstellungen über ihre eigenen Talente und Entwicklungsmöglichkeiten haben. In dem Maß, wie die Teilnehmenden sich gut von einem Fixed Mindset zu einem Growth Mindset weiterentwickeln können, gewinnt das gesamte Team an Potenzial.

Der Titel *Weg mit den Hindernissen!* spricht für sich. „Heilige Kühe“, frühere Erfolge, hinderliche Glaubenssätze und Ideen-Killer werden bei dieser Übung herausgearbeitet und dann bewusst losgelassen. Erhalten Sie nun bessere Lösungsmöglichkeiten für das Problem? Wenn dennoch keine neuen Ideen kommen, oder wenn es bei schönen Plänen bleibt, sollten Sie die Organisationskultur unter die Lupe nehmen. Bei der Übung *Blick auf die Kultur* wird die Kultur einer Organisation mithilfe der Theorie von Edgar Schein sichtbar gemacht. Gibt es versteckte Grundannahmen, die Kreativität und Innovation hemmen? Bei *Hypothesen torpedieren* handelt es sich um eine Übung, bei der die Gruppe noch gründlicher daran arbeitet, ihre versteckten Grundannahmen und Überzeugungen ans Tageslicht zu holen und zu überlegen, was es hervorbringt, wenn man sie loslässt.

Eine Schaukel verbindet die Extreme wird genutzt, um die vorhandenen gegensätzlichen Kräfte bei einem Problem aufzuspüren, sie zu benennen und miteinander in Einklang zu bringen, damit die Teilnehmenden nicht immer wieder in einen Entweder-oder-Denkmodus verfallen, wenn es darum geht, Probleme zu lösen. Bei dieser Übung wird ganz bewusst die kreative Spannung zwischen den Polaritäten, die bei dem jeweiligen Problem eine Rolle spielen, aufgesucht, um die Hindernisse zu überwinden.

Am Ende von Teil 4 dieses Buches steht die Übung *Es war einmal* ... Hier nutzt die Gruppenleitung die alte Symbolik und die Themen, die in Märchen verborgen sind, als Spiegel für die heutige Situation der Teilnehmenden. Auf diese Weise wird sich die Gruppe der irrationalen Faktoren bewusst, die hinderlich für Kreativität und Innovation sein können.

Übung 35: Glad, mad, bad & sad

Schwierigkeitsgrad: anspruchsvoll

Kurzbeschreibung

Manchmal wurde mit viel Aufwand ein Team aus klugen, kreativen Köpfen zusammengestellt, und trotzdem läuft es nicht oder nur mäßig. In dieser Übung geht es um Kernthemen und Muster in der Zusammenarbeit mit anderen Menschen. Sie basiert auf Überlegungen des Analytikers Lester Luborsky, der das Konzept des Core Conflictual Relationship Theme (CCRT) entwickelte: Was ist Ihr Kernthema in der Zusammenarbeit mit anderen? Auch Manfred Kets de Vries (2006) hat sich mit diesem Konzept in seinem Buch *The Leader on the Couch* auseinandergesetzt.

Zielsetzung/Wirkung

Mit dem Konzept CCRT zu arbeiten, bedeutet, ein kraftvolles Analysewerkzeug zur Hand zu haben, um zum wahren Kern von Hindernissen, die sich in der Zusammenarbeit mit anderen zeigen, vorzudringen. In der Arbeit mit CCRT wird davon ausgegangen, dass man gemeinsam zu einem optimalen Resultat gelangen kann, wenn man weiß, welche Basisemotionen in der Arbeitsbeziehung „getriggert" werden. CCRT fördert rasch Einsichten zutage und bietet Antworten auf die Frage, wie man mit Kolleg:innen und/oder Teammitgliedern umgehen kann und wie diese im Idealfall mit einem selbst umgehen sollen. Als Team erhalten Sie eine Art „Handbuch", wie Sie aus jedem Teammitglied das Beste herausholen können.

Durchführung

Vorbereitung

Eine Gruppengröße von 8 bis 10 Teilnehmenden ist für diese Übung ideal. Vereinbaren Sie gemeinsam die Spielregeln; legen Sie zum Beispiel fest, wie mit vertraulicher Information umgegangen werden soll. Bereiten Sie Handouts vor, auf denen die Fragen von Schritt 2 stehen.

Schritt 1: Erläuterung

Erklären Sie mit wenigen Worten das Konzept CCRT und sprechen Sie über das Ziel dieser Übung. Es geht in erster Linie um wiederkehrende – effektive und ineffektive – (Interaktions-)Muster in der Zusammenarbeit.

Schritt 2: Reflexion

Wichtig ist, dass die Teilnehmenden zunächst 20 Minuten über die folgende Frage reflektieren:

Was macht Sie in der Zusammenarbeit mit anderen „glad" (froh), „mad" (verrückt), „bad" (ärgerlich) und sad (traurig)?

Versuchen Sie, sich zu jeder dieser Basisemotionen eine Situation vorzustellen, in der Sie diese Emotion gefühlt haben. Wenn Sie keine solchen Situationen nennen können, versuchen Sie dann, sich vorzustellen, wann Sie glad, mad, bad oder sad wären. Was müsste dem vorausgehen? Beschäftigen Sie sich damit so ausführlich wie möglich.

- Was macht Sie *froh* („glad")? Was verleiht Ihnen Energie, was gibt Ihnen ein angenehmes Gefühl in der Zusammenarbeit mit anderen Teammitgliedern? Was passiert dann in der Interaktion mit dem, der oder den anderen? Wann gelingt es anderen Menschen gut, das Beste aus Ihnen herausholen?
- Was macht Sie *verrückt* („mad")? Wodurch werden Sie gereizt, oder wann passiert es, dass Sie in Ihrer Beziehung zu anderen Teammitgliedern verwirrt sind? Wann geraten Sie in eine Schieflage, und was ist das für eine Schieflage? Womit können andere Menschen Sie irritieren? Auf was reagieren Sie „allergisch"?
- Was macht Sie *ärgerlich* („bad")? Wann geraten Sie in einen Gemütszustand, der mehr ist als gereizt, „not amused", und wann sind Sie so richtig verärgert? Wann verlieren Sie die Beherrschung und werden vielleicht sogar gemein oder böse in der Zusammenarbeit mit anderen? Es kann sich um eine innere, stille Wut handeln oder um eine Wut, die sich artikuliert. Auch das ist dann eine „Allergie", nur viel heftiger als bei der Emotion „mad". Wann zeigen Sie sich von Ihrer schlechtesten Seite? Was müssen andere dafür getan haben? Oder, wann kommt Ihre Schattenseite ans Licht?
- Was macht Sie *traurig* („sad")? Das ist die schwierigste Frage, weil wir diese Emotionen nicht gern zulassen, vor allem nicht in einem beruflichen Kontext. Deshalb die Frage etwas anders gestellt: Was macht Sie manchmal mutlos, enttäuscht, trübsinnig, skeptisch oder zynisch?

Schritt 3: Sich austauschen

In diesem Schritt berichten die Teilnehmenden kurz, was sie froh, verrückt, ärgerlich und traurig macht. Die anderen Teilnehmenden haken nach. Mögliche Fragen sind:

- *Froh* („glad"): Warum gibt Ihnen das so viel Energie? Welche Beweggründe spielen hier für Sie eine Rolle? Wie können wir das bei Ihnen erkennen?
- *Verrückt* („mad"): Was bewirkt, dass die Sache Sie so aufregt? Warum kostet Sie das Energie? Was passiert genau mit Ihnen? Inwieweit bringen Sie diese Emotion zum Ausdruck? Wissen Sie, woher diese Emotion kommt?

- *Ärgerlich* („bad"): Was macht das für Sie so irritierend oder ärgerlich? Was wird in Ihrem Inneren berührt? Inwieweit bringen Sie diese Emotion zum Ausdruck? Wissen Sie, woher das bei Ihnen kommt? Hatten Sie damit schon als Kind oder im Jugendalter zu tun?
- *Traurig* („sad"): Was bewirkt, dass Sie hiervon so betrübt, mutlos, skeptisch oder zynisch werden? Inwieweit bringen Sie diese Emotion zum Ausdruck? Wissen Sie, woher das kommt? Was sagt das über Sie aus?

Variante: Vertiefende Fragen zu den Basisemotionen stellen

Neben den genannten vier Basisemotionen gibt es auch noch die Basisemotion Angst bzw. Furcht. Auch diese Basisemotion kann untersucht werden: Wovor haben Sie Angst? Angst liegt oft den anderen Basisemotionen zugrunde.

Diese Übung kann noch weiter vertieft werden, wenn die folgenden Fragen gestellt werden:

- Ängstlich: Wie kommt es, dass Sie in der Zusammenarbeit mit anderen ängstlich sind? Worüber machen Sie sich regelmäßig Sorgen? Haben Sie auch irrationale Ängste, was die Zusammenarbeit mit anderen betrifft?
- Welche Basisemotion zeigen Sie am ehesten?
- Welche Basisemotion zeigen Sie am wenigsten?
- Welche Basisemotionen wurden in Ihrer Herkunftsfamilie unbefangen gezeigt?
- Welche Basisemotionen wurden in Ihrer Herkunftsfamilie am wenigsten gezeigt?

Theoretischer Hintergrund: Inneres Skript

Das CCRT-Konzept geht davon aus, dass jeder Mensch über ein „inneres Skript" verfügt, auf dem die meisten Verhaltensweisen gründen. In diesem Skript sind alle unsere Sichtweisen, die schon in früher Kindheit aufgrund unserer Erfahrungen mit den Eltern, Geschwistern, Autoritätspersonen, Freund:innen, Gleichaltrigen usw. entstanden sind, zusammengefasst. Unser Kernthema dringt auch zu unserem Berufsleben durch und bildet die Grundlage für effektive, aber auch weniger effektive Muster in der Zusammenarbeit. Jedes CCRT ist einzigartig, auch wenn es einige universelle Themen zu geben scheint. Die Hintergründe der Basisemotionen des anderen zu verstehen, ist der Schlüssel zum Erkennen des CCRT der jeweiligen Person.

Übung 36: Stuhltanz der inneren Anteile

Schwierigkeitsgrad: anspruchsvoll

Kurzbeschreibung

Diese Übung basiert auf einer Kombination aus der Arbeit mit „inneren Anteilen“ (*Voice Dialogue* nach Hal und Sidra Stone, 1989/1994) und der Arbeit mit Imagination. Laut dieser Methode verfügen wir über verschiedene Persönlichkeitsanteile oder „Selbste“, die uns helfen, aber auch ausbremsen können. Persönlichkeitsanteile sind Positionen des Selbst oder innere Stimmen, die uns unterschiedliche Dinge sagen können. Bei dieser Übung arbeiten Sie mithilfe von Imaginationstechniken mit jenen inneren Anteilen, die Menschen bei der Überwindung von Hindernissen unterstützen können. Dafür kann es hilfreich sein, wenn Sie Bilder oder Namen für bestimmte innere Anteile (z.B. Kritiker, Antreiber, Perfektionist, Beschützer) verwenden. Die Übung eignet sich nicht für die Arbeit mit Gruppen, sondern ist für Eins-zu-eins-Coaching-Situationen gedacht. Wichtig ist, dass der oder die Coach:in mit der Anwendung von Imaginationsübungen vertraut ist.

Zielsetzung/Wirkung

Diese Übung kann Menschen in neuen und schwierigen Situationen unterstützen, indem persönliche Kräfte und Kreativität aktiviert und erschlossen werden. Durch die Imaginationsübungen können kraftvolle, hilfreiche Bilder erschaffen werden, wodurch einer neuen Situation, die Versagensängste oder Unsicherheit auslöst, mit mehr Selbstvertrauen begegnet werden kann.

Durchführung

Vorbereitung

Sie benötigen einen ruhigen Raum, in dem nichts von der Arbeit ablenkt. Bitten Sie Ihren Coachee, von einer Situation zu berichten, in der er oder sie sich unsicher, ängstlich oder eingeschüchtert gefühlt hat und die er oder sie – sollte sich eine vergleichbare Situation erneut ergeben – gerne besser meistern würde. Lassen Sie den Coachee diese Situation kurz skizzieren.

Schritt 1: **Imaginationsübung 1**

Bitten Sie den Coachee, sich auf einen Stuhl zu setzen, sich zu entspannen und die Augen zu schließen. Stellen Sie ihm oder ihr dann die folgenden Fragen und bitten Sie den Coachee, diese aus einer Kamera-Perspektive heraus zu beantworten:
- Wo befinden Sie sich und wie sieht der Raum aus? Was sehen Sie, was hören Sie?
- Was passiert genau?
- Was machen Sie genau?
- Wie fühlen Sie sich dabei?
- Welche Bilder entstehen vor Ihrem inneren Auge?
- Womit würden Sie sich vergleichen?
- Beschreiben Sie die Bilder.

Lassen Sie den Coachee langsam die Augen wieder öffnen und das Bild auf Papier zeichnen.

Schritt 2: **Imaginationsübung 2**

Bitten Sie den Coachee, sich erneut zu entspannen und die Augen zu schließen, und stellen Sie ihm oder ihr die folgenden Fragen:
- Sie befinden sich in demselben Raum.
- Sie verhalten sich jetzt genau so, wie Sie es sich wünschen.
- Was passiert?
- Was machen Sie?
- Wie fühlen Sie sich dabei?
- Welches Bild erscheint vor Ihrem inneren Auge?
- Beschreiben Sie das Bild.

Lassen Sie den Coachee nun langsam die Augen öffnen und das Bild erneut auf Papier zeichnen. Wenn mehrere Bilder erscheinen, soll der Coachee auch diese anderen Bilder zeichnen.

Schritt 3: **Die inneren Anteile auf den Stühlen befragen**

Stellen Sie zwei bis vier Stühle in den Raum und lassen Sie den Coachee mit der am meisten sabotierenden, hinderlichen oder blockierenden inneren Stimme beginnen. Der Coachee setzt sich auf einen der Stühle. Stellen Sie ihm oder ihr die folgenden Fragen:
- Welches Bild gehört zu dieser inneren Stimme und welchen Namen hat sie?
- Was sagt die sabotierende innere Stimme? Was sind ihre wichtigsten Botschaften?
- Wie fühlt dieses sabotierende Selbst sich?
- Wie stark ist die sabotierende innere Stimme?

Falls es eine weitere sabotierende innere Stimme gibt, wird Schritt 3 wiederholt.

Anschließend fordern Sie den Coachee dazu auf, dass die helfende, unterstützende innere Stimme auf einem anderen Stuhl Platz nehmen soll, und stellen dieselben Fragen wie bei der sabotierenden inneren Stimme. Schritt 3 wird also jetzt mit der unterstützenden inneren Stimme wiederholt.

Schritt 4: Verstärkung rufen

Die zentrale Frage lautet nun, wie die Bilder der helfenden, unterstützenden inneren Stimme dem Coachee künftig zur Seite stehen und mehr in den Vordergrund treten können. Welche Bilder haben am meisten Kraft? Dabei handelt es sich häufig um Bilder von Tieren mit besonderen Eigenschaften. Der Coachee lernt, die Bilder des kraftvollen, unterstützenden Selbsts aufzurufen, wenn er oder sie vor einer schwierigen Situation steht.

Übung 37: Advocatus Diaboli

Schwierigkeitsgrad: einfach

Kurzbeschreibung

Hierbei handelt es sich um eine provokative Vorgehensweise, die Problemlösungen generiert und neue Wege erschließt, indem man die Dinge einmal komplett auf den Kopf stellt und absurde Fragen stellt. Nutzen Sie diese Übung, wenn Sie sich bereits länger mit einem Problem auseinandersetzen, die Gruppe aber noch keinen Durchbruch erreichen konnte.

Zielsetzung/Wirkung

Diese Übung sorgt dafür, dass Sie eine Gruppenarbeit, bei der die Teilnehmenden wie in einem selbstgeschaffenen Teufelskreis hängenbleiben und nicht weiterkommen, aus der Sackgasse holen. Der Einsatz dieser Methode ist vor allem dann zu empfehlen, wenn Sie das Gefühl haben, dass noch Potenzial vorhanden ist. Wenn Sie die Dinge in ihr Gegenteil verkehren, mächtig übertreiben oder Fragen neu formulieren, erschließen Sie aus diesem anderen Blickwinkel heraus neue Erkenntnisse, und die Gruppe kann im Idealfall zu überraschenden und originellen Lösungen gelangen.

Durchführung

Es gibt mehrere Möglichkeiten, Themen oder Fragestellungen umzudrehen. Diese Methoden können einzeln, aber auch in Kombination miteinander verwendet werden.

Schritt 1: Verschlimmerung des Problems

In diesem Schritt werden Sie nach Möglichkeiten suchen, um ein Problem zu verschärfen. Ein paar Beispiele: Wie können Frauen, die einen anspruchsvollen Job und familiäre Betreuungsaufgaben haben, überlastet werden? Wie kann jemand mit hohem Blutdruck seinen Blutdruck noch höher kriegen? Wie können schlechte Noten zu einem noch schlechteren Zeugnis führen? Manche Menschen finden insgeheim Inspiration darin, sich fiese oder gar böse Ideen auszudenken, sodass diese Methode zumindest eine Menge Ideen hervorbringen wird.

Schritt 2: Umkehrung oder Spiegelung der Problemstellung

Wenn die Gruppe mit Schritt 1 fertig ist, erteilen Sie den Auftrag, alle Ideen in ihr Gegenteil zu verkehren oder zu spiegeln. Die negative Idee wird damit in etwas Positives umgewandelt. Für das Beispiel der doppelt belasteten Frau: „Sie muss neben ihrer Arbeit auch noch die Hausaufgaben ihrer Kinder betreuen und kontrollieren“ wird umgewandelt in „Eine professionelle Hausaufgabenbetreuung sorgt dafür, dass die Kinder ihre Hausaufgaben ordentlich machen. Die Eltern (nicht nur die Mutter) können in ihrer Freizeit dann etwas Schönes mit den Kindern unternehmen und für Entspannung in der Familie sorgen.“

Theoretischer Hintergrund: Umkehrtechniken und ihre Varianten

Umkehrtechniken sind effektiv, weil sie unser normales Denken absichtlich infrage stellen. Auch wenn Sie dadurch nicht unmittelbar zu einer Lösung gelangen, so haben Sie die Fragestellung oder das Problem wenigstens einmal andersherum betrachtet. Diese Vorgehensweise ist auch deshalb anregend, weil die Anwendung allen Beteiligten viel Spaß macht. Sie können diese Techniken zum Beispiel sehr gut nutzen, wenn Sie ein Problem neu formulieren möchten, oder wenn Sie feststecken, oder wenn die Lösungen, die gefunden wurden, zu sehr auf der Hand liegen.

- *Richtig dick auftragen oder stark übertreiben:* Sie können eine normale Frage deutlich dramatischer formulieren. Wenn Sie zum Beispiel fragen „Wie können wir die Leute dazu bringen, öfter zum Zahnarzt zu gehen?“, wird daraus „Wie können wir Menschen mit einer Zahnarztphobie dazu bewegen, gut gelaunt und hocherfreut zweimal im Jahr zur Kontrolle beim Zahnarzt zu erscheinen?“. Wird die ursprüngliche Frage stark übertrieben, ergibt sich daraus die Inspiration für weiterreichende Lösungen.
- *Widersprüche:* In vielen Problemsituationen stecken Widersprüche. Die Lösung eines Problems schafft ein anderes Problem. Identifizieren Sie die Widersprüche in einer Problemsituation. Ein Beispiel: Sie wollen mehr erledigen in kürzerer Zeit. Oder Sie wollen, dass weniger Menschen in der Abteilung mehr Arbeit erledigen. Sie möchten, dass Ihre Mitarbeitenden mehr Kund:innen kontaktieren (was mehr Zeit erfordert). Ein anderes Beispiel: In einem Krankenhaus möchte man patientenorientierter arbeiten, aber es kommen zugleich mehr Spezialist:innen in das Team der Behandelnden. Die Patient:innen bekommen mit immer mehr Ärzt:innen zu tun und haben keineswegs das Gefühl, im Mittelpunkt zu stehen. Wählen Sie einen für Sie relevanten Widerspruch aus und übersetzen Sie ihn in eine inspirierende Fragestellung. Zum Beispiel: Wie können wir mit mehr Spezialist:innen im Team den Kontakt mit den Patient:innen tiefer und persönlicher gestalten?

Beispiel zur Übung „Advocatus Diaboli“

Ein Mitarbeiter reicht das Formular mit seinem Stundennachweis immer zu spät ein, weil er die Aufgabe langweilig und nervig findet. Er ist damit immer der Letzte. Die Umkehrtechnik wäre hier: „Versuchen Sie in diesem Monat nicht, Ihren Stundenzettel früher abzugeben, sondern lassen Sie sich etwas einfallen, wie Sie es noch später tun können.“ Einmal abgesehen von der Frage, ob damit die richtigen Lösungsansätze gefunden werden können, ist es so, dass es die Dinge auf den Kopf stellt und den Mitarbeiter anregt, auf eine andere Art und Weise mit seinem Problem umzugehen. Die Vorzüge einer noch späteren Einreichung des Stundenzettels könnten in einer verantwortungsvolleren Zeitplanung münden.

Übung 38: Den Denkraum erweitern

Schwierigkeitsgrad: mittel

Kurzbeschreibung

Hierbei handelt es sich um eine Methode, die darauf abzielt, die eingefahrenen Denkpfade zu verlassen. Wenn eine Gruppe feststeckt, wird im übertragenen Sinn einmal alles auf den Kopf gestellt, um doch noch eine Öffnung in der Mauer der festgefahrenen Gedanken finden zu können.

Zielsetzung/Wirkung

Manchmal läuft man beim Versuch, neue Ideen zu generieren, in eine Sackgasse. Oder die Situation ist die, dass Sie keine Zeit mehr haben, ein Problem erst einmal liegen und „reifen" zu lassen. Die Not ist groß, die Zeit drängt. Sie wollen einen Durchbruch erzwingen. Wenn Sie die Teilnehmenden dazu bringen, die Frage, über die diskutiert wird, immer wieder anders zu formulieren, entstehen neue Perspektiven, und neue Energie wird frei. Wenn Sie auch seltsame, absurde oder sogar politisch inkorrekte Fragen stellen, schaffen Sie wieder Luft und Raum.

Durchführung

Vorbereitung

Sie benötigen ein Flipchart, dicke Stifte und einen Platz, an dem Sie die Flipchart-Bögen aufhängen können. Schreiben Sie die Fragestellung deutlich lesbar und konkret formuliert auf einen Flipchart-Bogen. So können sich die Teilnehmenden besser auf die Fragestellung fokussieren. Die nun folgenden Schritte sind jeweils unterschiedliche Methoden, um den Denkraum zu erweitern. Sie müssen nicht alle Schritte durchlaufen.

Schritt 1: Fragestellung anders formulieren

Fordern Sie jeden einzelnen Teilnehmenden dazu auf, die Fragestellung auf ihre oder seine Art und Weise neu zu formulieren. Dabei sollen möglichst viele Wörter durch Synonyme ersetzt werden. Schreiben Sie diese Wörter auf.

Schritt 2: Neue Fragestellungen generieren

Die Synonyme bilden neue oder anders formulierte Fragestellungen. Schreiben Sie diese auf einen Flipchart-Bogen.

Schritt 3: Neue Antworten generieren

Jede und jeder Einzelne gibt seine eigenen kontraproduktiven Antworten auf die neu formulierten Fragestellungen. Das kann auch eine Antwort sein, die das Problem zunächst weiter verschlimmert. Schreiben Sie diese Antworten auf einen Flipchart-Bogen.

Schritt 4: Absurde Fragen stellen

Stellen Sie eine absurde, von den „falschen" Antworten inspirierte Frage. Zum Beispiel: Wie können wir dafür sorgen, dass Spaziergänger abends auf der Flaniermeile ausgeraubt werden? Wie können wir dafür sorgen, dass die Taschendiebe möglichst genau wissen, wen sie ausrauben können und wie groß die Beute ausfallen wird, ohne dass sie ein Risiko eingehen? Wie können wir dafür sorgen, dass die Spaziergänger den Taschendieben freiwillig ihr Geld geben? Wie können die Taschendiebe den Spaziergängern dabei helfen, dass sie nicht ausgeraubt werden? Schreiben Sie diese absurden Fragen auf einen Flipchart-Bogen.

Schritt 5: Subjekt und Objekt vertauschen

Wenn Sie nun Subjekt und Objekt in den Fragen gegeneinander austauschen, gehen Sie aus der entgegengesetzten Perspektive an die Frage heran. Aus der Frage: „Wie können Fußgänger dafür sorgen, dass es auf der Flaniermeile sicherer wird?" wird dann „Wie kann die Flaniermeile dafür sorgen, dass Fußgänger sich dort sicher fühlen können?"

Schritt 6: Ideen auf die ursprünglichen Fragen übertragen

Versuchen Sie nun, zu jedem der vorherigen Schritte die dort entstandenen Ideen in brauchbare Ideen zu übersetzen. In unserem Beispiel von der Flaniermeile wollen wir den Taschendieben eine maximale Sicht auf die Fußgänger ermöglichen. Eine gute Beleuchtung kann aber auch die Sicherheit der Fußgänger erhöhen.

Infobox: Noch mehr Wege, den Denkraum zu erweitern

- Gestalten Sie den Auftrag schwieriger, komplexer, ambitionierter. Schrauben Sie die Zielvorstellung höher, machen Sie die Einschränkungen massiver, und bringen Sie noch mehr Dramatik hinein. Was sind die Vorteile des Problems? Was macht es attraktiv, das Problem aufrechtzuerhalten? Welche angenehmen Aspekte der Problemsituation können wir beibehalten?
- Was sind die Nachteile einer möglichen Lösung? Was macht es unattraktiv, das Problem zu lösen? Welche Nachteile sind mit den Vorteilen der Lösung des Problems verbunden?
- Versuchen Sie, aus einer anderen Perspektive an das Problem heranzugehen, beispielsweise aus einer anderen zeitlichen Perspektive.
- Wie können wir das Problem komplett umgekehrt formulieren?

Übung 39: Train your brain

Schwierigkeitsgrad: mittel

Kurzbeschreibung

Diese Übung basiert auf einer Kombination der Arbeiten von Carol Dweck (2017) und Byron Katie (2002). Carol Dweck unterscheidet zwischen einem *Growth* und einem *Fixed Mindset*. Im Mittelpunkt dieser Übung steht die Auseinandersetzung mit allen Überzeugungen, die im Bereich von Erfolgs- und Misserfolgserlebnissen liegen. Dazu zählen Themen wie Fehler zu machen, Risiken einzugehen, Herausforderungen anzunehmen und mit Zurückweisungen umzugehen. Byron Katie hat für ihre Methode *The Work* vier kraftvolle Kernfragen entwickelt, die tiefe Überzeugungen hinterfragen und positiv verändern können.

Zielsetzung/Wirkung

Diese Übung untersucht, wie sich ein Team in Richtung „Growth Mindset" entwickeln kann und so mehr Nutzen aus den Stärken, der Intelligenz und dem Potenzial aller Teammitglieder ziehen kann.

Durchführung

Vorbereitung

Beschäftigen Sie sich mit den Begriffen „Growth" und „Fixed Mindset". Im Internet finden sich viele Artikel und YouTube-Filme zum Thema. Der Unterschied zwischen diesen beiden Denkweisen wird bei der Erörterung der nachfolgend genannten Themen deutlich.

Bitten Sie alle Teilnehmenden bereits im Vorfeld des Workshops, die folgenden Fragen zu beantworten:

- Wie geht dieses Team mit Erfolgs- und Misserfolgserlebnissen um?
- Wie geht dieses Team damit um, Fehler zu machen?
- Wie geht dieses Team mit positivem und negativem Feedback um?
- Wie geht dieses Team mit Zurückweisung und Rückschlägen um?
- Wie geht dieses Team mit Risiken und Herausforderungen um?
- Wie geht dieses Team mit Hilfsangeboten und Ratschlägen um?

Schritt 1: Diskussion der Mindsets

Sie benötigen ein Flipchart und dicke Stifte. Die Gruppe sollte aus maximal 6 Teilnehmenden bestehen. Fordern Sie jeden Einzelnen auf, die wichtigsten Antworten auf die oben stehenden Fragen auf einen Flipchart-Bogen zu schreiben. Haken Sie bei jeder Aussage nach – jedoch ohne zu bewerten. Lassen Sie auch die Teammitglieder offene Fragen stellen, ohne zu bewerten. Überprüfen Sie nur für sich selbst, ob die Antwort aus einem Growth, Mixed oder Fixed Mindset resultiert (siehe Tabelle 2).

Tabelle 2: Übersicht über die verschiedenen Mindsets mit den zugehörigen Überzeugungen und Glaubenssätzen

Überzeugungen und Glaubenssätze bei:	Fixed Mindset	Mixed Mindset	Growth Mindset
Erfolgserlebnissen	Das ist unser Erfolgsrezept. Davon weichen wir nicht ab.	Wie können wir das perfektionieren?	Wie können wir neue Erfolgserlebnisse sammeln?
Misserfolgserlebnissen	Das dürfen wir nie wieder machen. Das können wir nicht.	Wir müssen unsere Grenzen kennen.	Wie können wir das in Zukunft besser machen?
Der Erkenntnis, Fehler gemacht zu haben	Verstecken, ignorieren. Wir blicken mit Schamgefühl zurück.	Fehler können korrigiert werden. Wir blicken mit Schuldgefühlen zurück.	Wir haben uns selbst herausgefordert. Wir blicken mit einem gewissen Stolz zurück.
Negativem Feedback	Nehmen wir nicht ernst und sollten wir nicht zu persönlich nehmen.	Wir nehmen das zum Teil ernst, und zum Teil hat es nichts mit uns zu tun.	Feedback ist eine Möglichkeit, uns zu verbessern.
Zurückweisungen	Das liegt an den anderen, sie erkennen nicht, wie gut wir sind.	Sie waren zu kritisch und wir zu mittelmäßig.	Wie können wir unsere Arbeit überzeugender machen?
Rückschlägen	Wir sollten rechtzeitig aufgeben, das ist nichts für uns.	Wir sollten es noch einmal probieren und dann sehen, wo wir landen.	Wir machen weiter damit und erweitern unsere Kompetenzen.

Tabelle 2: Fortsetzung

Überzeugungen und Glaubenssätze bei:	Fixed Mindset	Mixed Mindset	Growth Mindset
Herausforderungen	Wir meiden Herausforderungen und sehen sie eher als Bedrohung an.	Wir stellen uns leichten Herausforderungen und betrachten sie als notwendiges Übel.	Von Natur aus mögen wir Herausforderungen, sie geben uns Energie.
Risiken	Wir gehen immer auf Nummer sicher, wir sind vorsichtig.	Wir gehen, wenn überhaupt, nur kalkulierbare Risiken ein.	Risiken einzugehen, schafft Raum zum Lernen.

Schritt 2: **Mindsets hinterfragen**

Wenn ein Fixed oder Mixed Mindset vorherrscht, könnten Sie als Gruppenleitung – aber auch als Teilnehmer:in – die einzelnen Überzeugungen hinterfragen. Fangen Sie vorzugsweise mit den Überzeugungen aus dem Mixed Mindset an und gehen Sie erst dann zu den Überzeugungen aus dem Fixed Mindset – ausgehend von der Annahme, dass Sie den „Loslassprozess" langsam aufbauen müssen. Beginnen Sie mit den folgenden vier befreienden Kernfragen (vgl. Katie, 2002):

1. Ist das wahr?
2. Kannst du mit absoluter Sicherheit wissen, dass das wahr ist?
3. Wie reagierst du, was passiert, wenn du diesen Gedanken glaubst?
4. Wer wärst du ohne den Gedanken?

Schritt 3: **Loslöseaktionen formulieren**

Wenn einige Überzeugungen und Glaubenssätze inzwischen etwas lockerer gesehen werden, fordern Sie die Gruppe dazu auf, Aktionspunkte zu den Themen „Feedback", „Herausforderungen annehmen" „Risiken eingehen", „Fehler machen" zu formulieren und sich Maßnahmen einfallen zu lassen, bei denen sie möglicherweise mit Zurückweisung rechnen müssen. Als Beispiel sei genannt: „Ist es wahr, dass man ab dem 50. Lebensjahr keine neue Sprache mehr erlernen kann?"

Theoretischer Hintergrund: Überzeugungen hinterfragen und verändern

Sowohl Carol Dweck als auch Byron Katie gehen davon aus, dass wir mit unseren Gedanken und Überzeugungen unsere eigene Welt und unsere (Un-)Möglichkeiten schaffen: „What you think, you become". Beide Autorinnen plädieren für einen offenen Geist; alle Überzeugungen, die wir über uns selbst und über andere Menschen hegen (also auch Überzeugungen über die eigene Intelligenz, Kreativität, das eigene Potenzial), können ihnen zufolge infrage gestellt und verändert werden.

Übung 40: Weg mit den Hindernissen!

Schwierigkeitsgrad: mittel

Kurzbeschreibung

Es handelt sich um eine Übung, bei der hartnäckige, hinderliche Überzeugungen, die sich als regelrechte Hürden erweisen, hinterfragt und verändert werden. Nutzen Sie diese Methode, wenn der kreative Prozess auf unergründliche Weise stockt und Sie die Lage gern in den Griff bekommen möchten. Diese Übung eignet sich auch gut, wenn Sie ein zu wenig aufgeschlossenes Diskussionsklima aufbrechen wollen.

Zielsetzung/Wirkung

Bei dieser Übung wird herausgearbeitet, welche hinderlichen Überzeugungen in der Gruppe leben – Überzeugungen und Glaubenssätze, die der Kreativität im Wege stehen. Diese Hindernisse können sich auf unterschiedliche Weise zeigen: Heilige Kühe, die auf keinen Fall geschlachtet werden dürfen, Regeln, die nicht gelockert werden dürfen, oder alte Erfolgsrezepte, die nicht zur Diskussion gestellt werden dürfen. Diese Selbstlimitierungen müssen erst losgelassen werden, bevor Sie mit dem kreativen Prozess fortfahren können.

Durchführung

Vorbereitung

Es gibt mehrere Möglichkeiten, hinderliche Überzeugungen aufzuspüren und kritisch zu hinterfragen. Jede der Möglichkeiten trägt dazu bei, die eine oder andere Voreingenommenheit zur Diskussion zu stellen. Eine Möglichkeit besteht darin, diese Hindernisse anhand der drei Fragen, die in Schritt 1 präsentiert werden, zu besprechen.

Schritt 1: Die (wichtigsten) Hindernisse offenlegen

Wer den Hürden und Hemmnissen auf den Grund gehen möchte, muss die richtigen Fragen stellen. Rechnen Sie mit ca. 20 Minuten für jedes der (Haupt-)Hindernisse, d.h., Sie benötigen eine Stunde, wenn Sie aus den folgenden Kategorien drei Hindernisse ausgewählt haben.

1. *Was hält Sie wirklich davon ab?* Wenn es darum geht, Probleme zu lösen oder etwas Neues zu erfinden, werden oft alle möglichen Einwände vorgebracht. Häufige Beispiele dürften sein: Dafür haben wir kein Geld, keine Zeit und keinen Platz.
   - Alle Beteiligten nennen ihre persönlichen Hemmnisse für die Lösung des Problems in wenigen Stichworten.
   - Anschließend werden die hinderlichen Überzeugungen umgewandelt, indem die folgende Frage beantwortet werden muss: Angenommen, ich hätte genügend Zeit, würde ich dann X oder Y in Bezug auf das Problem oder die Fragestellung tun?
2. *Heilige Kühe schlachten.* Rigide Auffassungen sind für einen kreativen Prozess das Hindernis schlechthin.
   - Geben Sie den Teilnehmenden den Auftrag, für sich selbst herauszufinden, was im Rahmen dieser Fragestellung für sie die heiligen Kühe sind, die ganz gewiss nicht zur Disposition gestellt werden dürfen.
   - Suchen Sie nun das Gespräch. Welche neuen Ideen könnten hervorkommen, wenn diese heiligen Kühe noch einmal kritisch abgewogen, neu justiert oder sogar umgestoßen werden?
3. *Wer bestimmt hier die Regeln?*
   - Finden Sie gemeinsam heraus, welche Regeln und Vorschriften es im Zusammenhang mit dieser Fragestellung gibt. Woran genau müssen Sie sich halten?
   - Bitten Sie nun die Gruppe, diese Regeln zu hinterfragen, zu verbiegen oder sogar gänzlich abzuschaffen oder eine neue Regel einzuführen, die mehr Freiraum lässt.

Schritt 2: Affirmationen als Leitfaden

Alle veränderten Hindernisse (positive Affirmationen), die bei Schritt 1 herausgearbeitet worden sind, werden schriftlich festgehalten und dienen künftig als Leitfaden für weitere kreative Team-Workshops.

Theoretischer Hintergrund: Hinderliche Glaubenssätze in kreativen Prozessen

Manche Erschwernisse im kreativen Prozess kommen aus dem Umfeld, aber die wichtigsten Hindernisse sind oft in uns selbst zu finden. Dies nennen wir hinderliche Glaubenssätze. Weil wir so sehr von einer Sache überzeugt sind und uns nicht für neue Ideen öffnen können, stehen wir dem kreativen Prozess im Weg. Häufig vorkommende Beispiele sind:

- *Ich darf keine Fehler machen oder ich traue mich nicht, Risiken einzugehen.* Wenn sich jemand ans Experimentieren wagt – ohne andere oder sich selbst in Gefahr zu bringen –, dann muss er oder sie sogar Fehler machen dürfen, um herauszufinden, wie praktikabel die Idee überhaupt ist. Ständiges Ausprobieren und Fehler zu machen sind Teil der Entwicklung origineller Ideen.

- *Was werden die anderen jetzt von mir denken?* Wenn jemand eine ungewöhnliche Idee hat, fürchtet er oder sie vielleicht, dass andere ihn oder sie jetzt für komisch, seltsam oder sogar verrückt halten. Vielleicht hat diese Person sogar Sorge, aus der Gruppe ausgeschlossen zu werden. Es ist aber wichtig, neue, erfrischende Ideen mit anderen zu teilen.
- *Dafür habe ich keine Zeit.* Es stellt sich die Frage, ob das eine hinderliche Überzeugung oder eine Ausrede ist. Zeitmangel kann auch ein Vorteil sein. Wer mit einer Deadline zu tun hat, hat gar keine Zeit, sich alle möglichen Einwände auszudenken. Spontane Ideen, die unter Druck entstehen, sind oft die besten.
- *Ich habe gar keine kreativen Ideen.* In der Regel ist es so, dass man die eigenen Ideen selten als superoriginell oder sehr praktisch bezeichnet. Ein weiterer Punkt, wie man der Kreativität zu wenig Spielraum lässt, ist, wenn man sich allzu strikt an Vorgehensweisen oder Regeln hält.
- *Ich weiß nicht, wie ich an die Sache herangehen soll.* Menschen mit diesem Problem beschäftigen sich nicht mehr mit dem „Was", sondern mit dem „Wie". Diese zweifelnde Frage bezieht sich hauptsächlich auf die praktischen Durchführungsbedingungen. Wenn ein Plan wirklich gut ist, können praktische Bedenken fast immer überwunden werden.
- *Ich muss alles unter Kontrolle haben und möchte nichts dem Zufall überlassen.* Mit dieser Überzeugung kommt der Kreative nicht weit. Gerade der Zufall bringt Menschen auf gute Ideen und unterstützt sie bei ihrer Suche. Loslassen lernen, nicht alles von vorneherein überblicken und regeln zu wollen, das ist wichtig im kreativen Prozess.

Weitere Varianten, um Bedenken und Hindernisse aus dem Weg zu räumen

- *Über Erfolg lässt sich nicht streiten? („You can't argue with success.")* Erfolgsrezepte werden oftmals so lange eingesetzt, bis sie nicht mehr funktionieren. Wenn man sich nun von Einschränkungen und Hindernissen frei machen möchte, ist es empfehlenswert, zunächst einmal zu eruieren, inwieweit sich die Teilnehmenden bei ihren Lösungsvorschlägen auf den Erfolg früherer Jahre stützen. Ein Erfolgsrezept taugt nun einmal nicht für jede Situation. Bitten Sie alle Teilnehmenden, herauszuarbeiten, welche Strategien sie in der Vergangenheit zur Lösung ähnlicher Probleme verwendet haben, und lassen Sie sie anschließend untersuchen, inwieweit dies die Lösung des Problems behindert hat.
- *Was tun gegen Ideen-Killer? („How to kill idea-killers.")* Gute Ideen bekommen oft gar keine Chance, weil sie schon vorher mit allerlei Bedenken und Einwänden zurückgewiesen werden: Das haben wir schon mal versucht; das ist doch unlogisch; dafür sind wir zu groß; dafür sind wir zu klein; wir müssen das erst genauer untersuchen; wenn das eine gute Idee wäre, hätten wir es schon längst ausprobiert; so funktioniert das hier nicht usw. Warum hält man

die Idee für unmöglich, und welche Einwände ploppen sofort auf, wenn man das Problem anspricht? Welche Chancen können die Beteiligten hingegen sehen und benennen? Auf diese Weise kann man das Denken in Richtung kreativer Möglichkeiten lenken.

- *Vorsicht vor Einzeilern.* „Never change a winning team" ist ein häufig verwendeter Slogan. Aber stimmt das auch? Ein Team kann sich auch in eine Richtung entwickeln, die Veränderungen erfordert, und Muster können so festgefahren sein, dass „frischer Wind" gebraucht wird. Umstände können sich ändern, Teammitglieder können für sich andere Prioritäten setzen, was eine Änderung der Zusammensetzung des Teams erforderlich macht.

Übung 41: Blick auf die Kultur

Schwierigkeitsgrad: anspruchsvoll

Kurzbeschreibung

Die Teilnehmenden sehen sich ihren Arbeitsplatz genau an. Sie sehen sich auch an, welche Signale ihre Organisation nach außen sendet: Welche Werte werden im Jahresbericht genannt? Was strahlt die Webseite aus? Wie kommuniziert die Organisation mit Menschen, die ein Anliegen haben? Anschließend wird die Frage gestellt, ob das skizzierte Bild zu einer Organisation passt, die innovativ und kreativ sein möchte.

Zielsetzung/Wirkung

Diese Übung basiert auf der Theorie von Edgar Schein (1999). Der Gedanke hinter der Übung ist, dass die Kultur in einer Organisation Innovation und Kreativität hemmen kann. Wenn keine neuen Ideen mehr „geboren" werden oder aus Ideen und Plänen nie mehr als eine „schöne Idee" oder ein „guter Plan" wird, sollte die Organisationskultur unter die Lupe genommen werden. Mit dieser Übung wird genau das gemacht. Die Teilnehmenden können die positiven Aspekte ihrer Organisationskultur nutzen und sich auch mit den weniger positiven Seiten auseinandersetzen.

Durchführung

Vorbereitung

Formulieren Sie ein konkretes Problem, das es in der Organisation tatsächlich gibt und von dem angenommen werden kann, dass es mit der Organisationskultur zu tun hat. Laden Sie 10 bis 15 Teilnehmende ein, die diejenigen Gruppen repräsentieren, die von dem Problem betroffen sind. Bitten Sie die Teilnehmenden, Ihnen Fotos von typischen Arbeitssituationen zu schicken, zum Beispiel Fotos vom Gebäude, der Einrichtung, den Menschen usw. Machen Sie sich auch selbst ein Bild von der Organisationskultur, indem Sie zum Beispiel den Jahresbericht lesen oder die Webseite ansehen oder indem Sie als „Kund:in" telefonisch Kontakt aufnehmen. Machen Sie sich Notizen zu allem, was Ihnen auffällt. Sie können selbst die Rolle des Moderators übernehmen, falls Sie nicht zu einer der betroffenen Gruppen gehören. Sollten Sie Teil einer betroffenen Gruppe sein, ziehen Sie einen unbeteiligten Moderator hinzu, der sich mit Organisationskulturen auskennt. Bereiten Sie von den zugeschickten Fotos, sortiert nach Kategorien, eine PowerPoint-Präsentation vor. Sie benötigen einen Laptop und einen Beamer, ein Flipchart und dicke Schreibstifte. Stellen Sie die Stühle in Hufeisenform auf, sodass die Teilnehmenden sich gegenseitig und die Präsentation gut sehen können.

Schritt 1: Das Problem erläutern

Erläutern Sie das Problem. Legen Sie gemeinsam mit den Teilnehmenden mehrere Ziele fest, also Dinge, die verbessert werden müssen. Sprechen Sie auch darüber, welches Verhalten künftig wünschenswert erscheint, wenn die Veränderung erfolgreich umgesetzt ist.

Schritt 2: Die Theorie von Edgar Schein

Erklären Sie das Kulturebenen-Modell des US-amerikanischen Sozialwissenschaftlers und Organisationspsychologen Edgar Schein (siehe Kasten). Wichtig ist, dass alle Teilnehmenden verstehen, dass das Ziel darin besteht, den Blick über die Artefakte hinaus zu richten und schließlich zu den unbewussten Grundannahmen, die in der Organisation existieren, zu gelangen.

Schritt 3: Artefakte identifizieren

Zeigen Sie die PowerPoint-Präsentation. Fordern Sie die Teilnehmenden dazu auf, sich – ohne etwas zu sagen – die Fotos anzusehen. Was fällt ihnen auf? Schreiben Sie die Befunde auf einen Flipchart-Bogen. Es ist das Ziel, am Ende eine Liste von Artefakten für diese Organisation zu haben. Artefakte sind die sichtbaren, greifbaren und hörbaren Kennzeichen der Organisationskultur (siehe Kasten). Sprechen Sie auch über die Artefakte, die Ihnen aufgefallen sind. Fragen Sie die Teilnehmenden, welches Bild sich ihnen zeigt, wenn sie sich das Gesamtbild der Artefakte ansehen. Ist das allgemeine Bild beispielsweise geschäftsmäßig, geschlossen und einheitlich oder eher persönlich, offen, vielfältig?

Schritt 4: Werte, die von der Organisation postuliert werden, identifizieren

Fragen Sie die Teilnehmenden, was der Organisation auf dem Gebiet von Innovation und Kreativität wichtig ist. Schreiben Sie die Antworten auf.

Schritt 5: Artefakte und postulierte Werte miteinander vergleichen

Sehen Sie sich nun an, ob die Artefakte zu diesen Werten passen. Gibt es irgendwelche Reibungspunkte? Dann wird es interessant. Hier gibt es nämlich unbewusste Grundannahmen, die in Wirklichkeit das Sagen haben. Wenn eine Organisation Innovation für wichtig hält, Mitarbeitenden oder auch Außenstehenden aber keine Gelegenheit gibt, Ideen einzubringen, kann zum Beispiel die Annahme dahinterstehen, wirklich brauchbare Ideen könnten nur von spezialisierten Mitarbeitenden aus der Forschungs- und Entwicklungsabteilung kommen.

Schreiben Sie alle gefundenen Grundannahmen auf einen Flipchart-Bogen. Vielleicht lassen sich ja Muster finden. Und wahrscheinlich gibt es ein paar Grundannahmen, die eine wichtige Rolle in der Organisation spielen. Diese existierenden Annahmen können einen großen Teil der Artefakte, die zuvor aufgeschrieben wurden, erklären.

Schritt 6: Tieferliegende Grundannahmen hinterfragen

Finden Sie zu jeder Grundannahme heraus, ob sie für die in Schritt 1 formulierten Ziele förderlich oder hinderlich ist. Da es schwierig ist, eine Kultur an sich zu ändern, empfiehlt Edgar Schein, sich auf jene Aspekte zu konzentrieren, auf die man Einfluss hat. Diejenigen Aspekte, die bei der Umsetzung der Ziele im Weg stehen, müssen natürlich auch hinterfragt werden.

Schritt 7: Einen Aktionsplan erstellen

Entscheiden Sie, wie die nächsten Schritte aussehen sollen. Wenn das Ergebnis nicht eindeutig oder unvollständig ist, wiederholen Sie diese Übung mit einer anderen Gruppe. Tun Sie das auch dann, wenn Sie das Gefühl haben, dass innerhalb der Organisation eine wichtige Subkultur besteht, von der Sie ein deutlicheres Bild haben möchten.

Infobox: Beispiele für Artefakte von Innovation und Kreativität

Sichtbare Anzeichen für Kreativität und Innovation sind beispielsweise:

- Die Mitarbeitenden haben ausreichend Zeit, sich frei zu entfalten, sie können einen Teil ihrer Arbeitszeit für Dinge verwenden, die sie besonders interessieren.
- Es findet ein Austausch von Wissen statt. Die Mitarbeitenden tauschen sich über bewährte Verfahren, Ideen, die Tagungen und Kongresse, die sie besucht haben, und über die Arbeit, mit der sie momentan beschäftigt sind, aus.
- Es werden regelmäßig Menschen von außerhalb der Organisation eingeladen.
- Die Organisation stellt eine inspirierende Umgebung dar. Mitarbeitende können ihren Arbeitsplatz nach eigenen Ideen gestalten. An den Wänden hängt Kunst, oder es gibt andere überraschende Aspekte zu entdecken. Menschen treffen aufeinander und haben die Möglichkeit, den Kopf freizubekommen.

- Die Mitarbeitenden haben die Möglichkeit, Veranstaltungen zu besuchen, auf denen über die neuesten Entwicklungen berichtet und gesprochen wird.
- Die Mitarbeitenden haben Zugang zu aktuellem Wissen und, falls erforderlich, auch zu neuester Technologie.
- Kreativität und Innovation sind Begriffe, mit denen die Organisation in ihren Stellenausschreibungen wirbt.
- Mitarbeitende und Außenstehende sind eingeladen, neue Ideen einzubringen.
- Man ist offen für Denkstile und äußere Umstände, die verschiedenen Teammitgliedern kreatives Arbeiten erlauben.
- Teams werden so zusammengestellt, dass sie sich gegenseitig stärken. Menschen, die viele innovative Ideen haben, werden zum Beispiel mit Menschen zusammengebracht, deren Stärke es ist, Ideen umzusetzen und marktfähig zu machen.
- Es werden Mittel bereitgestellt, um vielversprechende Ideen weiterzuentwickeln.
- Es dürfen Fehler gemacht werden. Und es gibt ein Feedback, damit die Menschen immer wieder aus ihren Erfahrungen lernen können.
- Es gibt psychologische Sicherheit. Das zeigt sich zum Beispiel darin, dass bei Meetings alle ungefähr gleich zu Wort kommen. Und an der Tatsache, dass sich die Menschen in die Gefühlswelt ihrer Kolleg:innen einfühlen können.
- Die Führungskräfte lassen ihren Mitarbeitenden Freiraum.
- Es werden herausfordernde Ziele gesetzt.
- Die Mitarbeitenden werden nicht nur im Hinblick auf kurzfristige Ergebnisse beurteilt.
- Die Mitarbeitenden sind geschult in Kreativitätstechniken.
- Es gibt einen Austausch zwischen Menschen, die sich neue Dinge ausdenken, und Menschen, die im Kontakt mit den Kund:innen stehen.

Theoretischer Hintergrund: Das Kulturebenen-Modell nach Edgar Schein

Edgar Schein (2003, S. 44) definiert Organisationskultur als „Summe aller gemeinsamen, selbstverständlichen Annahmen, die eine Gruppe in ihrer Geschichte erlernt hat". Ihm zufolge besteht eine Organisationskultur aus drei Ebenen:

- der Ebene der Artefakte,
- der Ebene der (postulierten) Werte und Normen,
- der Ebene der unbewussten Grundannahmen.

Am einfachsten ist die Ebene der Artefakte wahrzunehmen. Es geht um Dinge, die man sehen, spüren und hören kann, wenn man sich in der Organisation aufhält. Wie gehen die Menschen miteinander um? Wird schnell gehandelt? Sind die Türen offen? Sind die Mitarbeitenden formell gekleidet? Wird viel geredet und in welcher Lautstärke? Auf dieser Ebene weiß man noch nicht, was diese Artefakte genau bedeuten. Organisationen, die sich auf den ersten Blick stark unterscheiden, können dennoch dieselben Grundannahmen teilen.

Um herauszufinden, was diese Artefakte wirklich bedeuten, müsste man mit Insidern sprechen, die dazu Auskunft geben wollen. Insider können uns ihr Verständnis der Organisationskultur darlegen. Wenn man längere Zeit in einer Organisation unterwegs ist, fängt man an, Abweichungen zwischen den postulierten, kollektiven Werten und dem sichtbaren Verhalten zu erkennen. So könnte beispielsweise eine Organisation behaupten, Teamarbeit sehr zu befürworten, aber gleichzeitig ein streng individualistisches Beurteilungs- und Belohnungssystem aufweisen. Oder eine Organisation gibt an, großen Wert auf Kundenorientierung zu legen, man findet aber in der Organisation keine hilfsbereiten Mitarbeitenden. In diesen Fällen stehen die Grundannahmen im Widerspruch zu den postulierten Werten.

Wie entdeckt man nun die unbewussten Grundannahmen? Dafür ist es wichtig, sich die Geschichte des Unternehmens anzusehen. Was war den Gründern wichtig? Was für prägende Ereignisse hat die Organisation erlebt? Und wie hat sie darauf reagiert?

Tipp: Bereiten Sie sich vor

Lesen Sie zur Vorbereitung auf diese Übung den Text zu Übung 42: *Hypothesen torpedieren*. Diese Übung hilft Ihnen dabei, Grundannahmen und Einstellungen aufzuspüren und zu torpedieren.

Übung 42: Hypothesen torpedieren

Schwierigkeitsgrad: mittel

Kurzbeschreibung

Diese Übung eignet sich besonders gut zur Bearbeitung von Problemen und Fragestellungen, die bereits länger existieren, aber noch nicht befriedigend gelöst wurden. Eine andere Anwendungsmöglichkeit ist gegeben bei neuen Fragestellungen, die Sie einmal gern anders als sonst lösen würden. Die Teilnehmenden suchen hier nach den versteckten Grundannahmen, die neuen Ideen im Weg stehen, torpedieren diese und finden so originelle Lösungen.

Zielsetzung/Wirkung

Wenn man eine Fragestellung unter bestimmten Hypothesen und Grundannahmen betrachtet, kann es schwierig sein, eine geeignete Antwort zu finden. Durch diese Übung lernen die Teilnehmenden auf effektive Weise, sich ihre Hypothesen bewusst zu machen. Wenn die bisher gefundenen Lösungen miteinander verglichen und ihre Gemeinsamkeiten herausgearbeitet werden, werden Grundannahmen sichtbar, die dann – zumindest vorübergehend – losgelassen werden können. Dies führt oft zu kreativen, brauchbaren Lösungen.

Durchführung

Vorbereitung

Sie benötigen ein Flipchart, dicke Schreibstifte und einen Platz, an dem Sie die Flipchart-Bögen aufhängen können. Sie können die Teilnehmenden schon vor der Gruppenarbeit bitten, über eine geeignete Fragestellung nachzudenken. Notwendig ist das aber nicht.

Schritt 1: Fragestellung auswählen

Fragen Sie die Teilnehmenden, wer eine Fragestellung einbringen kann, mit der er oder sie sich bereits lange auseinandergesetzt hat, aber noch zu keiner Lösung gefunden hat. Diese Fragestellung sollte nicht allzu kompliziert sein, weil die Teilnehmenden zum ersten Mal mit dieser Methode arbeiten. Der Teilnehmende, der die Fragestellung einbringt, wird gebeten, über alle bereits bedachten Lösungen zu berichten. Schreiben Sie diese Lösungen in Stichworten auf einen Flipchart-Bogen. Bitten Sie die Gruppe, sich diese Lösungen einmal sehr genau anzusehen. Was sind die Gemeinsamkeiten? Schreiben Sie diese auf einen anderen Flipchart-Bogen.

Schritt 2: Grundannahmen loslassen

Die entdeckten Gemeinsamkeiten sind die Grundannahmen dieses Teilnehmenden. Bitten Sie nun die Gruppe, eine dieser Grundannahmen loszulassen und zu schauen, welche Lösungen dann ins Blickfeld kommen. Schreiben Sie die neuen Lösungsansätze in Stichworten auf einen Flipchart-Bogen.

Schritt 3: Evaluation

Wie hat die Gruppe die Arbeit mit dieser Methode empfunden? Und die Person, die die Fragestellung eingebracht hat? Hat ihr diese Methode zu neuen Einsichten verholfen? Wird sie mit einer dieser Lösungen nun fortfahren?

Warm-up zur Übung „Hypothesen torpedieren“: Ein origineller Bücherschrank

Als Aufwärmübung für diese Methode können Sie die Teilnehmenden zuerst einmal mit einem konkreten Beispiel üben lassen. Bitten Sie sie beispielsweise, mit dieser Vorgehensweise einen originellen Bücherschrank zu entwerfen. Als Erstes gehen die Teilnehmenden gedanklich alle Bücherschränke durch, die sie kennen. Was haben diese Schränke gemeinsam?

- Es sind Schränke.
- Sie sind aus einem harten Material wie Holz oder Stahl gefertigt.
- Sie stehen auf dem Boden.
- Sie haben jeweils zwei Seitenwände.
- Sie haben Einlegeböden.
- Die Bretter sind gerade.
- Man kann die Buchrücken sehen.
- Alle Bücher stehen nebeneinander.

Diese gemeinsamen Merkmale bieten Anknüpfungspunkte für die Gestaltung eines originellen Bücherschranks. Hier ein paar Beispiele für kreative Ideen:

- Ein Bücherschrank ohne (gerade) Einlegeböden.
- Ein beweglicher Bücherschrank, der nicht an einem festen Platz steht.
- Ein Bücherschrank, in dem man die Bücher nicht sehen kann oder vielleicht nur ein einzelnes Buch.
- Ein Bücherschrank aus Bambus, Papier, Stoff oder Lehm.

Tipp: Grundannahmen nur vorübergehend loslassen

Manchmal sind den Teilnehmenden ihre Grundannahmen sehr wichtig, und sie möchten sie gar nicht loslassen. Sie können diese Teilnehmenden dann bitten, die Annahmen nur vorübergehend loszulassen. Welche neuen Ideen ergeben sich daraus, und gibt es darin Elemente, die weiterverwendet werden können? Es ist in Ordnung, wenn die Teilnehmenden hinterher ihre alten Grundannahmen wieder annehmen.

Kartenspiele wie das niederländische *Het Bevrijdingsspel* von Dols (2018) können nützlich sein, wenn es darum geht, hinderliche Überzeugungen zu torpedieren. Das Spiel besteht aus 50 Karten mit wohlbekannten hinderlichen Glaubenssätzen, die nach zehn Fallstricken kategorisiert sind. Es werden verschiedene Spielvarianten vorgestellt, sodass auch ein Team oder eine Projektgruppe damit arbeiten kann.

Übung 43: Eine Schaukel verbindet die Extreme

Schwierigkeitsgrad: anspruchsvoll

Kurzbeschreibung

Bei dieser Übung geht es darum, die beiden Extreme einer komplexen Fragestellung herauszuarbeiten. Die schöpferische Spannung zwischen diesen Polaritäten soll fruchtbar gemacht werden, und zwar, indem die scheinbaren Gegensätze aufgespürt, benannt und miteinander in Einklang gebracht werden.

Zielsetzung/Wirkung

Wenn Entwicklungen in Arbeitssituationen stagnieren, werden die hier wirkenden, gegensätzlichen Dimensionen oft zu wenig oder gar nicht erkannt. Ein nachvollziehbarer gedanklicher Reflex ist, dass man bei der Lösung von Problemen nach dem Gegenteil greift. Wenn beispielsweise zu wenig Kommunikation zwischen Führungsebene und Mitarbeitenden stattfindet, organisiert man verschiedene soziale Meetings. Dieser Ansatz funktioniert bei einfachen Problemen meist ganz gut, greift aber bei komplexeren Themen zu kurz. Wird mit Gegensätzen in einer Fragestellung auf eine kreative Art und Weise umgegangen, findet man leichter zu einem ausgewogenen Lösungsansatz für festgefahrene Probleme in Organisationen oder Teams.

Durchführung

Vorbereitung

Sie benötigen ein Flipchart, dicke Schreibstifte und einen Platz, an dem Sie die Flipchart-Bögen aufhängen können. Nehmen Sie genügend Papierbögen und Stifte mit.

Schritt 1: Formulierung des Problems

Erläutern Sie kurz, welche Widersprüchlichkeiten sich in Organisationen und Teams häufig finden lassen (siehe auch die Auflistung im Kasten). Formulieren Sie nun gemeinsam, welches Problem hier behandelt werden soll. Laden Sie die Teilnehmenden dazu ein, möglichst viele Seiten und Aspekte dieses Problems zu beleuchten und es aus möglichst vielen Blickwinkeln (Kund:innen, Mitarbeitende, Interessengruppen usw.) zu betrachten. Notieren Sie diese Punkte auf einem Flipchart-Bogen.

Schritt 2: Eine Liste der Gegensätze erstellen

Bitten Sie alle Teilnehmenden, jeweils für sich und in Stille mindestens drei gegensätzliche Kräfte, die sie in der Fragestellung erkennen können, aufzuschreiben. Geben Sie ihnen dafür ausreichend Zeit, damit sie viele verschiedene Gegensätze herausarbeiten können. Es ist wichtig, dass die gegensätzlichen Kräfte so konkret wie möglich benannt werden. Geben Sie am Anfang ein Beispiel, damit klar ist, wie Sie es meinen: Ein Krankenhaus möchte, dass die Patient:innen künftig im Mittelpunkt der Aufmerksamkeit stehen. Zugleich möchte man die langen Wartezeiten verkürzen, indem die Abläufe noch effizienter gestaltet werden, was allerdings dazu führen kann, dass die Patient:innen sich weniger gesehen und bevorzugt behandelt fühlen.

Schritt 3: Die wichtigsten Gegensätze herausgreifen

Bitten Sie alle Teilnehmenden, die von ihnen gefundenen Gegensätze zu erläutern, und notieren Sie diese auf einem Flipchart-Bogen. Halten Sie fest – wenn alle Beteiligten ihren Beitrag geliefert haben –, welche Gegensätze die fünf wichtigsten sind. Bitten Sie die Teilnehmenden anschließend, die äußersten Extreme dieser Gegensätze tabulos, ohne Denkverbote zu erkunden. Vermeiden Sie dabei semantische Diskussionen oder eine Relativierung der Extreme. Für das obige Beispiel: Patientenzentriert versus auf die Optimierung von Prozessen ausgerichtet. Oder, anders ausgedrückt: ein Krankenhaus als Hotel versus ein Krankenhaus als Fabrik. Versuchen Sie auch, die unbekannte, heikle oder „verbotene" Seite der Gegensätze zu benennen. Untersuchen Sie gemeinsam mit der Gruppe, ob sich die fünf Gegensätze auf demselben Abstraktionsniveau befinden, um zu klären, ob sie sich wirklich widersprechen. Haben Sie mit etwas Abstraktem wie dem subjektiven Erleben zu tun, oder mit etwas Konkretem, wie Methoden oder Techniken? Untersuchen Sie gemeinsam, ob die Gegensätze alle gleich wichtig sind oder ob man eine Rangordnung in punkto Wichtigkeit erstellen könnte.

Schritt 4: Integration

Fordern Sie die Gruppe auf, die äußersten Pole/Extreme der wichtigsten Gegensätze miteinander zu verbinden. Denken Sie zum Beispiel an Verbindungen wie geordnetes Chaos, teilautonome Arbeitsgruppen, prinzipientreuer Pragmatismus usw. Teilen Sie die Gruppe in Zweierteams auf und ordnen Sie jedem Paar ein oder zwei Gegensätze zu. Lassen Sie die Teams jeweils eine Bestandsaufnahme machen, wie die Integration der verschiedenen Gegensätze in den Lösungsansatz einfließen kann. Wie können Sie etwa Patient:innen in den Mittelpunkt stellen und zugleich an der Optimierung von Prozessen arbeiten? Die Verkürzung der Wartezeiten ist ja auch im Interesse der Patient:innen und kann mithilfe einer Neugestaltung der Prozesse erreicht werden. „Persönlich protokolliert“ oder „geschäftliche Humanität“ – so könnte dann die Integration lauten. In der Lösung des oben genannten Problems im Krankenhaus muss auf jeden Fall Rücksicht auf die Patient:innen genommen werden, aber es müssen auch Kriterien eines effizienten und wirksamen Gesundheitssystems berücksichtigt werden.

Jedes Zweierteam präsentiert den anderen Teilnehmenden die eigene Bestandsaufnahme. Besprechen Sie in der Gruppe, welches die wichtigsten Integrationen sind. Wichtig sind vor allem jene Integrationen, die viel Spannung rausnehmen können. Oft geht es um einen möglichen Konflikt zwischen zugrundeliegenden Werten. Beim Beispiel mit dem Krankenhaus möchte man den Menschen mit Fürsorge und Humanität begegnen, aber der wachsende Kostendruck im Gesundheitsbereich macht es erforderlich, dass alle Arbeitsabläufe so straff und wirtschaftlich wie möglich gestaltet werden. Sowohl Patient:innen als auch Mitarbeitende können das als Spannungsfeld erleben.

Schritt 5: **Ausarbeitung**

Bitten Sie die Gruppe, die wichtigsten Gegensätze, die integriert werden konnten, darzustellen. Machen Sie gemeinsam ein Brainstorming darüber, wie Zusammenführungen oder Versöhnungen wie beispielsweise „loslassende Steuerung“ oder „beseelte Versachlichung“ (siehe Kasten) im Kontext des Problems aussehen könnten.

Material zur Übung „Eine Schaukel verbindet die Extreme“: Wohlbekannte Gegensätze

Loslassen	Steuerung
Autonomie	Zusammenarbeiten
Aufbau	Abbau
Einheit	Vielfalt
Beseelung	Versachlichung
Führen	Dienen

Quelle: Manfred van Doorn (2010)

Der Weg	Das Ziel
Loslassen	Verantwortung übernehmen
Individualität	Gemeinschaft
Ergebnis	Prozess
Aktion	Reflexion
Individuum	Team
Risiko	Sicherheit
Steuerung	Loslassen
Kurzfristig	Langfristig
Aufgabe	Mensch
Standardisierung	Diversität
Differenzierung	Integration
Aufbauen	Abbrechen
Interner Fokus	Externer Fokus
Wachstum, Expansion	Stabilisierung, Konsolidierung
Veränderung	Kontinuität
Proaktiv	Abwartend
Zentral	Dezentral
Visionär	Praktisch
Prinzipiell	Pragmatisch

Quelle: Lenette Schuijt (2006)

Standard	Anpassung
Individuelle Kreativität	Teamgeist
Leidenschaft	Beherrschung
Analyse	Synthese
Sequenziell	Parallel
Push	Pull

Quelle: Fons Trompenaars (2002)

Übung 44: Es war einmal ...

Schwierigkeitsgrad: anspruchsvoll

Kurzbeschreibung

Mithilfe einer Geschichte oder eines Märchens wird ein Problem, welches schwer zu fassen ist oder sich als besonders hartnäckig erwiesen hat, genauer herausgearbeitet.

Zielsetzung/Wirkung

Mit Märchen zu arbeiten, hilft dabei, Irrationalität bei Veränderungsprozessen, Umstrukturierungen oder persönlichen Themen aufzuspüren. Oft geht es dabei um verborgene Aspekte, die den Beteiligten nicht unmittelbar bewusst sind oder die sie schlichtweg nicht wahrnehmen können, die aber sehr wichtig sind, um den Prozess zum Erfolg zu führen.

Durchführung

Vorbereitung

Es ist von Vorteil, wenn sich die Gruppenleitung mit Literatur, Märchen und Mythen gut auskennt. Manche Geschichten haben ein klar erkennbares Thema, das für die Fragestellung, die die Gruppe bearbeiten möchte, sehr anschaulich ist. Wählen Sie ein ansprechendes Märchen aus, das Ihrer Meinung nach Parallelen zur Problemsituation oder der Fragestellung zeigt. Das Märchen *Des Kaisers neue Kleider* kann zum Beispiel sehr gut in Situationen verwendet werden, in denen die Betroffenen sich nicht sicher genug fühlen, um ihre Meinung auszusprechen. Geeignet sind auch Situationen, in denen es darum geht, Tabus zu durchbrechen.

Schritt 1: (Vor-)Lesen

Lesen Sie das Märchen vor oder lassen Sie es vorlesen. Planen Sie dafür 10 bis 15 Minuten ein.

Schritt 2: Diskussion zum Thema

Beginnen Sie eine Diskussion (ca. 20 Minuten), bei der alle Beteiligten Zusammenhänge zwischen dem Thema des Märchens und dem Thema der Gruppenarbeit herstellen sollen. Auf diese Weise kann auch über das (heikle) Thema gesprochen werden. Beispielfragen sind:
- Was sagt dieses Märchen darüber aus, was sich möglicherweise in der Organisation abspielen könnte?
- Welche Parallelen können Sie feststellen?
- Welche Themen spielen auch in der Organisation eine Rolle?
- Über welche Themen kann in dieser Organisation nicht gesprochen werden?
- Was ist das Schlimmste, das man in dieser Organisation über Sie sagen kann?
- Wovor haben alle ein bisschen Angst?
- Wie groß ist der Konformitätsdruck innerhalb des Teams oder der Organisation?
- Wollen wir zu gern irgendwo dazugehören und verfolgen zu wenig unseren eigenen Plan?
- Wie sehr folgen wir blindlings irgendwelchen Trends?
- Bleiben wir uns selbst noch ausreichend treu?
- Haben wir ein zu großes Ego und sind wir nicht mehr kritisch genug mit uns selbst?
- Wie wird mit Kritik und abweichendem Verhalten umgegangen?
- Wird ausreichend Paroli geboten?
- Welche Entgleisungen drohen in dieser Organisation?
- Wer spielt die Rolle des Kindes, und wie wird in der Organisation mit dem Kind umgegangen?
- Haben wir Menschen in unserer Mitte, die bereit sind, uns die nackte Wahrheit zu sagen?

Material zur Übung „Es war einmal …“: Ansprechende Märchen

Sie können im Prinzip jedes Märchen verwenden. Obwohl die meisten Märchen von persönlichen Entwicklungen handeln, können sie auch gut auf Arbeitssituationen übertragen werden.
- *Des Kaisers neue Kleider.* In diesem Märchen macht man sich lustig über Snobismus, Eitelkeit, Einbildung und Entgleisung. Es handelt außerdem von Konformitätsdruck und davon, dass wir blind einem Hype oder einem Trend hinterherlaufen und uns nicht einmal fragen, ob es bei dem Trend vielleicht nur darum geht, dass er neu ist. Es handelt auch davon, wie es ist, nicht auf sein eigenes Urteil zu vertrauen und sich nicht zu trauen, Risiken einzugehen. Kurz zusammengefasst, geht es um einen eitlen, prunksüchtigen Kaiser, der buchstäblich von zwei betrügerischen Schneidern bloßgestellt wird, die ihn davon überzeugen, dass sie ihm Stoffe weben und Gewänder nähen

können, die nur wirklich wichtige Leute sehen können. Niemand wagt, zu sagen, dass der Kaiser nackt dasteht, bis ein Kind ausruft: „Aber er hat ja nichts an!"

- *Das hässliche Entlein.* Die Themen sind: Sich nicht zugehörig fühlen, sich revanchieren, Minderwertigkeitsgefühle zu haben und dennoch an sich selbst zu glauben. Eine Ente bekommt mehrere Küken, von denen eines sehr hässlich ist. Dieses hässliche Entlein wird von seinen Brüdern und Schwestern schikaniert und ist unglücklich. Es beschließt, von der Familie wegzulaufen. Das hässliche Entlein erlebt eine harte Zeit und macht immer wieder die Erfahrung, zurückgewiesen zu werden. Ein paar Monate später sieht sich das Entlein selbst im Wasser und erkennt, dass es sich zu einem prächtigen Schwan entwickelt hat. Die anderen Enten, seine früheren „Brüder und Schwestern", beneiden ihn jetzt.
- *Die roten Schuhe.* In diesem Märchen geht es um Versuchungen und darum, Fallstricke, Obsessionen, Suchtverhalten und giftige Köder zu erkennen. Es handelt sich um ein Märchen über ein armes Mädchen, das, als seine Mutter stirbt, zu einer anderen Frau gebracht wird und von dieser Frau neue Schuhe bekommt. Es sind aber keine gewöhnlichen Schuhe. Immer wenn das Mädchen die Schuhe trägt, kann sie nicht mehr aufhören zu tanzen.
- *Blaubart.* Blaubart wird oft als das Böse, das manipuliert, verführt und Geheimnisse vor anderen hat, dargestellt. Die verschlossene Kammer steht für Geheimnisse und Lügen in einer Beziehung. Die Geschichte kurz zusammengefasst: Blaubarts neue Geliebte darf alle Säle und Kammern seines Schlosses aufsuchen, mit Ausnahme eines Raums. Sie kann ihre Neugierde und ihre Neigung, überall ihre Nase hineinzustecken, nicht bezwingen, obwohl sie sich damit in Gefahr bringt. In dem verbotenen Raum findet sie die Leichen ihrer Vorgängerinnen, und auch ihr steht dieses Schicksal bevor.

Teil 5: Kreative Fähigkeiten fördern

Inhaltsübersicht

Einführung

Menschen empfinden es als inspirierend und anregend, wenn sie ihrer Kreativität freien Lauf lassen können. Und für Organisationen sind kreative Mitarbeitende und ihre Ideen eine wertvolle Ressource, die zunehmend an Bedeutung gewinnt, da die Herausforderungen, vor denen Organisationen stehen, immer komplexer werden. Aus diesem Grund findet sich im fünften Teil dieses Buches ein guter Mix aus Übungen, mit denen die Teilnehmenden ihre kreativen Fähigkeiten weiterentwickeln können. Alle Übungen sind auch gute Trainingsmaßnahmen für die Flexibilität und Agilität unseres Gehirns und eignen sich zum Beispiel als Warm-up für die Übungen aus Teil 6.

Flexibel und frei assoziieren zu können, ist eine Basisfähigkeit für Kreativität. Das Assoziieren geschieht meist im Rahmen fester Muster, die sich in unserem Gehirn herausgebildet haben. Wir können aber unsere Assoziationen auch in verschiedene Richtungen lenken und dadurch einzigartige, neue Assoziationen erschaffen, was der Kreativität zugutekommt. Bei der Übung *Freies Assoziieren* gewinnen die Teilnehmenden Einsicht in Assoziationsmuster und lernen, anders und flexibler zu assoziieren. Die Übung *Experimentieren mit Assoziationen* vermittelt den Teilnehmenden, wie sie diese Assoziationstechniken anwenden und ihre Assoziationen in brauchbare Ideen umwandeln können. Für die Übung *Ideen aufsammeln* gehen die Teilnehmenden nach draußen und sammeln Dinge, die ihnen auffallen. Wenn sie dann assoziieren, erzwingen sie sozusagen einen gedanklichen Zusammenhang zwischen den gefundenen Dingen und ihrer Fragestellung. Die Teilnehmenden setzen dabei die Kraft ihres Unterbewusstseins ein und stellen Zusammenhänge zwischen Dingen her, die an sich nichts miteinander zu tun haben. Darin liegt eine Chance für originelle Lösungsansätze.

Fragen zu stellen, ist eine einfache, aber wichtige Technik. Eine Frage kann uns in eine Richtung führen, die wir normalerweise nicht einschlagen würden. Vielen Menschen fällt es schwer, Fragen zu stellen, oder es erscheint ihnen oft unangebracht. Deshalb werden zwei Übungen vorgestellt, bei denen die Teilnehmenden die Erfahrung machen können, wie nützlich und machtvoll es ist, Fragen zu stellen. *Gute Frage!* ist die erste dieser Übungen, und sie wird verwendet, um den Tunnelblick der Teilnehmenden mithilfe von Fragen, die Sie als Gruppenleitung vorab auf Karten geschrieben haben, zu durchbrechen. Bei der Übung *Detektiv,* der zweiten dieser Übungen, bombardieren sich die Teilnehmenden gegenseitig mit Fragen und können dabei erleben, wie manche gute Frage neue Wege eröffnen kann. Die hierbei zum Einsatz kommenden verschiedenen Arten von Fragekategorien werden von Ihnen als Gruppenleitung festgelegt.

Gesprochenes Portrait ist eine Methode, mit der das visuelle Vorstellungsvermögen der Teilnehmenden geschärft werden kann. Dies ist ein wichtiger Faktor für die Kreativität, weil wir mithilfe unserer Imagination wieder andere Assoziationen entstehen lassen können. Auch hat sich gezeigt, dass außergewöhnlich kreative Menschen über ein gut ausgeprägtes Vorstellungsvermögen verfügen. Bei der Übung *Gesprochenes Portrait* beschreiben die Teilnehmenden – aus der Erinnerung heraus – und so plastisch wie möglich einen Gegenstand, der sie beeindruckt hat. Nach einer gewissen Zeit werden sie merken, dass ihre Beschreibungen bildhafter werden. Wenn die Teilnehmenden diese Technik regelmäßig üben, werden sie die Erfahrung machen, dass sie auch häufiger genau hinschauen.

Die Übung *Weiterdenken* geht auf eine grundlegende Fähigkeit in Sachen Kreativität ein. Es geht darum, dass man nicht aufhört, über Lösungen nachzudenken, sobald man ein paar Lösungen für ein Problem gefunden hat. Wahrscheinlich haben Sie dann erst an die am meisten auf der Hand liegenden, offensichtlichen Lösungen gedacht. Wenn Sie weitermachen, gerade, wenn es anfängt, richtig schwierig für Sie zu werden, können Sie originelle Lösungen finden.

Kreativität wird oft mit Verspieltheit in Verbindung gebracht. Spielen hat viele Vorteile: Es macht Spaß, lockert auf, man geht anders an die Dinge heran und sieht manches klarer. Bei der Übung *Ein ernsthaftes Spiel* geht es um eine von vielen Spielvarianten: Die Teilnehmenden nehmen die Rolle eines externen Beratungsunternehmens ein und betrachten das Thema und ihre Organisation aus diesem Blickwinkel. *Spielerisch lernen* ist eine Übung, bei der verschiedene Kreativitätstechniken und Möglichkeiten zur Erweiterung des Denkraums in einer spielerischen „Rallye“ zusammengebracht werden. Bei diesem Spiel finden die Teilnehmenden jede Menge Anregungen, um ihren persönlichen Kreativitätswerkzeugkasten zu befüllen.

Die letzte Kreativitätstechnik, die in diesem Teil besprochen wird, ist das *Mindmapping*. Es handelt sich dabei um eine Technik zur grafischen Darstellung von Informationen. Ausgehend von einem zentral positionierten Thema werden Abzweigungen gezeichnet, die mit Stichworten, Schlüsselbegriffen, Farben und Symbolen versehen werden. Ein Mindmap ist visuell viel ansprechender als gewöhnliche Notizen. Diese Darstellungsweise ist ein Abbild der Funktionsweise unseres Gehirns. Alle Assoziationen, die wir mit einem Thema verbinden, können in eine Mindmap gezeichnet werden. Die Tatsache, dass alle Aspekte eines Problems oder eines Themas gemeinsam dargestellt werden, erleichtert es, Zusammenhänge herzustellen und den Überblick zu behalten. In diesem Teil des Buches wird eine Variante für die Einzelarbeit und eine Variante für Gruppen beschrieben.

Alle Übungen in diesem Teil können – obwohl sie auf individuelle Fähigkeiten ausgerichtet sind – in der Gruppenarbeit eingesetzt werden.

Übung 45: Freies Assoziieren

Schwierigkeitsgrad: mittel

Kurzbeschreibung

Diese Übung beinhaltet mehrere Assoziationstechniken, die den Teilnehmenden das freie Assoziieren nahebringen. Freies Assoziieren ist wichtig, um originelle Lösungen für gängige Fragestellungen zu finden oder um schwierige oder neue Probleme lösen zu können. Diese Übung eignet sich auch sehr gut als Warm-up für Übung 46: *Experimentieren mit Assoziationen*.

Zielsetzung/Wirkung

Assoziieren geschieht oft automatisch und nach festen Mustern, die im Gehirn angelegt sind. Viele Menschen werden, wenn sie das Wort „schwarz" hören, als erstes „weiß" denken. Solche Denkmuster funktionieren gut, um vertraute Dinge auf effiziente Weise zu tun. Möchte man sich aber kreative Lösungen einfallen lassen, muss man sich außerhalb der vorgegebenen Pfade bewegen. Das gelingt, wenn man die Assoziationen lenkt. Dafür gibt es mehrere Möglichkeiten: Die Assoziationen in einem Cluster bündeln und in einem Muster anordnen, schneller als sonst assoziieren, zusätzliche Aufgaben einbauen oder mit dem Assoziieren länger fortfahren, als man es gewöhnt ist. Die offensichtlichsten Assoziationen tauchen nämlich als erste auf. Die neuartigen, originellen Assoziationen kommen später.

Durchführung

Vorbereitung

Setzen Sie sich mit Assoziationstechniken auseinander (siehe dazu auch den Kasten).

Schritt 1: Einführung

Erklären Sie den Teilnehmenden, warum es wichtig ist, flüssig assoziieren zu können. Überreichen Sie allen Teilnehmenden anschließend mehrere leere DIN-A4-Blätter.

Schritt 2: Üben

Lassen Sie die Teilnehmenden die erste Assoziationsübung ausführen (siehe unten). Behalten Sie die Zeit im Blick. Fragen Sie im Anschluss, wie es den Beteiligten ergangen ist. Machen Sie dann mit der zweiten Assoziationsübung weiter und wiederholen Sie diesen Schritt, bis alle Übungen einmal gemacht wurden.

Assoziationsübungen:
- Bilden Sie eine Minute lang Assoziationen zu dem Wort „Buch".
- Bilden Sie eine Minute lang Assoziationen zu dem Wort „Blume". Versuchen Sie, 50 % mehr Assoziationen zu finden als in der vorherigen Runde. Finden Sie nun mehr originelle Assoziationen, weil Sie jetzt schneller sein müssen?
- Bilden Sie eine Clusterblume um das Wort „Schuh".
- Bilden Sie eine Minute lang eine Wortkette, beginnend mit dem Wort „Perle".
- Bilden Sie eine Wortkette, bestehend aus fünf Assoziationen, beginnend mit dem Wort „Pferd" und endend mit dem Wort „Bonbon".
- Bilden Sie eine Minute lang eine Wortkette, beginnend mit dem Wort „Maus" und mit der Zusatzaufgabe, dass alle Assoziationen ein Geräusch erzeugen können müssen.

Informationen zur Clusterblume und Wortkette finden Sie im Kasten weiter unten.

Schritt 3: Nachbesprechung

Fragen Sie nach, wie es den Teilnehmenden mit den Übungen ergangen ist. War es schwierig oder ganz okay? Es empfiehlt sich, im Anschluss die Übung 46: *Experimentieren mit Assoziationen* einzusetzen, um den Teilnehmenden zu zeigen, wie sie die Assoziationstechniken in ihrem beruflichen Alltag anwenden können.

Beispiel zur Übung „Freies Assoziieren": Clusterblume

Assoziationen als Clusterblume anzuordnen, bedeutet, dass man immer wieder zum zentralen Begriff zurückkehrt. Zum Beispiel:

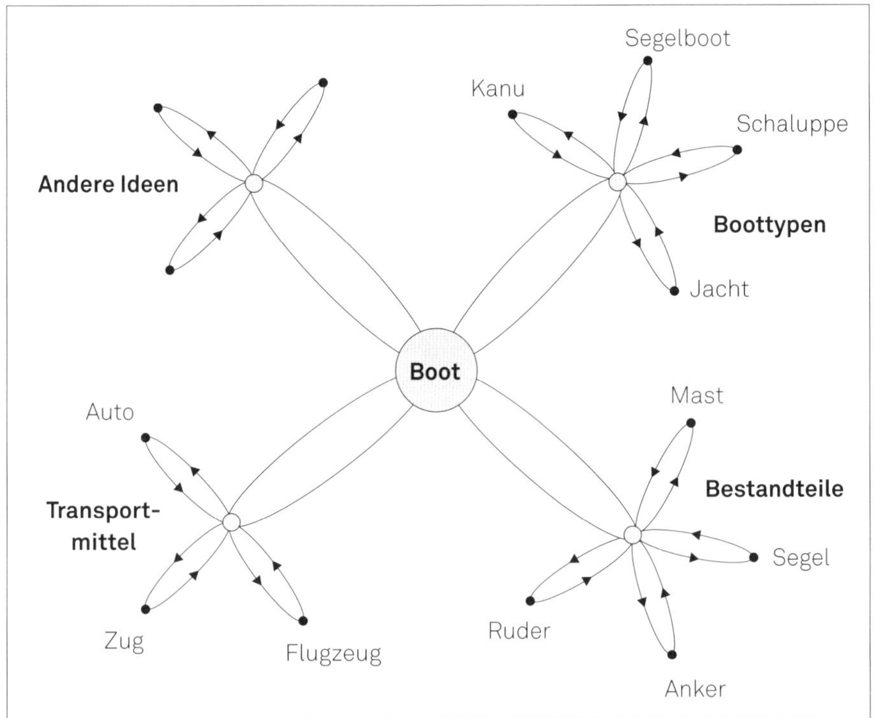

Wenn man einmal weiß, wie das Assoziieren funktioniert, wenn man die Ergebnisse als Clusterblume anordnet, kann man sich dies zunutze machen und dadurch lernen, mehr und besser zu assoziieren. Fangen Sie mit einer Reihe von Assoziationen zu einem bestimmten, zentralen Begriff an, und wenn Ihnen nichts mehr einfällt, können Sie überlegen, ob Sie den Begriff noch anders betrachten können. Dann machen Sie eine neue Blume. Ein Beispiel: Wenn Sie zu dem Begriff „Boot" assoziieren, denken Sie vielleicht zunächst an verschiedene Bootstypen: Kanu, Segelboot, Jacht, Schaluppe usw. Wenn Ihnen nichts mehr einfällt, können Sie eine neue Blume bilden, indem Sie nun verschiedene Arten von Transportmitteln nennen. Und dann eine Blume mit den einzelnen Bestandteilen eines Bootes.

Infobox: Wortkette

Nach dem Prinzip einer Wortkette zu assoziieren, bedeutet, dass man immer an den vorherigen Begriff anknüpft: A erinnert mich an B, B an C usw. Zum Beispiel: Ball-Fußball-Sport-Formel 1-Auto-Lenkrad-Spielzeug-Kind-Schule-Tafel-Essen usw. Sie können sich mit der Wortkette selbst dazu zwingen, die ausgetretenen Pfade zu verlassen, indem Sie die Bedeutung eines Wortes kippen, wie es in dem Beispiel mit dem Wort „Tafel" gemacht wurde. Es stand zuerst für die Schultafel und danach für die gemeinnützige Organisation.

Man kann auch dadurch kreativer werden, dass man sich kleine Zusatzaufgaben stellt. Man kann zum Beispiel nicht nur den Anfangsbegriff der Kette festlegen, sondern auch den letzten Begriff. Oder man baut eine zusätzliche Schwierigkeit ein, zum Beispiel, dass jeder Begriff „größer" sein muss als der vorherige. Auch die Geschwindigkeit kann ein Faktor sein. Oder die Zahl der Assoziationen. Man sollte gerade dann weitermachen, wenn man denkt, dass einem nichts mehr einfällt. Denn gerade dann verlässt man die ausgetretenen Pfade.

Literaturtipp

Wenn Sie sich detaillierter in die theoretischen Hintergründe des Assoziierens einlesen möchten, können Sie in diesem Buch fündig werden: *Creativity in Business* (Byttebier & Vullings, 2015).

Übung 46: Experimentieren mit Assoziationen

Schwierigkeitsgrad: anspruchsvoll

Kurzbeschreibung

Bei dieser Übung wenden die Teilnehmenden die Assoziationstechniken auf ihre eigenen Fragestellungen an. Durch die konkrete Anwendung wird das Assoziieren zu mehr als einer rein abstrakten Fähigkeit. Für eine gelungene Durchführung dieser Übung ist es empfehlenswert, sich zunächst Übung 45: *Freies Assoziieren* anzusehen, in der die Grundzüge des freien Assoziierens erklärt werden.

Zielsetzung/Wirkung

Die Teilnehmenden lernen durch diese Übung, ihre Assoziationsfähigkeiten auf konkrete Fragestellungen zu beziehen und anzuwenden. Wenn die Teilnehmenden einmal die vorgegebenen Pfade verlassen, über den Tellerrand hinausschauen und nicht mehr innerhalb der geeichten Muster denken, bietet sich ihnen die Möglichkeit, anders an Fragestellungen heranzugehen. So kommt es zu originellen Einfällen. Wenn diese Übung an einem bestehenden Problem praktiziert wird, entstehen häufig sofort mehrere brauchbare Lösungen.

Durchführung

Vorbereitung

Halten Sie für die Teilnehmenden jeweils mehrere Blatt Papier (DIN A4) und einen Stift bereit.

Schritt 1: Der Fall

Fragen Sie, ob jemand aus der Gruppe ein konkretes Problem hat, für das er oder sie mithilfe von Assoziationen gerne Lösungen finden würde. Lassen Sie die entsprechende Person den Fall erklären und wählen Sie dann gemeinsam ein zentrales Wort aus. Wenn zum Beispiel jemand „mehr Hände am Krankenbett" wünscht, kann das Wort „Pflegepersonal" als zentraler Begriff gewählt werden. Wenn niemand ein Problem beisteuern möchte, kann mit einem fiktiven Problem gearbeitet werden (siehe die Fragestellungen zum Üben im Kasten).

Schritt 2: Assoziieren

Bitten Sie die Teilnehmenden, 2 Minuten lang auf der Grundlage des zu bearbeitenden Themas oder Problems zu assoziieren. Danach bekommt jedes Gruppenmitglied 3 Minuten Zeit, um sich anhand der Assoziationen Lösungen für die Fragestellung bzw. das Problem einfallen zu lassen. Ein Beispiel mit möglichen Lösungen finden Sie im Kasten.

Schritt 3: Ideen einbringen

Alle Teilnehmenden stellen jetzt der Person, die den Fall eingebracht hat, ihre beste Idee vor.

Schritt 4: Evaluation

Wie gut hat diese Übung funktioniert? Haben die Teilnehmenden nach dem Muster „Clusterblume" oder „Wortkette" assoziiert? War es einfach, die Assoziationen in Lösungen umzuwandeln?

Material zur Übung „Experimentieren mit Assoziationen": Fragestellungen zum Üben

Wenn keine der anwesenden Personen einen Fall beisteuern möchte oder wenn Sie als Gruppenleitung zusätzliche Aufgaben zum Üben benötigen, können Sie die folgenden Fragestellungen verwenden:

- Überlegen Sie sich originelle Aktionen für den örtlichen Supermarkt anlässlich des nächsten großen Fußballturniers. Assoziieren Sie dazu zum Wort „Fußball".
- Lassen Sie sich Maßnahmen einfallen, um einen sozialen Brennpunkt in Ihrer Stadt als Wohnort attraktiver zu machen. Lassen Sie Ihren Assoziationen zum Wort „Gesellschaft" freien Lauf.
- Lassen Sie sich einen originellen Werbeslogan für eine Bank einfallen. Wählen Sie eines dieser Wörter aus: Bank, Rendite, Geld. Assoziieren Sie so lange, bis Sie einen originellen Zugang gefunden haben.

Tipp: Nach dem Muster „Wortkette" assoziieren

Sie können bei dieser Übung mit der Assoziationstechnik „Wortkette" arbeiten (siehe Übung 45: *Freies Assoziieren*). Bilden Sie dazu eine Kette aus sechs Wortern. Bringen Sie die letzten drei genannten Wörter in Verbindung mit dem eingebrachten Problem (bzw. der Fragestellung zum Üben). Ergibt sich daraus eine originelle Lösung? Wenn nicht, machen Sie die Kette noch etwas länger. Kippen Sie regelmäßig die Bedeutung eines Wortes, indem Sie zur zweiten Bedeutung dieses Wortes wechseln.

Material zur Übung „Experimentieren mit Assoziationen“: Mögliche Lösungen für die Fragestellung „Supermarkt und Fußball“

Als Beispiel finden Sie hier Überlegungen zu der Frage, was ein Supermarkt anlässlich eines großen Fußballturniers an Aktionen initiieren könnte. Die Aufgabe lautete: Assoziieren Sie zum Wort „Fußball“. Die Assoziationskette könnte folgendermaßen aussehen: Fußball-bunte Trikots-Regenbogen-Sonne-Eis-Strand. Die letzten drei Wörter dieser Kette werden wieder mit der zentralen Frage verknüpft, um zu sehen, ob sich daraus originelle Lösungen ergeben:

- *Strand:* Der Supermarkt könnte ein Beach-Fußballturnier veranstalten. Er könnte den Kund:innen ab einem gewissen Einkaufswert ein Strandlaken mit einem Aufdruck des Fotos der Nationalmannschaft dazu geben. Oder er könnte einen Wasserball mit seinem Namen und Logo bedrucken lassen.
- *Eis:* Einen Fußball gratis zu zwei Packungen Eis? Oder lassen sich Eiswürfelformen finden, die wie ein Fußball aussehen? Ein Eiscrusher mit Namen und Logo des Supermarkts? Das Kühlregal könnte mit Fußbällen dekoriert werden.
- *Sonne:* Der Supermarkt könnte für die Kund:innen eine Sammelaktion ins Leben rufen, bei der sie für die gesammelten Punkte einen Sonnenschutz für ihr Auto bekommen können. Die Sonnenblende könnte mit einem schönen, originellen Slogan bedruckt sein. Der Supermarkt könnte während des Turniers auch am Sonntag öffnen. Oder er könnte Rabatte anbieten für Einkäufe, die während der Spiele der Nationalmannschaft stattfinden.

Übung 47: Ideen aufsammeln

Schwierigkeitsgrad: mittel

Kurzbeschreibung

Bei dieser Übung gehen die Teilnehmenden nach draußen. Sie machen einen kleinen Spaziergang und achten auf Dinge, die ihnen auffallen. Die gesammelten Gegenstände und Eindrücke verwenden sie dann, um auf möglichst originelle Weise an ihre Fragestellung heranzugehen.

Zielsetzung/Wirkung

Diese Übung vereint zwei Aspekte, die für kreatives Denken wichtig sind: Loslassen und Verbinden. Ein kleiner Spaziergang an der frischen Luft sorgt für Abwechslung und neue Energie. Die Teilnehmenden können wenigstens vorübergehend ihre Gedanken auf etwas anderes richten. Danach nutzen sie das, was sie von draußen mitgebracht haben, um eine Verbindung zu ihrer ursprünglichen Fragestellung herzustellen. Dies bietet die Chance, originelle Lösungen zu finden.

Durchführung

Vorbereitung

Sie benötigen Papier und Stifte. Berücksichtigen Sie, dass diese Übung etwas mehr Zeit in Anspruch nimmt, da die Gruppe zuerst nach draußen geht.

Schritt 1: Fragestellung/Thema

Nutzen Sie die Informationen aus dem Kasten, um den Kontext dieser Übung zu erläutern. Bitten Sie die Teilnehmenden, an eine noch ungelöste Fragestellung bzw. ein noch ungelöstes Problem zu denken. Machen Sie deutlich, dass zu einem späteren Zeitpunkt im Workshop über diese Fragestellung oder das Problem gesprochen wird, damit die Teilnehmenden dies bei ihrer Auswahl berücksichtigen können. Fordern Sie die Teilnehmenden anschließend auf, das Thema des Workshops wieder zu vergessen.

Schritt 2: Nach draußen gehen

Bitten Sie die Teilnehmenden, nach draußen zu gehen, einen kleinen Spaziergang zu machen und nach Dingen zu suchen, die ihnen auffallen. Diese Dinge sollen sie mitbringen. Wenn das nicht möglich ist, sollen sie ihr Mobiltelefon benutzen, um ein Foto, ein Video oder eine Tonaufnahme davon zu machen. Vereinbaren Sie eine Zeit, zu der alle Gruppenmitglieder zurück sein sollen.

Schritt 3: Assoziieren

Die Teilnehmenden werden gebeten, wieder ihre Plätze einzunehmen. Geben Sie Ihnen die folgende Aufgabe: „Verweilen Sie gedanklich einen Moment bei dem, was Sie draußen gefunden haben, und schreiben Sie fünf Merkmale Ihres Fundstücks auf. Wählen Sie dann eines dieser Merkmale aus und stellen Sie eine Verbindung zwischen diesem Merkmal und Ihrer Fragestellung her." Geben Sie an dieser Stelle am besten ein Beispiel: „Nehmen wir an, Ihre Fragestellung ist praktischer Natur: Ihre Schwester kommt am Wochenende zum Essen, und Sie überlegen, was Sie kochen könnten. Sie haben von draußen einen Zweig mitgebracht. Ein Merkmal dieses Zweiges ist, dass er zerbrechlich ist. Wenn Sie diesen Zweig jetzt mit Ihrer Fragestellung verbinden und von dem Merkmal *zerbrechlich* ausgehen, kommen Sie rasch zu den folgenden Assoziationen: Spaghetti, Baguette (kann man brechen). Serviert auf schönem Geschirr (zerbrechlich)." Geben Sie den Teilnehmenden ausreichend Zeit für ihre Assoziationen. Länger zu assoziieren, bringt nämlich meist originellere Ideen hervor.

Schritt 4: Nachbesprechung der Übung in Zweierteams

Die Teilnehmenden werden nun gebeten, die Übung in Zweierteams nachzubesprechen. Geben Sie ihnen dafür 10 Minuten Zeit. Relevante Fragen könnten zum Beispiel sein: Was war Ihre Fragestellung? Was hat draußen Ihre Aufmerksamkeit auf sich gezogen? Welche Zusammenhänge haben Sie entdeckt? Sind daraus originelle Einsichten entstanden? Hat diese Übung für Sie gut funktioniert? Jedes Gruppenmitglied bekommt 5 Minuten, um seinem Gesprächspartner oder seiner Gesprächspartnerin zu erzählen, wie die Übung für sie oder ihn gelaufen ist.

Schritt 5: Nachbesprechung im Plenum

Sorgen Sie für einen guten Abschluss dieser Übung. Wie fanden die Teilnehmenden diese Arbeitsweise? Hat dieses Vorgehen bei jemandem zu einer originellen Idee geführt? Sind Leute in der Gruppe, die das noch einmal für sich allein probieren wollen? Haben die Teilnehmenden neue Energie gewonnen?

Theoretischer Hintergrund: Loslassen und Verbinden

Wenn es um kreatives Denken geht, spielen zwei Dinge eine wichtige Rolle: Loslassen und Verbinden. Wenn Sie die Beschäftigung mit einem Problem einmal für einige Zeit loslassen, arbeitet Ihr Unterbewusstsein dennoch weiter daran. Laut dem niederländischen Sozialpsychologen Ap Dijksterhuis (2007) können wir unbewusst etwa 200.000-mal mehr Informationen verarbeiten als bewusst. Es lohnt sich also, eine Frage für eine Weile loszulassen. Dann beginnt man, nach Zusammenhängen zwischen Dingen, die augenscheinlich nichts miteinander zu tun haben, zu suchen.

Leonardo da Vinci war ein Mensch, der diese Kreativitätstechnik mit Erfolg einsetzte. Er hielt diese Technik für so wertvoll, dass er sie in seinen Notizbüchern in Spiegelschrift festhielt. Auch Samuel Morse nutzte diese Technik (siehe Übung 61: *Das Orakel*). Er erhielt auf diese Weise die ausschlaggebende Idee für seinen elektromagnetischen Telegrafen. Sie können den Teilnehmenden dieses Beispiel von Morse nennen, wenn sie selbst im Verlauf des Workshops keine brillanten Einfälle hatten. Die Chancen dafür stehen dennoch gut: Die Methode *Ideen aufsammeln* bietet zwar keine Erfolgsgarantie, vergrößert aber die Chance auf originelle Einfälle, weil hier Dinge willkürlich miteinander verknüpft werden. Es handelt sich um eine wichtige Technik, die man in seinem Repertoire haben sollte.

Tipp: Inspiration lässt sich auch auf der Straße finden

Wenn Sie nicht die Möglichkeit haben, mit der Gruppe in die Natur zu gehen, lässt sich auch in urbanen Gegenden Inspiration finden, wie der niederländische Autor Richard Stomp (2012) anhand von Fotos, Übungen und Tipps in seinem Buch *Straatjutten* und auf der gleichnamigen Webseite zeigt.

Übung 48: Gute Frage!

Schwierigkeitsgrad: mittel

Kurzbeschreibung

Anhand von Fragen, die den Blick schärfen, wird ein Problem genau erkundet und verortet, und es werden originelle Ideen generiert.

Zielsetzung/Wirkung

Bei der Übung *Gute Frage!* handelt es sich um eine Gruppendiskussion zu einer bestimmten Fragestellung. Indem sich die Beteiligten gegenseitig anregende Fragen stellen, gelingt es, neue Sichtweisen auf die Fragestellung zu gewinnen. Diese Vorgehensweise eignet sich gut für Teilnehmende, die bereits lange mit einem Problem kämpfen und einen Tunnelblick entwickelt haben.

Durchführung

Vorbereitung

Sie benötigen ein Flipchart und dicke Schreibstifte. Formulieren Sie das Problem so konkret wie möglich und schreiben Sie das Problem auf einen Flipchart-Bogen. Zudem benötigen Sie 20 Blankokarten, auf die Sie die folgenden Fragen schreiben:

- Mit welcher Situation assoziieren Sie dieses Problem?
- Zu welchen Opfern sind Sie bereit, um dieses Problem zu lösen?
- Wer oder was profitiert von diesem Problem?
- Wer leidet am meisten unter diesem Problem?
- Welche Lösung würden Sie sich überlegen, wenn Sie kein Geld hätten?
- Was würden Sie sich überlegen, wenn Sie sehr viel Zeit hätten?
- Was passiert, wenn Sie das Problem gar nicht als Problem erkennen?
- Was müssten Sie lernen, um das Problem zu lösen?
- Was würde passieren, wenn Sie sagen würden, es sei nicht Ihr Problem?
- Was würden Sie tun, wenn Sie absolut kein Risiko eingehen wollten?
- Was würden Sie tun, wenn Sie alle Talente zu Ihrer Verfügung hätten?
- Was würden Sie tun, wenn Sie das Problem von einem Flugzeug aus betrachten würden?

- Denken Sie, es wäre klug, wenn Sie jetzt aus der Perspektive „drei Jahre später" zurückblicken würden?
- Welche Fehler dürfen Sie machen, um das Problem zu lösen?
- Was würde ein Mensch, der nicht mehr lange zu leben hat, dazu sagen?
- An welche Lösung denken Sie, die Sie sich aber nicht auszusprechen trauen?
- Welche Lösung käme Ihnen in den Sinn, wenn Sie keine Prinzipien hätten?
- Was würde geschehen, wenn Sie sich selbst ablenken und glauben, die Dinge regeln sich schon von alleine?
- Was sagt das Problem über Sie und Sie alle aus?
- Was würden Sie tun, um das Problem zu verschärfen?

Sie können sich natürlich auch eigene Fragen ausdenken. Die einzige Bedingung ist, dass sie damit zum Nachdenken anregen.

Schritt 1: Fragen beantworten

Legen Sie alle Karten mit der beschrifteten Seite nach unten auf den Tisch und lassen Sie eine oder einen der Teilnehmenden eine zufällige Karte mit einer Frage ziehen, die sie oder er dann für sich selbst beantworten wird. Er oder sie liest die Frage auf der Karte laut vor, und alle anderen Teilnehmenden beantworten die Frage ebenfalls für sich selbst. Alle Teilnehmenden müssen an die Reihe kommen und eine Karte ziehen.

Schritt 2: Fragen besprechen und Ideen auswählen

In dieser Runde gibt jeder Teilnehmende zu jeder Frage seine Antwort, und Sie als Gruppenleitung greifen die guten Ideen, die wirklich innovativ sind, heraus.

Tipp: Fragen stellen, die zum Nachdenken anregen

Gute Fragen stellen zu können, ist eine Grundvoraussetzung für die kreative Gruppenarbeit. Fragen regen an und bringen uns zum Nachdenken. Vor allem weniger auf der Hand liegende, schambesetzte oder tabudurchbrechende Fragen können zu überraschenden Einsichten führen. Diese Übung kann noch erweitert werden durch Hinzunahme einer „leichten Provokation", sodass die Teilnehmenden herausgefordert und ihre Vorannahmen überprüft werden:

- Wie kommt es, dass ausgerechnet Sie etwas gegen das Problem unternehmen müssen?
- Was ist der wichtigste Nachteil oder die größte Schwierigkeit, die mit der Lösung verbunden ist?

Infobox: Logische Ebenen und zugehörige Fragen

Nach Gregory Bateson und Robert Dilts (vgl. Dilts, 2003) sind im Hinblick auf das menschliche Verhalten sechs logische Ebenen zu unterscheiden. Wenn ein Problem unlösbar erscheint, bedeutet dies, dass wir auf einer dieser Ebenen stecken bleiben:

1. *Die Umgebung, das soziale Umfeld, mit dem wir zu tun haben:* Welche Umgebung könnten Sie schaffen, um Ihrem Ziel näher zu kommen?
2. *Unser eigenes Verhalten:* Welches Verhalten könnten Sie sich zu eigen machen, um Ihr Ziel zu erreichen?
3. *Fähigkeiten oder Fertigkeiten:* Welche Fähigkeiten könnten Sie einsetzen, um Ihr Ziel zu erreichen?
4. *Regeln und Glaubenssätze:* Welche Überzeugungen und Auffassungen könnten Sie verinnerlichen, um Ihr Ziel zu erreichen?
5. *Selbstbild/Identität:* Welche Werte helfen Ihnen dabei, Ihr Ziel zu erreichen?
6. *Wesenskern, Berufung und Mission:* Welche Rollenauffassung würde Ihnen dabei helfen, Ihr Ziel zu erreichen?

Suche nach Alternativen. Wenn es darum geht, Optionen und Alternativen auszuloten, sind diese Beispielfragen hilfreich:

- Welche anderen Möglichkeiten sehen Sie?
- Welche Gemeinsamkeiten sehen Sie darin?
- Wie können Sie auf eine völlig andere Art und Weise an das Problem herangehen (sodass es keine Gemeinsamkeiten mit den ersten Optionen gibt)?
- Was macht eine Option für Sie attraktiv?

Übung 49: Detektiv

Schwierigkeitsgrad: einfach

Kurzbeschreibung

Durch diese Übung machen die Teilnehmenden die Erfahrung, wie wichtig es ist, gute Fragen zu stellen. Sie bekommen dazu verschiedene Kategorien von Fragen angeboten. Die Übung wird in Zweierteams durchgeführt.

Zielsetzung/Wirkung

Um kreativ sein zu können, Dinge sehen zu können, die andere nicht sehen, ist es wichtig, auch scheinbar belanglose oder offensichtliche Dinge zur Diskussion zu stellen. Die Kunst besteht darin, die richtigen Fragen zu stellen und so neue Einsichten zu gewinnen. Bei dieser Übung schlüpfen die Teilnehmenden in die Rolle eines Detektivs. Sie betrachten eine Fragestellung anhand mehrerer Fragekategorien. Das Ziel ist, ein anderes Licht auf die Sache zu werfen und selbst zu erleben, wie wirkungsvoll diese Technik ist. Diese Fragekategorien können auch für andere Problemfelder verwendet werden.

Durchführung

Vorbereitung

Sie benötigen ein Flipchart, dicke Schreibstifte, mehrere DIN-A4-Bögen und einen Platz, an dem Sie die Flipchart-Bögen aufhängen können. Schreiben Sie die folgenden Kategorien von Fragen auf einen Flipchart-Bogen und sorgen Sie dafür, dass die Fragen für alle Beteiligten gut zu sehen sind:

- Was?
- Wo?
- Welche?
- Wer?
- Wann?
- Warum?
- Warum nicht?
- Wie?
- Was, wenn?
- Wie können wir?

Bereiten Sie ein DIN-A4-Blatt vor, auf dem die Schritte 1 bis 5 dieser Übung erklärt werden. Vervielfältigen Sie dieses Blatt so oft, dass Sie für alle Teilnehmenden ein Exemplar haben.

Schritt 1: Zweierteams bilden

Bitten Sie die Gruppe, sich in Zweierteams aufzuteilen. Wenn eine Person übrig bleibt, bilden Sie gemeinsam mit dieser Person ein Zweierteam und machen mit. In jeder Gruppe berichtet eine Person von einem Fall, die andere Person ist der Detektiv. Überreichen Sie jedem und jeder Teilnehmenden ein DIN-A4-Blatt mit den fünf Schritten darauf und geben Sie der Person, die die Fragen stellt, zusätzlich ein Blankopapier, damit sie ihre Fragen aufschreiben kann.

Schritt 2: Beschreibung des Falls

Der oder die Fallgeber:in berichtet von einem Problem, einer Herausforderung oder einer neuen Sache, mit der er oder sie sich am Arbeitsplatz auseinandersetzen muss. Es sollte um etwas gehen, das er oder sie gern auf eine frische, unbefangene Art und Weise betrachten würde.

Schritt 3: Fragen ausdenken

Wenn die Person ihre Geschichte erzählt hat, bekommt der Fragenstellende 10 Minuten Zeit, um möglichst viele Fragen aufzuschreiben. Die Aufgabe besteht darin, mindestens eine Frage aus jeder Kategorie zu formulieren und vor allem die Fragen „Was, wenn?“, „Warum nicht?“ und „Wie können wir?“ nicht zu vergessen.

Schritt 4: Fragen stellen

Der Detektiv stellt der Person, die die Geschichte erzählt hat, seine Fragen. Dafür hat er oder sie 10 Minuten Zeit. Der Detektiv hinterfragt Antworten, urteilt aber nicht. Wenn es für das Gespräch sinnvoll ist, darf er oder sie auch von der zuvor erstellten Liste abweichen und andere Fragen stellen.

Schritt 5: Nachbesprechung

Bitten Sie die Teilnehmenden, über diese Übung in den bestehenden Zweierteams zu reflektieren. Wie war es, befragt zu werden? Hat der oder die Fallgeber:in dadurch neue Erkenntnisse gewonnen? Wenn ja, welche? Wie war es, die Fragen zu stellen? Welche Fragen haben besonders gut funktioniert?

Theoretischer Hintergrund: Fragen sind ein mächtiges Instrument

Fragen zu stellen, ist ein sehr einfaches Mittel, um neue Informationen und andere Perspektiven zu gewinnen. Im Berufsalltag zeigt sich jedoch, dass viele Menschen davor zurückschrecken, weil sie denken, dass es sie dumm wirken lässt, dass sie als Expert:in selbst alles wissen müssen oder dass es unhöflich ist. In Japan denkt man völlig anders darüber. John Kao (1996), eine Autorität auf dem Gebiet der Innovation, berichtet über die Technik der fünf Warum-Fragen, die bei Toyota eingesetzt wird und als äußerst genial gilt: Jemand stellt eine Frage, bekommt eine Antwort und fragt dann nach dem „Warum". Wiederholt man das fünf Mal, durchschaut man – so die Japaner – den Kern der Situation. Man ist dann in den Bereich hinter dem oberflächlichen Verständnis vorgedrungen. Wenn Sie diese Technik selbst einmal anwenden wollen, bereiten Sie Ihren Gesprächspartner darauf vor. „Warum?" ist eine sehr sinnvolle Frage, kann einem anderen Menschen aber auch das Gefühl vermitteln, dass Sie der Meinung sind, dass der Betreffende etwas nicht richtig macht.

Material zur Übung „Detektiv": Beispielfragen

- *Was* haben Sie bereits getan, um die Situation anzugehen?
- *Was* wollen Sie damit erreichen?
- *Wer* ist an der Sache beteiligt?
- *Wen* wollen Sie bitten, daran mitzuarbeiten?
- Aus *welchen* Teilen besteht dieses Projekt?
- *Welche* Aspekte dieses Themas wollen Sie besprochen/bearbeitet haben?
- *Wie* kommt es Ihrer Meinung nach, dass dieses Projekt nicht läuft?
- *Wie* wollen Sie hier gegensteuern?
- *Wann* muss es fertig sein?
- *Wann* wollen Sie mit der Arbeit daran beginnen?
- *Wo* liegt welche/wessen Verantwortung?
- *Wo* wollen Sie hinkommen?
- *Warum* ist dieses Projekt so wichtig?
- *Warum* machen Sie es auf diese Art?
- *Was, wenn* es Ihnen nicht gelingt?
- *Was, wenn* es schiefgeht?
- *Warum* machen Sie es *nicht* anders?
- *Wie* können wir das gewünschte Ergebnis erzielen?

Tipp: Die Bedeutung guter Fragen durch Zitate unterstreichen

Um die Bedeutung guter Fragen hervorzuheben, können Sie Zitate im Raum aufhängen. Zum Beispiel eignen sich hierfür der aus dem Niederländischen übersetzte Sinnspruch des Schriftstellers Harry Mulisch „Manche Fragen sind so gut, dass es schade wäre, sie mit einer Antwort zu verhunzen“, die Aussage des niederländischen Journalisten Ischa Meijer „Eine gute Frage stellt jede Antwort in den Schatten“ oder das Zitat des Literaturnobelpreisträgers Rudyard Kipling „I keep six honest serving men. They taught me all I knew. Their names are What and Why and When And How and Where and Who“.

Übung 50: Gesprochenes Portrait

Schwierigkeitsgrad: mittel

Kurzbeschreibung

Die Teilnehmenden trainieren ihr visuelles Vorstellungsvermögen, indem sie einen Gegenstand nur aus der Erinnerung beschreiben. Die Übung wird in Zweierteams durchgeführt.

Zielsetzung/Wirkung

Mit dieser Übung lernen die Teilnehmenden, ihr visuelles Vorstellungsvermögen zu nutzen. Die Fähigkeit, sich Dinge gut vorstellen zu können, wirkt begünstigend auf die Kreativität. Wenn man oft auf seine Vorstellungskraft zurückgreift, gelangt man nämlich zu anderen Assoziationen, als es sonst der Fall wäre. Und dies kommt wiederum dem kreativen Denken zugute. Es ist kein Zufall, dass kreative Menschen, wie Wissenschaftler:innen und Künstler:innen, oft ein (überdurchschnittlich) gut entwickeltes Vorstellungsvermögen besitzen.

Durchführung

Vorbereitung

Wenn Sie noch keine Erfahrung mit dieser Übung haben, sollten Sie sie zuerst einmal selbst ausprobieren. So erhalten Sie eine bessere Vorstellung davon, was sich in den Köpfen der Teilnehmenden abspielt. Wenn Sie alleine üben, können Sie eine Audioaufnahme Ihres Textes erstellen oder eine Ihnen nahestehende Person bitten, als Zuhörer:in zur Verfügung zu stehen. Sorgen Sie dafür, dass Sie dieses Buch während des Workshops zur Hand haben, damit Sie die Aufgabe sowohl für die Person, die erzählt, als auch die Person, die zuhört, vorlesen können.

Schritt 1: Zweierteams bilden

Erklären Sie die Übung und bitten Sie darum, dass sich die Gruppe in Zweierteams aufteilt. Die Teilnehmenden sollten sich mit jemandem zusammentun, mit dem sie sich wohlfühlen. Alle Paare suchen sich einen Platz, an dem sie sich in Ruhe austauschen können, sie sollen aber die Gruppenleitung noch hören können. Die Paare vereinbaren, wer zuerst Erzählender und wer Zuhörender ist.

Schritt 2: Die Aufgabe für die Zuhörer:innen

Geben Sie den Zuhörenden folgende Aufgabe: „Machen Sie sich Notizen von dem, was die erzählende Person berichtet. Achten Sie vor allem auf Wendepunkte in der Erzählung, wenn die Beschreibung deutlich detaillierter oder anschaulicher wird. Sie werden das erkennen können, wenn Sie aufmerksam zuhören. Wie bildhaft und wie detailliert ist die Beschreibung? Wird nur beschrieben, wie der Gegenstand aussieht, oder werden andere Sinneswahrnehmungen geschildert?“

Schritt 3: Die Aufgabe für die Erzähler:innen

Geben Sie in ruhigem Ton die folgende Aufgabe: „Setzen Sie sich auf einen Stuhl und stellen Sie die Füße fest auf den Boden. Atmen Sie ruhig ein und aus, bis Sie sich entspannt fühlen. In wenigen Minuten erhalten Sie weitere Informationen.“

Nach ein paar Minuten fahren Sie fort: „Schließen Sie die Augen und vergegenwärtigen Sie sich aus dem Gedächtnis einen Gegenstand, der Ihnen sehr gefällt. Beschreiben Sie Ihrem Zuhörer oder Ihrer Zuhörerin diesen Gegenstand so detailliert wie möglich und in möglichst bildhafter Sprache. Beschreiben Sie den Gegenstand so plastisch, dass Ihr Zuhörer oder Ihre Zuhörerin den Gegenstand gleichsam vor sich sehen kann. Versuchen Sie, ein möglichst umfassendes Bild zu erzeugen. Beschreiben Sie die äußerlichen Merkmale des Gegenstands und seine Schönheit.“

Schritt 4: Augen auf und Nachbesprechung

Bitten Sie die Erzähler:innen nach 5 Minuten, ihre Beschreibung zu beenden und die Augen zu öffnen. Die Übung wird in den Zweierteams besprochen. In welchen Momenten wurde die Beschreibung besonders intensiv? Haben die Zuhörer:innen das gemerkt? Stimmt es, dass die Erzähler:innen nach einigen Minuten angefangen haben, mehr über die Schönheit des Gegenstands zu sprechen?

Schritt 5: Rollenwechsel

Fordern Sie nun die Zweierteams dazu auf, die Rollen zu tauschen. Erzähler:innen werden Zuhörer:innen und umgekehrt. Die vorherigen Schritte werden wiederholt.

Theoretischer Hintergrund: Visuelles Vorstellungsvermögen

Die Fähigkeit, Bilder vor unserem geistigen Auge entstehen zu lassen, ist für viele Menschen eine vergessene Fähigkeit. Künstler:innen, Wissenschaftler:innen und andere kreative Denker:innen verfügen oft über ein gut entwickeltes Vorstellungs vermögen. Im Hinblick auf das Vorstellungsvermögen spielen vor allem die Sinne Sehen und Hören eine wichtige Rolle, seltener Geschmack, Geruch oder Tastsinn (siehe dazu auch den Kasten unten). Da außergewöhnlich kreative Menschen oft eine stark ausgeprägte Vorstellungskraft besitzen, gibt es in der Angewandten Psychologie ein Interesse, das visuelle Vorstellungsvermögen zu reaktivieren. Diese Übung, die von dem US-amerikanischen Psychologen Win Wenger entwickelt wurde, kann zu diesem Zweck eingesetzt werden. Die Teilnehmenden können diese Übung auch für sich allein durchführen. In diesem Fall zeichnen die Teilnehmenden ihre Beschreibung mit einem Aufnahmegerät auf. Jedes Mal, wenn sie diese Übung machen, wird ihr visuelles Vorstellungsvermögen aktiviert, und die Teilnehmenden fangen auch an, häufiger genau hinzuschauen.

Variante: Weitere Übungen, um die Vorstellungskraft zu schärfen

Wenn Sie die Vorstellungskraft weiter schärfen und noch andere Sinne einbeziehen möchten, können Sie die folgenden kurzen Übungen mit der Gruppe machen:

- Wer kann den Geruch von Kaffee aus der Erinnerung heraus erwecken? Versuchen Sie, den Geruch wirklich wahrzunehmen. Wonach riecht es?
- Wer sieht die Farbe des Meeres vor sich? Beschreiben Sie diese Farbe. Oder (mit geschlossenen Augen): Welche Farbe hat der Pullover Ihrer Sitznachbarin oder Ihres Sitznachbars bei diesem Workshop? Beschreiben Sie diese Farbe.
- Wer hört sein Lieblingslied oder Lieblingsmusikstück im Kopf, wenn er sich anstrengt? Wie viele Instrumente können Sie unterscheiden? Wie viele Sänger und Sängerinnen sind beteiligt?
- Wie ist der Geschmack Ihrer Lieblingssüßigkeit? Welche Struktur hat die Süßigkeit, wenn Sie sie essen? Beschreiben Sie den Geschmack so genau wie möglich.

Praxisbeispiel zur Übung „Gesprochenes Portrait“: Schatztruhe eines Saxophonisten

Mit dieser Übung arbeiten Sie an Ihren kreativen Fähigkeiten und schaffen die Voraussetzungen dafür, in Ihrem Kopf ein Erinnerungsschatzkästchen einzurichten. Der niederländische Saxophonist Yuri Honing erschließt sich auf diese Weise eine Inspirationsquelle. 1986 hörte er ein überwältigendes Konzert von Miles Davis, das er nie mehr vergessen wollte. Um es für immer in seinem Gedächtnis zu speichern, tat er Folgendes: „Nach dem Konzert von Miles Davis habe ich buchstäblich zwei Wochen lang selbst nicht mehr gespielt und auch keine Musik gehört. Ich wollte das Konzert nicht mehr verlieren. Und es hat funktioniert. Jetzt, da wir darüber sprechen, kann ich das komplette Konzert wieder hören. Alles, was uns derart beeindruckt, können wir für immer behalten, während wir für andere Sachen hart lernen müssen und es dann doch wieder vergessen.“

Literaturtipp

Wieteke van Zeil hat ein Buch darüber geschrieben, wie wir lernen können, aufmerksamer zu sehen, das 2022 in einer deutschen Übersetzung erschienen ist: Sieh hin! Ein offener Blick auf die Kunst. Sie empfiehlt den Besuch von Museen als ideale Übungsgelegenheit. Wenn Sie im Museum sind, wählen Sie ein paar Räume aus, die Sie sich anschauen möchten. Wählen Sie in jedem Raum ein Kunstwerk aus, das Sie sich sehr genau ansehen werden. Achten Sie auf Details, auch auf solche, die nicht sofort die Aufmerksamkeit auf sich ziehen. Schauen Sie sich abwechselnd das große Ganze und einzelne Details an.

Vielleicht ist auch das Konzept „Slow Art" etwas für Sie? Es werden immer mehr Aktionen zu diesem Thema entwickelt, um die Kunstbetrachtung in Museen und Galerien zu entschleunigen. Es gibt zum Beispiel Museen, die einen jährlich wiederkehrenden „Slow Art Day" organisieren und auch Informationen für Schulen zum Thema bereithalten.

Übung 51: Weiterdenken

Schwierigkeitsgrad: einfach

Kurzbeschreibung

Bei dieser Übung versuchen die Teilnehmenden, sich so viele Lösungen wie möglich für eine Fragestellung auszudenken. Dies führt sie über die naheliegendsten Lösungen hinaus, und es ergeben sich originelle Einfälle.

Zielsetzung/Wirkung

Es handelt sich bei dieser Übung um eine der Basistechniken des kreativen Denkens. Die Teilnehmenden zwingen sich, nicht einfach die ersten Gedanken, die ihnen in den Sinn kommen, zu akzeptieren, sondern so viele Lösungen wie möglich zu präsentieren. Durch diesen Anspruch müssen sie über den Tellerrand hinausschauen. Damit wächst die Wahrscheinlichkeit, auf wirklich originelle Lösungsansätze zu kommen. Die Übung ist eine an sich einfache, aber wirkungsvolle Technik, die die Teilnehmenden immer wieder anwenden können.

Durchführung

Vorbereitung

Sie benötigen ein Flipchart, dicke Schreibstifte und einen Platz, an dem Sie die Flipchart-Bögen aufhängen können. Sie können die Teilnehmenden eventuell bereits im Vorfeld des Workshops dazu auffordern, über ein geeignetes Thema nachzudenken. Notwendig ist das aber nicht.

Schritt 1: Fragestellung festlegen

Sie arbeiten mit der gesamten Gruppe an einem Fall. Fragen Sie nach, ob jemand in der Gruppe eine Frage einbringen möchte, auf die er oder sie eine originelle Antwort sucht. Eine einfache Frage ist hierbei vorzuziehen, weil die Teilnehmenden sich noch an diese Kreativitätstechnik gewöhnen müssen. Fordern Sie die Person, die den Fall oder die Frage einbringt, auf, kurz zu erläutern, worum es dabei geht. Lassen Sie die Teilnehmenden vorab einschätzen, wie viele originelle Lösungen sie glauben anbieten zu können. Verdoppeln Sie diese Zahl, oder geben Sie eine andere Anzahl vor, wie viele Ideen Sie mindestens haben möchten.

Schritt 2: Lösungen ausdenken

Jedes Gruppenmitglied schreibt für sich selbst die Anzahl der erwünschten Lösungen auf. Die Teilnehmenden sollen nämlich gerade dann, wenn es schwierig wird, weiter nach Lösungen suchen. Dies erhöht die Chance, dass die Teilnehmenden sich mit ihren Gedanken außerhalb der vorgefertigten Pfade bewegen. Wenn alle fertig sind, machen Sie weiter mit Schritt 3.

Schritt 3: Nachbesprechung

Sprechen Sie im Plenum über die Erfahrungen mit dieser Kreativitätstechnik. Ist es allen Teilnehmenden gelungen, die genannte Zahl an Lösungen zu finden? War das schwierig? Konnten nach einer schwierigen Phase tatsächlich wieder neue originelle Lösungen gefunden werden? Sind die letzten Lösungen origineller als die ersten?

Schritt 4: Lösungen mitgeben

Bitten Sie jedes Gruppenmitglied, seine besten drei Lösungen vorzulesen, sodass die Person, die den Fall eingebracht hat, viele neue Lösungsansätze angeboten bekommt.

Theoretischer Hintergrund: Gezielt nach Lösungen graben

Diese Kreativitätstechnik können die Teilnehmenden auch für sich allein anwenden. Sie können Zielvorgaben für sich selbst formulieren, so wie Thomas Edison es getan hat. Sein Ziel war es, alle 10 Tage eine kleine Erfindung zu machen und alle 6 Monate eine große. Die Teilnehmenden können es sich zum Ziel machen, immer so viele Ideen wie möglich aus sich herauszuholen, wenn sie eine Frage zu klären oder ein Problem zu lösen haben. Die ersten Ideen sind meist konventionell und naheliegend, erst danach kommen die wirklich interessanten Ideen zum Vorschein und schließlich, noch später, die originellsten und kuriosesten Ideen, von denen man Teile verwenden kann oder die einen dazu bringen, das Ganze von einer völlig anderen Seite her zu betrachten.

Die Vorteile dieser Methode liegen in der Tatsache begründet, dass die Teilnehmenden einen beständigen Gedankenstrom in Gang setzen, dass sie ihre Ideen nicht sofort zensieren und dass sie beim Nachdenken die ausgetretenen Pfade verlassen müssen. Unser Gehirn ist nämlich so programmiert, dass die Information, die wir am häufigsten benötigen und nutzen, am leichtesten zu finden ist. Diese Programmierung ist sehr effizient, aber weniger geeignet, wenn es um originelle, andersartige Lösungen geht. Je länger die Teilnehmenden über ein Problem und seine Lösung nachdenken, desto tiefer müssen sie graben. Sie werden sich dabei über den unmittelbaren Kontext des Problems hinausbewegen, und das vergrößert die Chance, wirklich originelle Funde zu machen.

Tipp: Ehrgeizige Zahlen vorgeben

Wenn man wirklich originelle Ideen generieren möchte, darf man bei der gewünschten Anzahl von Ideen ruhig ehrgeizig sein. Sie können die einzelnen Teilnehmenden bitten, etwa 40 neue Ideen einzubringen. Falls Sie diese Aufgabe gemeinsam in einer Gruppe bearbeiten, können Sie etwa 100 neue Ideen anstreben. Wenn Sie diese Zahl nicht erreichen, ist das kein Problem, aber ein ehrgeiziges Ziel sorgt dafür, dass die Teilnehmenden ihre Ideen nicht zurückhalten und letztlich tatsächlich originelle Lösungen finden. Vielleicht ist sogar eine brillante Idee darunter oder eine an sich kleine Idee, die wiederum auf einen richtigen Weg führt.

Variante: Individuelles Brainstorming mit Zwischenstopp

Wenn Sie die Gruppenmitglieder individuell brainstormen lassen, können Sie ab und zu eine Inspirationsrunde einbauen. Legen Sie einen kurzen Stopp ein und bitten Sie jedes einzelne Gruppenmitglied, die originellste Idee vorzulesen, auf die er oder sie bisher gekommen ist. Das sorgt für neue Inspiration und führt den einen oder anderen vielleicht zu einem anderen Gedankengang. Vielleicht kommt dann auch die angestrebte Zahl wieder in den Bereich des Möglichen?

Übung 52: Ein ernsthaftes Spiel

Schwierigkeitsgrad: mittel

Kurzbeschreibung

Bei dieser Übung übernehmen die Teilnehmenden die Rolle eines externen Beratungsunternehmens, das aufgrund seines Fachwissens eingeschaltet wurde. Das ermöglicht ihnen, mit anderen Augen auf ihre Organisation zu schauen. Sie reflektieren alles, was sie gesehen und gelernt haben, und formulieren schließlich ihre Empfehlung.

Zielsetzung/Wirkung

Gemeinsam eine Rolle zu spielen, ist inspirierend und lässt der Fantasie freien Lauf. Das allein führt schon zu mehr Kreativität. Durch das Rollenspiel können sich die Beteiligten abstrakte Theorien und Konzepte von einer anderen Seite her erschließen. Man fängt an, Dinge anders zu verstehen: Abstraktes wird konkreter, und Puzzleteile finden leichter ihren Platz. Wenn die Menschen eine Rolle spielen, trauen sie sich oft, ehrlicher zu sein. Und da das gesamte Setting jetzt anders ist als sonst, fallen die üblichen festgefahrenen Muster stärker auf. Dieser Effekt kann durch das eingebaute Wettbewerbselement noch verstärkt werden, denn wenn Protagonisten unter Druck stehen, fallen sie schneller in vertraute Verhaltensweisen zurück. Das Rollenspiel trägt daher zu Selbstreflexion und guten Teamgesprächen bei.

Durchführung

Vorbereitung

Definieren Sie zuerst, was das Ziel Ihres Auftrags ist. Möchten Sie, dass die Teilnehmenden ihre Sichtweise auf ein konkretes Problem in der Organisation kommunizieren? Wollen Sie den Gruppenprozess in einzelnen Arbeitsgruppen beobachten? Hätten Sie gern, dass Teilnehmende das Erlernte in einer Praxissituation anwenden und darüber reflektieren? Das Ziel ist für die weitere Ausgestaltung dieser Aufgabe wichtig. Wenn Sie zum Beispiel einen Gruppenprozess beobachten möchten, wäre es gut, wenn Sie noch weitere Beobachter:innen einladen oder Kameras installieren würden. Legen Sie anschließend das Thema, zu dem Sie gern eine Beratung hätten, fest. Arbeiten Sie den Beratungsauftrag schriftlich aus und erstellen Sie ein paar PowerPoint-Folien mit Fragen, die Sie an jedes der mitspielenden Beratungsunternehmen richten wollen. Zum Beispiel: Welchen Ansatz schlagen Sie vor? Was sind die Alleinstellungsmerkmale Ihres Beratungsunternehmens? Speichern Sie die Präsentation auf USB-Sticks ab. Stellen Sie sicher, dass jede Arbeitsgruppe einen USB-Stick und einen Laptop (vorzugsweise mit Internetzugang) zur Verfügung hat. Nehmen Sie für die Auswertung (Schritt 5) eine Münze für jeden Teilnehmenden und für jede Arbeitsgruppe einen kleinen Behälter mit.

Schritt 1: Thema erläutern

Erläutern Sie das Thema bzw. die Frage, um die es gehen soll. Erklären Sie, dass die Teilnehmenden für diese Übung in Arbeitsgruppen arbeiten werden und dass jede Arbeitsgruppe spielen wird, ein externes Beratungsunternehmen zu sein, das dieses Thema mit seiner Expertise bearbeiten wird. Die Teilnehmenden werden schneller in ihre Rolle hineinfinden, wenn Sie als Gruppenleitung die Rolle des Auftraggebers sehr überzeugend spielen. Sie könnten natürlich auch den tatsächlichen Auftraggeber einladen, um das Thema deutlich zu vermitteln.

Schritt 2: Arbeitsgruppen bilden

Bitten Sie die Teilnehmenden, sich gemeinsam mit ein paar Kolleg:innen zu einem Beratungsunternehmen zusammenzuschließen. Betonen Sie, wie wichtig es ist, ein starkes Team zu bilden, ein Team, dessen Mitglieder sich gegenseitig ergänzen und verstärken. Am besten sind kleine Gruppen von ca. 3 Personen, weil dann alle aktiv beteiligt sind. Wenn Sie vor allem den Gruppenprozess beobachten möchten, ist es hingegen besser, mit etwas größeren Gruppen zu arbeiten (5 oder 6 Personen) und die Gruppen durch bestehende Teams bilden zu lassen.

Schritt 3: Auftrag ausführen

Geben Sie den Arbeitsgruppen den Auftrag, sich das Thema bzw. die Fragestellung anzusehen und die Fragen auf dem USB-Stick zu lesen. Bitten Sie dann die Beratungsunternehmen, ihre jeweilige Lösung in einem maximal 5-minütigen Vortrag zu präsentieren. Sie dürfen dafür gerne die Laptops benutzen und bekommen eine Stunde Zeit. Das ist in der Regel ausreichend, außer, wenn es sich um ein sehr komplexes Thema handelt und es wichtig ist, dass die Lösung gut durchdacht ist.

Schritt 4: Lösungen präsentieren

Jedes Beratungsunternehmen hält nun seine Präsentation. Behalten Sie die Zeit im Blick! Falls es mehr als fünf Gruppen gibt, ist es ratsam, die Präsentationszeit zu verkürzen und eventuell das Präsentationsformat zu variieren (siehe Übung 69: *Form und Urteil*). Es droht sonst die Gefahr des Energieverlusts aufseiten der

Zuhörenden. Nach jeder Präsentation dürfen die anderen Arbeitsgruppen 5 Minuten lang Fragen stellen. Überlegen Sie außerdem, ob Sie für diesen Teil der Übung den Auftraggeber einladen wollen.

Schritt 5: Den Gewinner ermitteln

Geben Sie allen Teilnehmenden eine Münze und stellen Sie vor jede Arbeitsgruppe einen kleinen Behälter. Bitten Sie die Teilnehmenden, eine Münze in den Behälter der Arbeitsgruppe zu stecken, die ihrer Meinung nach die beste Lösung gefunden hat. Das Beratungsunternehmen mit den meisten Stimmen ist der Gewinner und erhält „den Auftrag". Wollen Sie dem Gewinner evtl. einen Preis überreichen?

Schritt 6: Nachbesprechung

Sorgen Sie für einen guten Abschluss dieser Übung, damit auch am Arbeitsplatz positive Auswirkungen spürbar werden. Relevante Fragen sind:

- Wie ist es gelaufen?
- Was ist den Teilnehmenden inhaltlich an den Präsentationen aufgefallen?
- Was ist den Teilnehmenden während des Prozesses aufgefallen – sowohl in ihrer eigenen Arbeitsgruppe als auch in der Gruppe als Ganzes?
- Wie sehen sie jeweils ihre eigene Rolle? Hat die Rolle etwas mit der Rolle am Arbeitsplatz zu tun?
- Konnten die Teilnehmenden in der Rolle des externen Experten das Thema freier betrachten? Wenn ja, ist das etwas, was sie an ihrem Arbeitsplatz anwenden können?
- Was wird die Gruppe mit den Vorschlägen tun? Werden bestimmte Dinge konkret aufgegriffen? Wenn ja, welche Personen werden das tun?

Tipp: Ihre Rolle als Gruppenleitung

Unterstützen Sie die Teilnehmenden darin, dass sie möglichst viel für sich aus dem Rollenspiel herausholen können. Beobachten Sie sie sehr genau und stellen Sie offene Fragen zu Details, die Ihnen aufgefallen sind. Sprechen Sie mit den Teilnehmenden auch darüber, was jedem Einzelnen aufgefallen ist. Ist die Gruppe zu groß, um zu überblicken, was geschieht? Bitten Sie dann einen Kollegen oder eine Kollegin, mitzuschauen.

Übung 53: Spielerisch lernen

Schwierigkeitsgrad: mittel

Kurzbeschreibung

Die Teilnehmenden spielen miteinander ein Teamspiel und lernen dabei verschiedene Kreativitätstechniken kennen.

Zielsetzung/Wirkung

Die Teammitglieder lernen in kurzer Zeit verschiedene Kreativitätstechniken kennen. Sie wenden diese Techniken direkt an und machen sie sich zu eigen. Die Techniken werden dadurch zu ihrer Basisausrüstung, und sie können auch später an ihrem Arbeitsplatz damit experimentieren. Durch den spielerischen Ansatz sorgt diese Übung für eine lockere Atmosphäre und bewirkt, dass die Teilnehmenden sich noch einmal auf eine andere Art und Weise kennenlernen. Als Bonus erhalten Sie als Gruppenleitung, Projektleitung oder Teamleitung eine Menge Ideen zu der Frage, die in den Mittelpunkt des Spiels gestellt wird.

Durchführung

Vorbereitung

Überlegen Sie sich:

- Welche Frage die Teams bearbeiten sollen.
- Welche Kreativitätstechniken Sie ihnen vorstellen wollen (siehe das Beispiel im Kasten).
- Ob Sie ein Thema mit dem Spiel verknüpfen wollen (siehe das Beispiel im Kasten).
- Welche Spielregeln Sie brauchen, um einen guten „Flow" ins Spiel zu bekommen.
- Ob Sie Gegenstände benötigen, um dem Spiel Schwung zu verleihen oder um es einfach nur „laufen" zu lassen.

Entwickeln Sie das Spiel:
- Überlegen Sie sich, wie Sie die einzelnen Kreativitätstechniken mit dem Thema verknüpfen können. Schreiben Sie eine kurze Erläuterung (siehe das Beispiel im Kasten).
- Drucken Sie die Erläuterung aus und legen Sie die Ausdrucke auf den Tischen aus.
- Beschaffen Sie die Gegenstände, die Sie benötigen. Stellen Sie Papier im DIN-A4-Format, einen Flipchart-Bogen oder Haftnotizzettel zur Verfügung, damit die Teams ihre Ideen aufschreiben können.

Schritt 1: Erklären Sie das Spiel

Erläutern Sie den Teilnehmenden das Ziel des Spiels, das sie spielen werden. Erklären Sie, welche Fragen dabei bearbeitet werden, welche Spielregeln es gibt und wer in welchem Team ist. Kommunizieren Sie dabei klar und deutlich und zugleich möglichst auch spielerisch. Mit Ihrer Einführung geben Sie den Ton vor.

Schritt 2: Gehen Sie im Raum umher und beantworten Sie eventuelle Fragen

Wenn der Spielfluss gut ist, läuft es wie von selbst. Sie müssen vielleicht ab und zu eine Frage beantworten, ansonsten können Sie sich im Raum umsehen, Spaß haben, mitspielen. Also: Gehen Sie im Raum umher, beantworten Sie eventuelle Fragen, schauen Sie, ob Sie an der einen oder anderen Stelle etwas beitragen können, genießen Sie den Moment und spielen Sie mit.

Schritt 3: Beenden Sie das Spiel

Sie als Gruppenleitung behalten die Uhr im Blick und geben ein Zeichen, wenn das Spiel beendet werden soll. Bitten Sie alle Gruppen, ihre besten Ideen auszuwählen. Geben Sie dazu jedem Gruppenmitglied zwei oder drei kleine runde Aufkleber, um diese auf diejenigen Ideen der eigenen Gruppe zu kleben, die er oder sie für die besten hält. Eine andere Möglichkeit ist, dass jedes Gruppenmitglied die besten Ideen durch das Setzen von Strichen markiert. Anschließend schreibt jede Gruppe (maximal) fünf Ideen, die die meisten Stimmen erhalten haben, untereinander auf einen Flipchart-Bogen oder jeweils einzeln auf Haftnotizzettel.

Schritt 4: Ideen erläutern

- Jede Gruppe erläutert in maximal 5 Minuten ihre Ideen.
- Lassen Sie jede einzelne Person – nachdem alle Präsentationen stattgefunden haben – entscheiden, welche zwei Ideen sie am meisten ansprechen. Verteilen Sie dazu wieder Aufkleber. Jetzt wählt jeder und jede Einzelne aus allen Ideen die besten aus, nicht nur aus den Ideen der eigenen Gruppe!

Variante: Einen Kreativitätspreis verleihen

Überlegen Sie sich, ob Sie der Gruppe mit der besten Idee einen Preis überreichen wollen. Das würde zum spielerischen Ansatz dieser Übung passen, und Sie hätten damit einen gelungenen Abschluss, denn ein schönes Ende hinterlässt ein gutes Gefühl, mit dem die Teilnehmenden nach Hause gehen. Eine Preisverleihung passt allerdings nicht so gut zu dem Gedanken, dass Kreativität eine Teamleistung ist und dass auch die weniger guten oder seltsamen Ideen gebraucht werden, um letztlich zu den anwendbaren, originellen Ideen zu finden.

Aus diesem Grund könnten Sie sich auch dafür entscheiden, den Preis mit der Weiterentwicklung der preisgekrönten Idee zu verknüpfen. Sie könnten zum Beispiel die Idee von einem Zeichner zeichnen lassen, sie von Schauspielern darstellen lassen oder einen Prototyp anfertigen lassen (siehe dazu auch Übung 72: *Einen Prototyp erstellen*). Der Gedanke dahinter ist, dass Sie die Idee einen Schritt weiterbringen, und das ist für alle Teilnehmenden eine wertvolle Erfahrung.

Ein Praxisbeispiel: Beim Meeting einer Versicherungsgesellschaft dachten ca. 100 Führungskräfte über Innovationen nach. An diesem Tag waren auch Improvisationsschauspieler:innen anwesend, die verschiedene Rollen innehatten. Diese Schauspieler:innen haben als Preis einen Werbespot über die vielversprechendste Idee dieses Tages gedreht.

Material zur Übung „Spielerisch lernen“: Beispiel für ein Teamspiel

Ein Kongressbüro wollte mit einer Gruppe von ca. 20 Mitarbeitenden das „Out-of-the-Box“-Denken erlernen und außerdem als Team ein schönes Event erleben. Sie hatten sich vom Klappentext unseres Buches inspirieren lassen und wollten „auf eine Entdeckungsreise durch ihr eigenes Gehirn“ gehen. Wir haben für sie ein Spiel mit dem Thema „Unterwegs in Europa“ entwickelt. Mit drei Teams, einer Frage, sechs Würfeln und elf Ländertabellen spielten sie eine Stunde lang ein Spiel mit Aufgaben wie dieser:

Gehen Sie von der Idealsituation aus. Norwegen ist, auf die einzelnen Bewohner:innen umgerechnet, das reichste Land Europas. Eine angenehme Ausgangslage. Von einer solchen Idealsituation auszugehen, ist auch beim Brainstorming vorteilhaft, weil man dann die hinderlichen, einschränkenden Gedanken beiseitelassen und eine klare Vision von dem, was man wirklich möchte, entwickeln kann.

Die Aufgabe lautete:
- Stellen Sie den Timer auf 5 Minuten.

- Führen Sie ein Brainstorming zur ursprünglichen Frage durch, aber jetzt von der folgenden Situation ausgehend: „Sie haben ein unbegrenztes Budget, unbegrenzt viel Zeit und ein herausragendes Projektteam. Die ganze Welt möchte Ihnen gern helfen, und Sie können die besten und schönsten Locations nutzen."
- Der Protokollant schreibt alle Ideen auf.
- Wenn der Timer sein Signal gegeben hat, überlegen Sie gemeinsam, welche Aspekte der Ideen realisierbar sind. Oprah Winfrey möchte vielleicht nicht als Tagungspräsidentin auftreten, Sie könnten aber einen ihrer Filme zeigen, eine ortsansässige Wissenschaftlerin einladen, kleine Gastgeschenke an das Publikum verteilen usw.

Die Spielregeln bei diesem Spiel waren sehr einfach. Alle Tische wurden mit einer Nummer versehen. Alle Teams erhielten zwei Würfel. Die Würfel haben bestimmt, mit welchem Tisch ein Team startet. Wenn bereits ein anderes Team an dem entsprechenden Tisch arbeitete oder wenn das Team diesen Tisch bereits „absolviert" hatte, wurde noch einmal gewürfelt. Die Spielregeln konnten so einfach sein, weil es relativ viele Tische gab, dagegen relativ wenig Zeit und wenige Teams. Versuchen Sie, auch Ihr Spiel so einfach wie möglich zu halten.

Neben der oben dargestellten Vorgehensweise haben wir bei diesem Teamevent auch die folgenden Kreativitätstechniken eingesetzt:

Belgien	*Der Superheld* (Übung 58)
Dänemark	*Blickfänger* (Übung 59)
Deutschland	*Weiterdenken* (Übung 51)
England	Stellen Sie die Dinge auf den Kopf. Erarbeiten Sie eine miese Version Ihrer Brainstorming-Frage. Zum Beispiel: Welche Redner sorgen dafür, dass alle zu Hause bleiben? Dies ist der direkteste Weg, um Muster und Erwartungen zu durchbrechen.
Irland	*Brainwriting* (Übung 64)
Italien	Fassen Sie Ihre Frage kleiner. Dadurch verlassen Sie die eingefahrenen Denkpfade und „wechseln die Spur". Sie könnten zum Beispiel ein Brainstorming zu dieser Frage durchführen: „Wie können wir sicherstellen, dass wir in diesem Jahr einen neuen Kunden gewinnen?" Anschließend denken Sie über die folgende Frage nach: „War bei den Antworten etwas dabei, was wir noch nicht tun und was wir für größere Kundengruppen verwenden könnten?"
Niederlande	Anhand von Bildern assoziieren (siehe Übungen 45 und 46 für Hintergrundinformationen)

Österreich	Ideen reifen lassen, Mozartkugeln essen (zwei Übungen, die nicht Bestandteil dieses Buches sind)
Russland	Fassen Sie Ihre Frage größer. Formulieren Sie Ihre Frage sehr ambitioniert, oder legen Sie sich – als Herausforderung – eine Beschränkung auf. Zum Beispiel: „Sie müssen sich besonders originelle Ideen überlegen."
Schweden	*Puzzeln mit Einzelteilen* (Übung 71)

Übung 54: Mindmapping (individuell)

Schwierigkeitsgrad: einfach

Kurzbeschreibung

Bei dieser Übung handelt es sich um eine individuelle Variante des Mindmappings. Die Vorteile dieser Methode liegen darin, dass genügend Raum für das Ruhen, Loslassen und Heranreifen von Ideen („Inkubation") gelassen und so das Unterbewusstsein zum Arbeiten gebracht wird.

Zielsetzung/Wirkung

Wenn Sie eine Mindmap erstellen, erhalten Sie einen guten Überblick über die vielen Facetten, die mit einer Fragestellung zu tun haben. Die Chance, kreative Lösungen zu finden, steigt dadurch erheblich, weil Sie alle Aspekte überblicken und sich so ein Bild von den Zusammenhängen verschaffen können.

Durchführung

Vorbereitung

Sie benötigen Wissen über das Mindmapping als Methode und müssen Erfahrungen mit der Anwendung dieser Methode sammeln. Im Anhang finden Sie dazu mehr Informationen. Am besten ist es, wenn Sie einen ruhigen Raum zur Verfügung haben. Sie benötigen zudem große Papierbögen, Bleistifte und Buntstifte und für die Entspannung bei Schritt 3 etwas Musik. Das Vorgehen kann in sieben Schritte unterteilt werden.

Schritt 1: Das zentrale Thema zeichnen

Beginnen Sie damit, dass Sie ein zentrales Bild als Symbol für die Fragestellung zeichnen. Platzieren Sie diese Zeichnung in der Mitte des Blattes und machen Sie einen Kreis um die Zeichnung. Von dieser Stelle ausgehend, verzweigen sich nun die Ideen in alle Richtungen.

Schritt 2: Assoziationen fließen lassen

Lassen Sie den Ideen freien Lauf, ohne allzu viel Zeitdruck. Schreiben Sie auch bizarr anmutende Ideen auf.

Schritt 3: Kurze Pause

Machen Sie eine kurze Pause. Gehen Sie ein wenig umher, damit Ihr Gehirn sich wieder entspannen kann.

Schritt 4: Erste Nachbearbeitung

Nehmen Sie nun ein großes Zeichenpapier und erstellen Sie eine neue Mindmap, indem Sie ordnen, kombinieren, kategorisieren und neue Assoziationen hinzufügen. Es dürfen gerne Wiederholungen vorkommen. Mehr noch: Wenn bestimmte Assoziationen drei Mal oder öfter auftauchen, werden sie optisch hervorgehoben. Zeichnen Sie einen Rahmen um diese Assoziationen herum. Durch diese neue Mindmap kann sich eine neue Struktur ergeben, die wiederum zu neuen Erkenntnissen führt.

Schritt 5: Entspannung und Inkubationsphase

Lassen Sie die Mindmap nun ruhen und gehen Sie eine halbe Stunde spazieren. Denken Sie eine Zeit lang nicht mehr darüber nach. Das nennt man die „Inkubationsphase".

Schritt 6: Zweite Nachbearbeitung

Da Sie draußen spazieren waren und gedanklich die Mindmap losgelassen haben, können Sie sich ihr wieder in Frische zuwenden. In dieser zweiten Nachbearbeitungsphase überdenken Sie die Informationen, die Sie bereits gesammelt haben, und verbessern die Mindmap dort, wo es nötig erscheint.

Schritt 7: Die Lösung

Wenn Sie alle Verästelungen bei der Lösung Ihres Problems berücksichtigen, finden Sie zu einem ganzheitlichen Lösungsansatz.

Infobox: Wichtige Mindmapping-Techniken

- Sorgen Sie für Akzente in der Mindmap. Verwenden Sie immer ein zentrales Bild, nutzen Sie Symbole und verschiedene Farben und nutzen Sie Wörter, die alle Sinne ansprechen. Heben Sie einzelne Abschnitte oder Worte hervor, indem Sie sie mit einem dick(er)en Stift schreiben. Nutzen Sie den Platz gut aus. Arbeiten Sie mit Pfeilen, wenn sich Verbindungen herstellen lassen.
- Verwenden Sie für jeden Ast einen Schlüsselbegriff. Gestalten Sie Hauptabzweigungen optisch dicker als Seitenzweige. Gestalten Sie das Bild so deutlich und so schön wie möglich.
- Schaffen Sie eine klare hierarchische Struktur und verwenden Sie Ziffern.

Übung 55: Mindmapping (Variante für Gruppen)

Schwierigkeitsgrad: mittel

Kurzbeschreibung

Diese Übung ermöglicht es, Informationen grafisch übersichtlich zu gestalten – ohne jegliche Einschränkungen. Ausgehend von einem zentralen Thema (einem Kreis) werden Abzweigungen gezeichnet, Hauptäste und Seitenäste. An den Abzweigungen stehen jeweils Schlüsselbegriffe, Farben und/oder Symbole.

Zielsetzung/Wirkung

Mindmapping mit der Gruppe hat den Vorteil, dass die kreativen Ressourcen aller Teilnehmenden zum Tragen kommen, miteinander kombiniert und verstärkt werden können. Da die Teilnehmenden immer aus ihrem persönlichen Bezugsrahmen heraus assoziieren, erhält die Gruppe am Ende ein umfassendes, aussagekräftiges Bild aller Faktoren, die im Kontext des Themas oder des Problems eine Rolle spielen. Damit ist eine ausgezeichnete Basis für Konsens und für die Tragfähigkeit der Lösungen gegeben. Am Ende der gemeinsamen Arbeit haben alle Teilnehmenden das gleiche umfassende Verständnis des Problems und der möglichen Lösungen gewonnen.

Durchführung

Vorbereitung

Sie benötigen Wissen über das Mindmapping als Methode und Erfahrungen mit der Durchführung dieser Methode. Im Anhang finden Sie dazu mehr Informationen. Wichtig ist, dass das Thema schon vorher genau definiert und abgegrenzt wurde. Stellen Sie sicher, dass alle Teilnehmenden bereits im Vorfeld über das Thema informiert wurden und sich – auf ihre Weise – vorbereiten können. Sie benötigen eine ruhige Umgebung mit ausreichend Bewegungsmöglichkeit für die Teilnehmenden. Zudem benötigen Sie ein Whiteboard oder ein Flipchart, großformatiges Zeichenpapier, Bleistifte und Buntstifte und/oder Filzstifte. Überlegen Sie sich auch eine Aktivität für die Pause. Kalkulieren Sie mit etwa 5 Stunden für die Durchführung dieser Übung.

Schritt 1: Erläuterung und individuelles Mindmapping

Erklären Sie kurz, was eine Mindmap ist und wie die Methode funktioniert. Zeichnen Sie ein Beispiel auf einen Flipchart-Bogen. Die Teilnehmenden erstellen – jeder für sich selbst – eine Mindmap anhand des vorher festgelegten Themas. Nach einer kurzen Pause erfolgt eine Nachbearbeitung. Die erstellte Mindmap wird erneut betrachtet, Assoziationen werden hinzugefügt und neu sortiert. Rechnen Sie mit etwa 60 Minuten für diesen Schritt.

Schritt 2: Ausarbeitung in Kleingruppen

Teilen Sie die Gruppe in Kleingruppen von jeweils 2 oder 3 Teilnehmenden auf. Die Mitglieder der Kleingruppe diskutieren etwa 30 Minuten lang gemeinsam die Mindmaps ihrer Kleingruppe und tauschen ihre Gedanken und Ideen darüber aus. In dieser Phase werden alle Ideen akzeptiert, das heißt, jede Assoziation ist legitim.

Schritt 3: Gruppen-Mindmap

Verwenden Sie ein großes Whiteboard oder (aneinandergeklebte) Flipchart-Bögen, um gemeinsam die Grundstruktur der Mindmap festzulegen. Einigen Sie sich darauf, welche Symbole Sie verwenden wollen. Dann bestimmen die Teilnehmenden, welche Konzepte die wichtigsten sind: Diese bilden die Hauptverzweigungen. Alle anderen Ideen der Teilnehmenden werden den Hauptverzweigungen zugeordnet. Das Gesamte ist letztlich die Gruppen-Mindmap. Rechnen Sie mit etwa 60 Minuten für diesen Schritt.

Schritt 4: Lange Pause

Um die Dinge etwas sacken und zur Ruhe kommen zu lassen, ist es wichtig, an dieser Stelle eine lange Pause einzulegen. Fordern Sie die Teilnehmenden auf, einen Strand- oder Waldspaziergang zu machen oder ein Stück mit dem Fahrrad zu fahren – wenn die Situation es erlaubt. Ansonsten genügt ein 20-minütiger Spaziergang in der Umgebung.

Schritt 5: Rekonstruktion

Um die Gruppen-Mindmap noch präziser auszuarbeiten, werden die Schritte 1, 2 und 3 erneut vollzogen, aber jetzt mit dem Input aus der Gruppen-Mindmap von Schritt 4. Das heißt, jedes einzelne Gruppenmitglied ergänzt oder verbessert zuerst für sich selbst die Gruppen-Mindmap, bespricht seine Änderungen innerhalb seiner Kleingruppe und kommt schließlich mit der gesamten Gruppe zur finalen Gruppen-Mindmap. Rechnen Sie für diesen Schritt mit etwa 60 Minuten.

Schritt 6: Lösungsansätze

Die Gruppe bekommt nun 30 Minuten Zeit, um sich ein gemeinsames Bild der Fragestellung und von möglichen Lösungsansätzen zu verschaffen.

Schritt 7: Entscheidungsfindung

Nach einer ausgedehnten Pause (etwa 30 Minuten) kommt die Gruppe wieder zusammen, wägt alle Lösungsansätze erneut ab und entscheidet sich gemeinsam für eine Lösung.

Variante: Mini-Mindmap als Warm-up

Bevor Sie mit dem Mindmapping in der Gruppe beginnen, können Sie eine kurze Übung zum Aufwärmen machen: die Mini-Mindmap nach Tony und Barry Buzan (1993/2013). Eine Mini-Mindmap ist eine vereinfachte Form der Mindmap. Für diese kurze Übung brauchen Sie Papier, Bleistifte, Buntstifte oder Filzstifte.

Wählen Sie ein Thema aus, das alle beschäftigt, zum Beispiel Zeitmanagement. Machen Sie einen Kreis um dieses Wort und bringen Sie zehn Verzweigungen an. Lassen Sie alle Teilnehmenden – jeder für sich selbst – aufschreiben, welche Assoziationen sie zu diesem Thema haben. Die zuerst auftauchenden Assoziationen sollten nicht mit den anderen Teilnehmenden besprochen werden. Der Reihe nach liest jedes Gruppenmitglied seine Wörter vor, und die anderen machen einen Kreis um die Wörter, die auch sie auf der Liste haben. Wenn alle oder fast alle ein Wort gemeinsam haben, wird dieses Wort zum zentralen Thema.

Teil 6: Originelle Ideen generieren

Inhaltsübersicht

Einführung

Wenn von „Kreativität“ die Rede ist, denken die meisten Menschen als erstes an die Entwicklung von Ideen, möglichst vielen und möglichst brillanten Ideen. Und genau darum geht es bei den Übungen in diesem Teil des Buches. Es werden verschiedene Katalysatoren eingesetzt, die zu originellen Ideen führen können: der frische, unverfälschte Blick anderer Menschen, die Kraft des Zufalls, Informationen von außen, und schließlich inspirieren die Workshop-Teilnehmenden sich gegenseitig mithilfe der Technik des Brainwriting.

Wichtig ist der jeweils individuelle Blick, mit dem wir Menschen die Dinge betrachten. Er beeinflusst unser Denken, Handeln und Fühlen und bestimmt, welche Optionen wir überhaupt wahrnehmen. Zu diesem Teil des Buches zählen deshalb auch vier Übungen, die uns dabei helfen, die Dinge anders zu betrachten. Zu lernen, die Dinge anders zu sehen, ist eine Quelle der Kreativität, schenkt positive Energie und bietet die Chance, neue Ideen zu entwickeln. Bei der Übung *Blick in eine andere Welt* sorgt ein Experte oder eine Expertin aus einem anderen Fachgebiet für neue Einsichten und Perspektiven, um mit einem bestimmten Problem umzugehen. Die Übung *Ein durchdachtes und unterhaltsames Abendessen* beinhaltet eine Einladung von Menschen mit einer interessanten Sichtweise zum Mittag- oder Abendessen. Die Workshop-Teilnehmenden bereiten diese Begegnung vor und lassen sich im weiteren Verlauf überraschen. Solche Treffen führen zu neuen Eindrücken und hoffentlich auch zu der Erkenntnis, wie wertvoll solche Begegnungen sind. Bei den Übungen *Der Superheld* und *Blickfänger* gewinnen die Teilnehmenden eine andere Sicht der Dinge, indem sie sich in die Lage eines anderen hineinversetzen. Wenn man einen Superhelden oder eine Superheldin wählt, entfallen alle Hindernisse, die für normale Menschen gelten. Das erhöht die Chance auf einen Durchbruch. Die Teilnehmenden an der Übung *Blickfänger* versetzen sich hingegen in die Lage von verschiedenen Menschen und sehen sich aus dieser neuen Perspektive eine Situation aus ihrem Berufsalltag an.

Der Zufall bringt die Menschen auf eine andere Fährte, holt sie aus ihren festgefahrenen Denkmustern heraus. Deshalb ist der Zufall ein mächtiges Instrument, um Lösungen für schwierige Fragestellungen zu finden. Es gibt in diesem Buch zwei Übungen, die gezielt mit der Kraft des Zufalls arbeiten. Zum einen ist das die Übung *Das Serendipity-Prinzip,* eine Übung, bei der die Teilnehmenden lernen können, sich den Zufall zunutze zu machen. Diese Übung können sie nach dem Workshop auch selbstständig anwenden. Zum anderen handelt es sich um *Das Orakel,* eine Übung, bei der der Zufall etwas mehr unter die Regie der Gruppenleitung fällt. Die Teilnehmenden erleben diese Übung oft als eine Überraschung.

Inspiration von außen sorgt oft für originelle Blickwinkel. Damien Hirst, einer der berühmtesten Künstler unserer Zeit, sagt, er habe noch nie etwas selbst erdacht. Er beherrscht es hervorragend, sich die Technik, die wir unter der Überschrift *Mix & Match* beschreiben, zunutze zu machen. Wir sehen uns dabei bereits erprobte Ideen an und kombinieren sie zu einer neuen Idee. *Bilder einer Ausstellung* ist ein Beispiel für die Technik des Abstand-Nehmens und Loslassens. Während man sich mit anderen Fragen und anderen Lösungen beschäftigt, kann man Analogien erkennen und überraschende Erkenntnisse für das ursprüngliche Problem finden.

Die Übung *Brainwriting* liefert eine wahre Fülle von Ideen. Es handelt sich dabei um eine Brainstorming-Technik, die so aufgebaut ist, dass alle Teilnehmenden an die Reihe kommen. Die Teilnehmenden inspirieren sich gegenseitig, indem sie die Einfälle der anderen weiterdenken.

Innovative Ideen erhält man unter anderem auch dadurch, dass man offen für die latenten Bedürfnisse der Menschen ist. *Mit den Kund:innen Innovationen entwickeln* ist dafür ein Beispiel. Hierbei gehen wir von der „Jobs-to-Be-Done"-Theorie des Harvard-Professors Clayton Christensen aus. Wir haben diese Theorie in eine Liste von Fragen übersetzt, die Sie potenziellen Kund:innen in einem Interview stellen können.

Übung 56: Blick in eine andere Welt

Schwierigkeitsgrad: mittel

Kurzbeschreibung

Die Teilnehmenden bekommen einen Vortrag von einem Gastredner oder einer Gastrednerin aus einem anderen Fachgebiet zu hören. Diese Person beschäftigt sich innerhalb ihres Fachgebiets mit derselben Fragestellung wie die Teilnehmenden, betrachtet sie aber aus einer völlig anderen Perspektive. In dieser Übung werden die verschiedenen Perspektiven ausgetauscht.

Zielsetzung/Wirkung

Menschen, die mit Herzblut in ihrem Fachgebiet tätig sind, prüfen ständig, wenn sie irgendwelche Dinge betrachten: Kann ich das für meine Arbeit gebrauchen? Weil sie neugierig auf die Welt um sie herum sind, gelingt es ihnen oft, neue Erkenntnisse zu gewinnen. Obwohl der Gastredner und die Teilnehmenden bei dieser Übung vor derselben Fragestellung stehen, betrachten sie das Problem aus unterschiedlichen Blickwinkeln. Ein Beispiel wäre ein Biologe, der viel über das Phänomen des Fliegens weiß und einen Vortrag für Flugzeugingenieure hält. Oder ein Kampfjetpilot, der Eisschnellläufern erklärt, wie er mit der Geschwindigkeit umgeht. Vorträge dieser Art liefern interessante, neue Einsichten für Themen innerhalb des eigenen Fachgebiets.

Durchführung

Vorbereitung

Machen Sie sich mit dem Problem vertraut, für das die Teilnehmenden nach einer Lösung suchen. Denken Sie über andere Fachgebiete mit möglicherweise ähnlichen Problemen nach. Eventuell wurden in anderen Fachgebieten bereits Lösungen für das Problem entwickelt. In welchem Fachgebiet wäre ein interessanter Gastredner oder eine interessante Gastrednerin zu finden? Und wen könnten Sie am besten ansprechen? Stellen Sie Ihre Ideen gemeinsam mit den Teilnehmenden auf den Prüfstand. Der Referent sollte natürlich viel Wissen auf seinem eigenen Fachgebiet haben und dieses Wissen möglichst interessant fachfremden Menschen vermitteln können. Laden Sie den Gastredner oder die Gastrednerin ein. Sie benötigen ein Flipchart, dicke Stifte und einen Platz, an dem Sie die Flipchart-Bögen aufhängen können.

Schritt 1: Im Vorfeld

Bereiten Sie den Auftritt des Gastredners gemeinsam mit den Teilnehmenden vor. Wo liegen die Gemeinsamkeiten zwischen dem Fachgebiet des Referenten und der Fragestellung der Teilnehmenden? Schreiben Sie diese bereits im Vorfeld auf einen Flipchart-Bogen. Bitten Sie die Teilnehmenden zudem, einige Fragen aufzuschreiben, die sie dem Gastredner oder der Gastrednerin auf jeden Fall stellen möchten.

Schritt 2: Die Geschichte

Der Gastredner erzählt seine Geschichte. Die Teilnehmenden stellen Fragen, um ein möglichst klares Bild dieser Perspektive zu bekommen.

Schritt 3: Schlussfolgerungen

Fragen Sie im Anschluss, was die Teilnehmenden von dem Gastredner oder der Gastrednerin gelernt haben. Wie können sie die erhaltenen Informationen innerhalb ihres eigenen Fachgebiets anwenden?

Variationen

- Zeigen Sie in Ihrem Workshop einen (Dokumentar-)Film, der völlig anders mit dem Problem, mit dem die Teilnehmenden zu tun haben, umgeht. Was kann die Gruppe daraus lernen?
- Machen Sie eine Exkursion, die den Teilnehmenden einen neuen Blick auf ihr Problem eröffnet. Gaspersz (2004) nennt als Beispiel einen Betrieb, der auf Tunnelbau spezialisiert ist. Die Mitarbeitenden dieses Betriebes besuchten ein Krankenhaus und hörten einen Herzchirurgen über „seine Tunnel" berichten: Bypass-Operationen. Anschließend sprachen sie mit einer Biologin, die erzählte, wie bestimmte Muscheln sich in den Sand eingraben und damit auch Tunnel errichten. Gaspersz macht den Vorschlag, aus solchen Exkursionen Tage zu machen, die die Augen für neue Perspektiven und Zusammenhänge öffnen und so einen Blick über den Tellerrand hinaus ermöglichen – angefangen bei den Transportmitteln bis hin zum Mittag- und Abendessen.

Infobox: Beispiele für horizonterweiternde Aktionen

Der Psychiater Carl Gustav Jung ist ein Beispiel für jene Wissenschaftler, die auch außerhalb ihres Fachgebiets aktiv auf die Suche nach Information und Erkenntnissen gehen, um sie für sich zu nutzen. Er vertiefte sich in östliche und westliche Philosophie, Alchemie und Religionswissenschaften. Er führte Gespräche mit Wissenschaftler:innen und Denker:innen anderer Disziplinen, wie Vertreter:innen der Naturwissenschaften, der Mythologie, der Medizin, der Indologie und der Theologie. So entwickelte er seine Analytische Psychologie, die noch viele Psycholog:innen nach ihm inspirierte.

Es gibt auch Beispiele aus jüngerer Zeit. Jos Houweling, Direktor des Masterstudiengangs an der niederländischen Kunstakademie „Rietveld“, nahm eine Gruppe talentierter junger Künstler:innen mit zum Fußballclub Ajax, wo Co Adriaanse die Nachwuchstalente trainierte. Die Künstler:innen sollten eine halbe Stunde lang die junge Ajax-Truppe beobachten und dann sagen, wer von ihnen die talentiertesten sind und warum. Ziel war es, den Künstler:innen ein Gefühl dafür zu vermitteln, wie sie selbst am besten mit ihrem Talent umgehen können (Knegtmans, 2008).

Die Entwickler des kleinsten (Propeller-)Flugzeugs mit Kamera ließen sich für ihren Entwurf von einer Libelle inspirieren. Und für einen noch zu entwickelnden neuen Mini-Hubschrauber sahen sich die Entwickler einen Kolibri an: einen winzigen Vogel, der wie ein Hubschrauber in der Luft stehen kann, wenn er Nektar aus einer Blume trinkt (Van Nieuwstadt, 2008).

Tipp: Nutzen Sie Ihr Netzwerk

Nutzen Sie Netzwerke wie Twitter und LinkedIn, um interessante Gesprächspartner:innen zu finden. Ihre Kontakte kennen wiederum andere Menschen, die Zugang zu anderen Fach- und Interessensgebieten haben. Vielleicht ergibt sich daraus ein interessanter Blick in eine für Sie noch unbekannte Welt.

Übung 57: Ein durchdachtes und unterhaltsames Abendessen

Schwierigkeitsgrad: mittel

Kurzbeschreibung

Bei dieser Übung geht es darum, mit anderen Menschen wirklich in Kontakt zu treten. Die Teilnehmenden lernen beim Abendessen (oder Mittagessen) einen besonderen Gast kennen. Die Übung eignet sich am besten für längere Workshops. Sie sollten sich Zeit dafür nehmen und bedenken, dass die Begegnungen ergebnisoffen sind.

Zielsetzung/Wirkung

Wer kreativ bleiben möchte, muss sich auf andere Menschen einlassen, sich deren Visionen, Wissen und Erfahrungen anhören. Wir erhalten dadurch immer wieder neue Informationen und Erkenntnisse, lassen uns inspirieren, lernen, unsere eigenen Ideen anzupassen und neue Chancen zu sehen. Ein Abendessen mit einer besonderen Person kann sehr anregend sein und die Teilnehmenden vielleicht auf die Idee bringen, künftig auch selbst solche Begegnungen zu organisieren.

Durchführung

Vorbereitung

- Fragen Sie die Teilnehmenden, ob es Menschen gibt, die sie gern kennenlernen würden. Fragen Sie sie zum Beispiel, ob sie Menschen mit einer außergewöhnlichen Lebensphilosophie kennen. Und nutzen Sie auch Ihr eigenes Netzwerk.
- Laden Sie die Gäste ein und sorgen Sie für eine passende Location. Das Abendessen sollte an einem besonderen Ort stattfinden, an dem auch hochwertiges Essen angeboten wird.
- Überlegen Sie sich eine Sitzordnung. Die Gruppen an den Tischen sollten nicht zu groß sein, damit sich auch alle am Gespräch beteiligen können. An jedem Tisch gibt es immer einen Gast.
- Fordern Sie die Teilnehmenden auf, schon im Vorfeld darüber nachzudenken, welche Frage sie dem Gast stellen wollen. Es gilt: Pro Tisch eine Frage an den dort anwesenden Gast. Die Teilnehmenden einigen sich vorab auf die Frage, die sie ihrem Gast stellen wollen. Es sollte eine Frage sein, zu der ein gutes Ge-

spräch möglich ist. Sagen Sie den Teilnehmenden, dass sie das Gespräch einfach laufen lassen können. Es gibt keine Person, die das Gespräch leitet, es handelt sich auch nicht um eine „dienstliche Besprechung", und es gibt keine Vorgaben, wohin sich das Gespräch entwickeln soll.

- Wenn ein Menü mit mehreren Gängen serviert wird, nehmen die Gäste nach jedem Gang an einem anderen Tisch Platz. Jede Tischgruppe kann sich dann entscheiden, ob sie dem neuen Gast eine andere Frage stellen möchte oder ob sie immer dieselbe Frage stellen will.

Schritt 1: Das Gespräch

Alle Beteiligten haben ihren Platz eingenommen. Nach einer kurzen Kennenlernrunde wird die zentrale Frage gestellt, und das Gespräch beginnt.

Schritt 2: Wechseln

Lassen Sie die Gäste – wenn mehrere Gänge serviert werden – bei jedem Gang die Tische wechseln. Dann wird Schritt 1 wiederholt.

Nach dem letzten Gang werden die Gäste verabschiedet. Wollen sie vielleicht zum Abschluss noch etwas sagen?

Schritt 3: Nachbesprechung

Wenn die Gäste gegangen sind, folgt die Nachbesprechung mit der Gruppe. Wie haben sie es erlebt, diese Gespräche zu führen? War es inspirierend? Wäre es eine gute Idee, sich auch einmal selbst mit einer unbekannten Person zum Gespräch zu verabreden? Oder sich einmal ausgiebig Zeit für einen Menschen zu nehmen, dessen Meinung man schätzt?

Tipp: Perspektiven von außen gewinnen

Wer sich offen mit anderen Menschen austauscht, bekommt Einblicke in andere Perspektiven. Es ist von Vorteil, wenn es sich um Menschen handelt, die nicht zum täglichen Umfeld gehören. Die Wahrscheinlichkeit, wirklich etwas Neues, andere Standpunkte und Erfahrungen zu hören, ist dann umso größer. Aber auch Menschen, die man regelmäßig sieht, können Überraschendes zu erzählen haben. Man muss nur danach fragen und offen für die Antwort sein.

Übung 58: Der Superheld

Schwierigkeitsgrad: mittel

Kurzbeschreibung

Die Teilnehmenden stellen sich bei dieser Übung vor, ein Superheld zu sein, und betrachten ihre Fragestellung aus dieser neuen Perspektive.

Zielsetzung/Wirkung

Superhelden sind frei von Einschränkungen, die für Normalsterbliche gelten. Deshalb schlüpfen die Teilnehmenden bei dieser Übung in die Rolle eines Superhelden und lassen alle Einschränkungen und Hindernisse hinter sich. Dadurch können sie ihr Denken über die alten Grenzen hinaus erweitern und originelle Ideen sammeln, die Anknüpfungspunkte für neue, realistische Lösungen des Problems liefern.

Durchführung

Vorbereitung

Sie benötigen ein Flipchart, dicke Schreibstifte und einen Platz, an dem Sie die Flipchart-Bögen aufhängen können.

Schritt 1: Das Problem benennen

Eine Person aus der Gruppe bringt ein Problem ein. Sie umreißt kurz die Thematik. Worum geht es genau? Wer ist daran beteiligt? Warum ist die Situation überhaupt ein Problem? Die Person formuliert das Problem so präzise wie möglich, vorzugsweise in einem, nicht zu langen Satz. Sie schreibt das Problem auf einen Flipchart-Bogen, der für die gesamte Gruppe gut sichtbar ist.

Schritt 2: Auswahl der Superheld:innen

Jedes Gruppenmitglied stellt sich einen Superhelden vor, den er oder sie – in positivem oder negativem Sinn – für beachtenswert hält. Es kann sich um einen fiktiven Helden wie Asterix handeln, aber auch um reale Menschen, wie zum Beispiel Nelson Mandela. Stellen Sie sicher, dass die Teilnehmenden einen Helden auswählen, über den sie gut Bescheid wissen, um sich entsprechend einfühlen zu können. Wenn die Teilnehmenden einen wahren Helden (aus der Vergangenheit) gewählt haben, bitten Sie sie dann, diesen Helden zu mythologisieren. Halten Sie fest, welche Superheld:innen die Teilnehmenden ausgewählt haben. Jedes Gruppenmitglied soll einen anderen Superhelden auswählen, um so viel Diversität wie möglich in die Lösungsansätze hineinzubringen.

Schritt 3: Sich in die Lage des Superhelden hineinversetzen

Bitten Sie die Teilnehmenden, sich nun vorzustellen, dass er oder sie tatsächlich dieser Superheld oder diese Superheldin geworden ist. Wie fühlt sich das an? Welche Fähigkeiten hat der Teilnehmende jetzt? Wie sieht er aus? Wie bewegt er sich?

Schritt 4: Die Lösungen der Superheld:innen

Die Schritte 4 und 5 werden von den Teilnehmenden individuell bearbeitet. Jeder Superheld wird mit dem beschriebenen Problem konfrontiert. Wie geht er an das Problem heran? Jedes Gruppenmitglied formuliert mindestens fünf Lösungen.

Schritt 5: Übersetzung in realisierbare Lösungen

Jedes Gruppenmitglied bringt die Vorschläge des Superhelden in die Größenordnung real machbarer Lösungen.

Schritt 6: Bestandsaufnahme

Die Teilnehmenden kommen jetzt, einzeln und der Reihe nach, zu Wort. Lassen Sie sie erzählen, welcher Superheld oder welche Superheldin sie waren und welche Lösungen auf diese Weise entstanden sind. Schreiben Sie alle Lösungen kurz gefasst auf einen Flipchart-Bogen. Die Person, die das Problem eingebracht hat, kann sie am Ende mitnehmen.

Schritt 7: Feedback durch den Problemgeber

Fragen Sie die Person, die das Problem eingebracht hat, ob es für sie neue Lösungen unter den Vorschlägen gab. Kann sie diese auch wirklich nutzen? Welche Lösungen sprechen sie am meisten an?

Variante: Lösungsansätze für individuelle Fragestellungen finden

Sie können die Teilnehmenden auch bitten, ihr jeweils eigenes Problem von ihrem Superhelden bearbeiten zu lassen. Das bedeutet, Sie arbeiten dann nicht als Gruppe an demselben Problem.

Material zur Übung „Der Superheld“: Beispiele für Superheld:innen

Alexander der Große	Albert Einstein	Leonardo da Vinci
Anne Frank	Johan Cruyff	Nelson Mandela
Asterix	John Lennon	Superman
Bono	King Arthur	
Cleopatra	Lara Croft	

Übung 59: Blickfänger

Schwierigkeitsgrad: mittel

Kurzbeschreibung

Die Teilnehmenden versetzen sich mithilfe von Visualisierungstechniken in andere Menschen hinein. Sie betrachten eine Situation aus ihrem Berufsalltag mit den Augen dieser anderen Menschen und prüfen, ob sie dadurch Ideen für Verbesserungen gewinnen. Die Übung wird in Zweierteams durchgeführt.

Zielsetzung/Wirkung

Wenn man eine Situation nur aus dem eigenen Blickwinkel betrachtet, ist es schwierig, auf völlig neue Lösungsideen zu kommen. Die Technik des Visualisierens eignet sich hingegen sehr gut, um neue Ideen zu generieren. Die Teilnehmenden lernen, sich in andere Menschen hineinzuversetzen und eine Situation mit den Augen dieser Menschen zu betrachten. Wenn verschiedene Augen auf eine Situation gerichtet sind, können zu verbessernde Aspekte gefunden werden oder Ideen auftauchen, wie man ganz anders an eine Sache herangehen kann.

Durchführung

Vorbereitung

Bereiten Sie DIN-A4-Bögen vor, auf denen die Schritte 1 und 2 dieser Übung beschrieben sind. Sie benötigen davon so viele, wie Sie Zweierteams haben. Zudem benötigen Sie Stifte und leeres Papier. Rechnen Sie mit insgesamt einer Stunde für diese Übung.

Schritt 1: Verteilung der Blickrichtungen

Bitten Sie die Teilnehmenden, Paare zu bilden. Die Personen, die ein Zweierteam bilden, sollten sich miteinander wohlfühlen. Erklären Sie die Übung: Eine der beiden Personen (Person A) fängt an. Sie benennt eine Situation, die sie gern aus unterschiedlichen Blickwinkeln betrachten würde, um zu eruieren, ob Verbesserungen möglich sind (siehe die Beispiele im Kasten). Sie überlegt sich auch drei Augenpaare, durch die sie auf die Situation blicken möchte (siehe die Beispiele im Kasten). Sie fühlt sich in die Personen, die sie ausgewählt hat, ein und spricht dann laut darüber, was sie momentan mit diesen neuen Augen sieht. Die zweite Person (Person B) macht sich Notizen. Fordern Sie die Paare auf, sich dafür einen Platz zu suchen, an dem sie sich gut konzentrieren können.

Schritt 2: **Berichten, was man sieht**

Person A fühlt sich in ihre erste Rolle ein und lässt sich dafür etwa 1 Minute Zeit. Sie schließt die Augen. Person B liest Folgendes vor (die Punkte stehen für eine Pause von etwa 30 Sekunden, die Person A zum Nachdenken nutzen kann, bevor sie antwortet):

- Sie versetzen sich in Person X hinein. Wie fühlen Sie sich? ...
- Sie sind nun an der Stelle, um die es geht. Was sehen Sie vor sich? ...
- Was fällt Ihnen auf? ... Können Sie mir sagen, was Ihnen auffällt?

Person B hält die Antworten schriftlich fest: Was ist das Wesentliche an dem Gesagten? Was fällt Person A offenbar auf? Beschreibt Person A bestimmte Dinge deutlicher als andere Dinge? Wenn Person A mit der ersten Rolle fertig ist, evaluieren beide, Person A und Person B, den Moment. Ist diese Herangehensweise für Person A angenehm? Sollte Person B schneller vorgehen oder gerade nicht? Anschließend macht Person A weiter mit der zweiten und der dritten Rolle. Nach der dritten Rolle berichtet Person B, was ihr aufgefallen ist. Auch Person A äußert sich dazu, wie es für sie war, sich in die drei anderen Rollen einzufühlen. Wurden Verbesserungsmöglichkeiten gefunden, nachdem die aktuelle Situation aus mehreren Perspektiven betrachtet wurde? Diese Punkte sollen festgehalten werden.

Person A und Person B tauschen nun die Rollen: Person B berichtet und Person A hört zu und macht sich Notizen. Die Übung wird ab Schritt 1 wiederholt.

Schritt 3: **Nachbesprechung**

Führen Sie zu dieser Übung eine Nachbesprechung im Plenum durch: Wie ist es gelaufen? Wie hat die Methode funktioniert? Gibt es neue Einsichten, auf denen man aufbauen kann? Wie werden die Teilnehmenden nun weiter vorgehen?

Material zur Übung „Blickfänger“:
Mögliche Augen, durch die man blicken könnte

Aktionär:in	Kund:in
Anwohner:in	Kind
Kabarettist:in	Lieferant:in
Konkurrent:in	Minister:in
Inuit	Neuer Mitarbeitender
Expert:in	Spitzentalent
Familienmitglied	

Material zur Übung „Blickfänger": Mögliche Situationen

- Sie betreten die Firma, in der Sie arbeiten, und gehen direkt zu Ihrem Arbeitsplatz/zur Kantine/zur Abteilung Kundenservice. Was fällt Ihnen auf?
- Sie schauen sich einmal sehr genau das wichtigste Firmenprodukt an. Was fällt Ihnen auf?
- In Ihrem Postfach liegt das neue Mitarbeitermagazin. Was fällt Ihnen auf?

Infobox: Verschiedene Blickwinkel einnehmen

Wenn die Teilnehmenden diese Technik beherrschen, befinden sie sich in guter Gesellschaft. Michalko (2001) berichtet, dass Leonardo da Vinci eine Frage oder eine Aufgabe gern aus mindestens drei unterschiedlichen Perspektiven betrachtet haben soll, um sie umfänglich zu begreifen. Dann integrierte er diese Perspektiven in seine Sichtweise. Als er zum Beispiel das erste Fahrrad entwarf, dachte er aus dem Blickwinkel des Erfinders, eines Investors/Fabrikanten, eines Fahrradfahrers und der Gemeinden, wo die Fahrradfahrer unterwegs sein würden, darüber nach. Diese Blickwinkel integrierte er in sein Denken und berücksichtigte sie in seinem Entwurf.

Variante: Noch einen Schritt weitergehen

Sie können bei dieser Übung auch noch einen Schritt weitergehen und Ihre Gruppe ganz konkret die Position einer Kundin oder eines Besuchers erleben lassen. Lassen Sie die Teilnehmenden beim Kundenservice ihrer Firma anrufen. Müssen sie lange warten? Werden sie professionell beraten? Begegnet man ihnen freundlich? Oder Sie schlagen ihnen vor, einmal als „Mystery Guest" eine andere Niederlassung oder Abteilung zu besuchen. Oder einmal mit anderen Augen durch die eigene Abteilung zu gehen. Was fällt ihnen auf?

Sie können die Teilnehmenden auch dazu auffordern, es sich zur Gewohnheit zu machen, regelmäßig mit ihren Kund:innen ein Gespräch zu führen. Wie erleben die Kund:innen den Kontakt zu ihrer Firma?

Übung 60: Das Serendipity-Prinzip

Schwierigkeitsgrad: mittel

Kurzbeschreibung

Wenn man schon sehr lange auf einer Frage herumkaut und Lösungen sucht, bietet diese Übung einen Ausweg. Hier wird versucht, den „glücklichen Zufall" zu bemühen, indem bewusst Zufälligkeiten im kreativen Prozess inszeniert werden.

Zielsetzung/Wirkung

Serendipität meint, per Zufall etwas Neues oder interessante Kombinationen bekannter Dinge zu entdecken. Serendipität kann man nicht erzwingen, man kann aber dem Schicksal ein wenig auf die Sprünge helfen. Im Kern geht es darum, alles anders zu machen als sonst und so den Zufall mitmischen zu lassen. Diese Übung kann man alleine oder mit einer Gruppe machen.

Durchführung

Vorbereitung

Legen Sie sich eine klare Zielvorgabe oder Frage zurecht. Zum Beispiel: Entwickeln Sie ein neues Konzept für ein Fitnessstudio für Senior:innen, das von den Senior:innen gerne aufgesucht wird, um mit Spaß und Selbstvertrauen ihren Sport zu machen.

Schritt 1: Dem Zufall nachhelfen

Arbeiten Sie mit einer oder mit zwei der folgenden Aufgaben, um dem Zufall nachzuhelfen. Die Teilnehmenden sollen – nachdem sie die ihnen vorab zugesandten Aufgaben erledigt haben – allein oder gemeinsam ausführlich assoziieren. Sie stellen hierbei eine Verbindung zur Fragestellung her: Sehe, höre oder empfinde ich Dinge, die für die Lösung der Frage nützlich sein können?

- Gehen Sie auf die Webseite www.gelbeseiten.de. Geben Sie im Suchfeld „Was" das Wort „Restaurant" und im Suchfeld „Wo" Ihren Wohnort oder einen anderen Ort, den Sie besuchen möchten, ein. Legen Sie fest, bevor Sie auf „Finden" klicken, dass das fünfte Restaurant, das erscheint, Ihre Wahl sein wird. Gehen Sie in diesem Restaurant essen.
- Gehen Sie in eine Buchhandlung, stellen Sie sich in die Schlange vor der Kasse und kaufen Sie das Buch, welches die Person vor Ihnen gekauft hat.

- Bringen Sie einen Globus zum Drehen und legen Sie Ihren Finger auf einen Teil der Kugel. Wiederholen Sie den Vorgang, wenn Sie auf ein Meer oder einen Ozean deuten. Informieren Sie sich über die Geschichte des Landes, bei dem Sie mit dem Finger gelandet sind.
- Besuchen Sie ein Museum und schauen Sie sich das Gemälde, das im dritten Raum ganz rechts hängt, sehr genau an.

Im Kasten finden Sie noch mehr Aufgaben, die dem Zufall auf die Sprünge helfen können.

Schritt 2: Auf die Fragestellung übertragen

Organisieren Sie eine Gruppendiskussion, bei der alle Beteiligten über die Assoziationen sprechen, die ihnen nach der Erledigung der oben genannten Aufgaben in den Sinn gekommen sind. Versuchen Sie, die Assoziationen auf sinnvolle Weise mit der Fragestellung zu verknüpfen: Was könnte das in Bezug auf die Zielvorgabe oder die Frage bedeuten? Nutzen Sie diese Assoziationen als Inspirationsquelle für neue Ideen.

Theoretischer Hintergrund: Der Ursprung der Serendipität

Der Begriff Serendipität oder Serendipity-Prinzip wurde zum ersten Mal im 18. Jahrhundert von dem Schriftsteller Horace Walpole verwendet. Er hat den Begriff aus einem Märchen über die Schicksalsgemeinschaft dreier Prinzen auf der Suche nach einem Serum gegen Monster, die die Insel Serendip (der persische Name für Sri Lanka) bedrohten, übernommen. Durch Zufall und Scharfsinn machten die Prinzen viele Entdeckungen, die ihnen weiterhalfen.

Wenn Sie sich lange und intensiv mit einem Problem beschäftigen, werden Sie ein Gefühl dafür bekommen, wenn Sie in Ihrer Umgebung auf etwas stoßen, das ein neues Licht auf Ihr Problem werfen könnte. Das ist sozusagen ein „Trigger", mit dem das Unterbewusstsein zu arbeiten beginnt, wenn Sie sich entspannen. Sie müssen dabei gar nicht mehr aktiv mit Ihrem Problem beschäftigt sein. Das Unterbewusstsein arbeitet weiter daran und greift weniger offensichtliche Reize auf, die wir dann für Zufälle halten.

Material zur Übung „Das Serendipity-Prinzip":
Noch mehr Aufgaben, um dem Zufall nachzuhelfen

- Sehen Sie sich die aktuelle Top Ten der Bücher an, würfeln Sie mit zwei Würfeln gleichzeitig und kaufen Sie sich das Buch, das im Ranking auf dem Platz steht, den die Summe der gewürfelten Zahlen anzeigt (11 Punkte gelten dem Buch auf Platz 1, 12 Punkte gelten dem Buch auf Platz 2).
- Schlagen Sie eine Zeitschrift auf und betrachten Sie mit voller Aufmerksamkeit eine Anzeige – nehmen Sie alle Facetten und alle enthaltenen Aussagen wahr.

- Kaufen Sie sich ein paar Zeitschriften, Zeitungen und/oder Fachmagazine, lesen Sie sie gründlich und finden Sie drei Trends, die in diesen Publikationen transportiert werden.
- Schlagen Sie ein Wörterbuch auf und wählen Sie blind ein Wort aus. Wiederholen Sie das noch zwei Mal, sodass Sie schließlich drei Wörter haben. Es müssen Wörter mit einer Bedeutung sein. Bringen Sie die Wörter in eine Reihenfolge und versuchen Sie, sich einen Buchtitel einfallen zu lassen, in dem diese drei Wörter vorkommen.
- Nehmen Sie ein englisches Wörterbuch zur Hand und greifen Sie willkürlich ein Wort heraus. Machen Sie dann eine Google-Suche mit diesem Wort und dem Wort „lyrics" und lassen Sie sich überraschen von den Liedtexten, die Ihnen dann angezeigt werden.
- Schalten Sie das Radio ein und hören Sie sich das Lied, das gerade gespielt wird, an. Suchen Sie den Liedtext dazu. Suchen Sie nun von demselben Songwriter zwei andere Lieder, lesen Sie die Texte und finden Sie heraus, welche Gemeinsamkeiten es in den Liedern gibt.

Infobox: Durch Zufall entstanden

- *Die Farbe Mauve:* Der Farbstoff Mauveine, ein helles Lila, wurde nebenbei entdeckt, als man damit beschäftigt war, ein synthetisches Mittel gegen Malaria zu finden, weil das natürliche Vorkommen begrenzt war. Bei einem der Erfinder war beim Suchprozess eine lilafarbene Flüssigkeit entstanden, die, wie sich herausstellte, gut zum Färben von Textilien geeignet war. Damit war zugleich – durch Zufall – der erste synthetische Farbstoff überhaupt entdeckt worden.
- *Der Teebeutel:* Anfang des 20. Jahrhunderts war Thomas Sullivan Großhändler in Sachen Tee. Der Preis für die Blechdosen, in denen die Teeblätter bis dahin verkauft wurden, war stark angestiegen. Deshalb schickte er Teeproben in Seide-Säckchen zu seinen Kund:innen. Sullivan ging davon aus, dass die Kund:innen den Tee in ihr Tee-Ei umfüllen würden. Sie steckten allerdings das Stoffsäckchen direkt ins heiße Wasser. Der Teebeutel war geboren.
- *Die Geschichten von Edgar Allan Poe:* Edgar Allen Poe fand zu neuen Ideen für seine Geschichten, indem er wahllos drei Wörter im Wörterbuch markierte. Die Herausforderung bestand für ihn dann darin, eine neue Geschichte um diese Wörter herum zu konstruieren.

Infobox: Verschiedene Arten von Assoziationsmustern

Das Assoziieren erfolgt oft entlang häufig hergestellter Verbindungen. Natürlich hat jeder Mensch seine eigene bevorzugte Art, zu assoziieren. Verschiedene Arten von Assoziationsmustern sind:

- *Synonyme:* Kumpel → Kamerad
- *Gegensätze:* Freund → Feind
- *Teil vom Ganzen:* Freund → Schulfreunde
- *Zusammengehörigkeit:* Freund → Motorroller
- *Ursache und Wirkung:* Freund → Freundschaft
- *Ähnlich in der Form:* Katze → Tiger
- *Ähnlich im Klang:* lieb → Dieb
- *Geruchsassoziationen:* Teer → Boot

Übung 61: Das Orakel

Schwierigkeitsgrad: mittel

Kurzbeschreibung

Manchmal finden wir aufgrund von zufälligen Erlebnissen zu Gedanken, die uns weiterhelfen. Der Zufall zwingt uns, über den Tellerrand hinauszuschauen, und kann originelle Einfälle hervorbringen. Bei dieser Übung helfen die Teilnehmenden dem Zufall auf die Sprünge. Sie assoziieren zu einem willkürlichen Bild oder Wort und versuchen so, eine Lösung für ihre Fragestellung zu finden.

Zielsetzung/Wirkung

Die Teilnehmenden lernen bei dieser Übung, wie sie sich den Zufall zunutze machen können. Sie erhalten einen Umschlag mit einem willkürlichen Wort oder einem Bild darin. Dieser Umschlag dient als Orakel für ihre Aufgabe. Wenngleich das Wort oder Bild auf den ersten Blick nichts mit der Aufgabe zu tun zu haben scheint, versuchen die Teilnehmenden mittels kreativer Assoziationen auf Lösungen zu kommen. Bei dieser Übung entstehen oft wertvolle Einsichten, gerade weil die Teilnehmenden ihre Aufgabe von einem ungewohnten Zugang her betrachten.

Durchführung

Vorbereitung

Sammeln Sie ein paar schöne oder außergewöhnliche Fotos, zum Beispiel aus Zeitschriften, und sammeln Sie Wörter, genauer: Substantive. Bereiten Sie dann für jeden Teilnehmenden ein Blatt Papier im DIN-A4-Format mit einem Wort darauf vor und ein zweites Blatt mit einem Foto darauf. Verwenden Sie jedes Foto und jedes Wort nur ein Mal. Stecken Sie nun für jeden Teilnehmenden eines der beiden Blätter in einen kleinen Umschlag und kleben Sie ihn zu. Stellen Sie sicher, dass manche Teilnehmende in ihrem Umschlag ein Blatt mit einem Foto finden, andere ein Blatt mit einem Wort. Nun bereiten Sie für jeden Teilnehmenden einen großen Umschlag vor. Folgendes kommt hinein:

- die Anleitung für diese Übung (Schritt 1 bis 4),
- das zweite Blatt Papier mit einem Wort oder einem Foto (das nicht in den kleinen Umschlag gesteckt wurde),
- den kleineren, zugeklebten Umschlag mit einem Wort oder einem Foto darin.

Wenn alles im Umschlag ist, kleben Sie den großen Umschlag zu.

Schritt 1: Fragestellung auswählen

Bitten Sie die Teilnehmenden, sich gedanklich jeweils einer Fragestellung zuzuwenden, mit der sie sich schon einmal beschäftigt haben, die sie aber bisher noch nicht lösen konnten. Am besten sollte eine einfache, nicht zu komplexe Fragestellung ausgewählt werden.

Schritt 2: Umschläge auswählen

Bitten Sie die Teilnehmenden, sich jeweils einen der großen Umschläge zu nehmen und diesen zu öffnen. Der kleine Umschlag bleibt noch verschlossen!

Schritt 3: Information ansehen

Die Teilnehmenden sehen sich an, was ihnen an der Information aus dem Umschlag auffällt. Was ist schön, seltsam oder interessant? Was sind die wichtigsten Merkmale? Die Teilnehmenden schreiben ihre Antworten auf.

Schritt 4: Verbindungen herstellen

Alle Teilnehmenden denken über das Problem und die Information aus dem Umschlag nach. Sie schreiben jeden Zusammenhang, der ihnen in den Sinn kommt, auf. Nach 10 Minuten wird gestoppt. Alle sehen sich nun die Zusammenhänge, die sie gefunden und aufgeschrieben haben, an. Wurde auch ein Zusammenhang entdeckt, der helfen kann, das Problem anders zu sehen? Wenn das nicht der Fall ist, werden die Teilnehmenden gebeten, einen Tag zu warten und dann den zweiten Umschlag zu öffnen. Die Übung wird dann selbstständig erneut durchgeführt.

Schritt 5: Nachbesprechung

Evaluation: Was hat den Teilnehmenden diese Übung gebracht? Haben Wörter in dieser Gruppe genauso gut funktioniert wie Bilder?

Infobox: Heureka!

Manchmal erhalten wir wichtige Einsichten durch zufällige Erlebnisse oder Beobachtungen. Wir stellen Assoziationen her, die uns auf einmal die Lösung für unser Problem erkennen lassen. So machte Archimedes seinen berühmten „Heureka!"-Ausruf, als er in die Badewanne stieg und sah, dass das Wasser anstieg. Er hatte die Lösung für ein mathematisches Problem gefunden, mit dem er sich seit mehreren Tagen herumschlug. Eine zufällig erhaltene Information ist unvorhersehbar und bewirkt, dass wir anders über eine bestimmte Situation nachdenken.

Viele Menschen, die wir als genial bezeichnen, versuchen, Dinge, die nichts miteinander zu tun haben, miteinander in Verbindung zu bringen, um zu sehen, ob sich darin eine Lösung für ihre Fragestellung verbirgt. Ein Beispiel ist der US-amerikanische Erfinder Samuel Morse. Er sah eines Tages zufällig, wie an einer Zwischenstation des Postservice Pferde ausgewechselt wurden. Er suchte zwanghaft nach einer Verbindung zwischen dem Wechseln der Pferde und dem Weitergeben von Signalen. Die Lösung war, auch den Signalen einen regelmäßigen und kräftigen Impuls zu geben, so wie man beim Austauschen der Pferde für neue Pferdestärken sorgt.

Theoretischer Hintergrund: Auf Distanz zu einer schwierigen Aufgabe gehen

Es hat natürlich einen tieferen Sinn, dass die Teilnehmenden einen Tag warten sollen, bevor sie den kleinen Umschlag öffnen dürfen. Unbewusst beschäftigen sie sich so einen Tag lang mit ihrer Fragestellung und der Verbindung zwischen der Fragestellung und der zufälligen Information. Möglicherweise findet ihr Unterbewusstsein doch noch eine Lösung, denn es stellt auch Zusammenhänge her, die nicht immer logisch, aber gerade deshalb sehr nützlich sind. Wie das genau funktioniert, ist nicht geklärt. Sicher ist aber, dass es Sinn macht, bewusst auf Distanz zu einer schwierigen Aufgabe zu gehen. Wir sprechen dann von einer „Inkubationsphase" (siehe hierzu auch Übung 54: *Mindmapping*). Man wendet sich anderen Dingen zu, aber das Gehirn bleibt unbewusst mit dem Problem beschäftigt. Und auf einmal geht einem ein Licht auf. Es gibt verschiedene Möglichkeiten, sich von einem Problem (innerlich) zu distanzieren. Es ist von Vorteil, wenn man weiß, was für einen selbst ein guter Weg ist. Bewegung, Duschen, Schlafen und Entspannungstechniken sind Methoden, die bei vielen Menschen gut funktionieren.

Die Erläuterungen zur Übung 47: *Ideen aufsammeln* liefern weitere wertvolle Hintergrundinformationen zu dieser Übung.

Tipps zum Weitermachen

Wenn den Teilnehmenden diese Übung gut gefallen hat, können sie auch weiterhin den Zufall selbst zu Hilfe rufen. Sie können beispielsweise damit anfangen, irgendeine Seite in einer Zeitschrift aufzuschlagen oder im Supermarkt willkürlich auf ein Produkt im Regal zu zeigen. Wenn sie das gemacht haben, können sie mit Schritt 3 dieser Übung weitermachen (siehe auch Übung 60: *Das Serendipity-Prinzip*).

Wenn diese Übung Ihnen als Gruppenleitung zusagt, können Sie sich die Vorbereitung vereinfachen, indem Sie fertige DIN-A4-Blätter mit geeigneten Bildern oder Wörtern auf Ihrem Computer speichern.

Übung 62: Bilder einer Ausstellung

Schwierigkeitsgrad: anspruchsvoll

Kurzbeschreibung

Hier geht es um eine Technik des Abstand-Nehmens und Loslassens. Das heißt, die Teilnehmenden gehen auf Abstand zu ihrem Problem oder ihrer Aufgabe. Sie sehen sich die Lösungsstrategien für ein völlig anderes Problem an und versuchen, diese Strategie auf ihr eigenes Problem zu übertragen.

Zielsetzung/Wirkung

Der russische Komponist Modest Mussorgsky hat den Klavierzyklus „Bilder einer Ausstellung", bestehend aus 16 Stücken, geschrieben. Die Komposition entstand anlässlich einer Ausstellung seines verstorbenen Freundes und Malers Wiktor Alexandrowitsch Hartmann. Mussorgsky übersetzte die Dynamik und die Atmosphäre der Gemälde in Klavierstücke. Das Wesentliche dieser Technik ist das Generieren neuer Ideen, indem die Bilder betrachtet (es geht dabei tatsächlich um den visuellen Aspekt) und die Parallelen für eigene Lösungen genutzt werden.

Durchführung

Vorbereitung

Sie benötigen drei Fotos von unterschiedlichen Gemälden (unterschiedlich im Stil und der Darstellung), die an sich nichts mit der Fragestellung zu tun haben. Hängen Sie die Fotos nebeneinander auf. Bringen Sie Musik von Mussorgsky mit, die Sie laufen lassen, während die Übung stattfindet. Sie benötigen zudem leeres DIN-A4-Papier, Stifte, ein Flipchart und dicke Schreibstifte.

Schritt 1: **Beobachten und auf sich wirken lassen**

Geben Sie jedem Teilnehmenden 5 Minuten Zeit, die Gemälde auf sich wirken zu lassen. Bitten Sie die Teilnehmenden, ihre Assoziationen, Fantasien und Gefühle, die beim Betrachten der Bilder entstehen, aufzuschreiben.

Schritt 2: **Nach Gemeinsamkeiten suchen**

Lassen Sie jedes Gruppenmitglied nach möglichen Gemeinsamkeiten zwischen den Bildern suchen. Es geht darum, nach Parallelen zwischen den drei Abbildungen zu suchen. Was fällt den Teilnehmenden bezüglich der Struktur, der einzelnen Bestandteile, der Motive, der Malweise, der Komposition, der Farben, der Atmosphäre, der verschiedenen Ebenen usw. auf? Um welche Themen geht es? Wie könnten diese Themen gelöst werden?

Schritt 3: Assoziationen teilen

Geben Sie jedem Gruppenmitglied die Gelegenheit, über alle Assoziationen und Gemeinsamkeiten, die er oder sie sieht, zu sprechen. Halten Sie diese Erläuterungen übersichtlich auf einem Flipchart-Bogen fest.

Schritt 4: Assoziationen auswählen

Bitten Sie die Gruppe, ein paar auffällige Assoziationen und einige der genannten Gemeinsamkeiten auszuwählen.

Schritt 5: Auf die Fragestellung übertragen

Übertragen Sie nun die Assoziationen und die Gemeinsamkeiten auf die Fragestellung bzw. die Aufgabe. Nutzen Sie dafür die folgenden Fragen:

- Was ähnelt unserer Fragestellung?
- Welche Assoziationen und Gemeinsamkeiten auf den Bildern haben eine Nähe zu unserer Fragestellung?
- Kann unsere Fragestellung auf eine Weise gelöst werden, die eines der Themen auf den Gemälden aufgreift?

Variante: Analoge Lösungsstrategien heranziehen

Nachfolgend wird eine kurze und einfach anwendbare Übung beschrieben: Um kreative Lösungen für konkrete Probleme zu finden, können Sie sich analoge Problemsituationen anschauen und herausfinden, wie diese Situation gelöst wurde. Übertragen Sie diese Lösungsstrategie auf Ihre konkrete Aufgabe und entwickeln Sie eine Lösung. Kurz gefasst sieht das so aus: konkretes Problem → analoge Problemsituation → analoge Lösung → konkrete Lösung.

Hier sind einige Beispiele:

- Ein Schwimmanzug soll aerodynamischer werden → Flugzeug aerodynamischer → analoge Lösung?
- Neue Dienstleistungen an neue Kund:innen verkaufen → Wie gewinnen Missionare neue Anhänger?

Auch bei Übung 56: *Blick in eine andere Welt* werden Lösungen aus anderen Fachgebieten genutzt.

Übung 63: Mix & Match

Schwierigkeitsgrad: mittel

Kurzbeschreibung

Verschiedene alte Ideen zu einer neuen Idee zu verbinden, das ist die Quintessenz dieser Übung.

Zielsetzung/Wirkung

Bei *Mix & Match* geht es um das Generieren origineller Ideen, die nicht unbedingt neu sein müssen, aber richtungsweisend sollten sie sein. Auf welche neue Idee stoßen Sie, wenn Sie alte Ideen zusammenfügen? Die Teilnehmenden kombinieren bei dieser Übung bestehende Konzepte und versuchen, auch abwegig erscheinende Kombinationen zu bilden.

Durchführung

Schritt 1: Entwurf festlegen

Angenommen, Sie wollen einen neuen, modernen Arbeitsplatz entwickeln und Sie lassen sich von der Einrichtung und den Eigenschaften eines Cockpits inspirieren. Wie stellen Sie eine Verbindung zwischen einem modernen Arbeitsplatz und einem Cockpit her? Was gehört zu einem Cockpit, das Sie für Ihren persönlichen Arbeitsplatz gut gebrauchen können? Wie inspiriert ein Cockpit Sie dabei?

- Ein Cockpit ist übersichtlich. Haben Sie einen Überblick über Ihre Arbeit? Wo stehen Sie? Wo wollen Sie hin? Ein Cockpit bietet Inspiration für einen Raum, bei dem Sie alle Aspekte Ihrer Tätigkeit im Blick haben (Kundenorientierung, persönliche Entwicklung, Umsatz, effektive Prozesse, Mitarbeiterzufriedenheit usw.). Lassen Sie sich Ideen einfallen, wie Sie Ihren Raum einrichten können und dabei immer die Entwicklung aller Projekte im Blick haben.
- Ein Cockpit hat einen Co-Piloten und einen Autopiloten. Wer oder was ist Ihre Co-Pilotin? Können Sie die Funktion auf jemanden übertragen, der Nachrichten entgegennimmt, wenn Sie nicht da sind? Sie können zum Beispiel auch Ihren Computer oder Ihr Telefon entsprechend voreinstellen.
- Ein Cockpit verfügt über Kommunikationsmittel. Vom Cockpit aus kann man mit dem übrigen Flugzeug kommunizieren und auch mit der Welt außerhalb. Welche Kommunikationsmittel haben Sie zur Verfügung, und wie können Sie diese einsetzen?

- Im Cockpit kann man ablesen, wann die Landung eingeleitet werden muss. Im Arbeitszimmer sollte angezeigt werden können, wann man stoppen oder pausieren soll, indem man beispielsweise einen Pausenknopf am Computer aktiviert.

Schritt 2: Überprüfen

Gehen Sie alle Ideen noch einmal durch und prüfen Sie sie in Bezug auf ihre Machbarkeit, Nützlichkeit und Kreativität und bringen Sie sie dann in Ihren Entwurf ein.

Theoretischer Hintergrund: Neue Ideen durch neue Kombinationen generieren

Neue Ideen sind oft nichts anderes als noch unbekannte Kombinationen vorhandener Ideen. Ein kreatives Talent ist in der Lage, auch Kombinationen, die nicht unmittelbar auf der Hand liegen, zu einem neuen Ganzen zusammenzufügen. Ungewöhnliche Kombinationen haben schon zu herausragenden Erfolgen in der Mode, Kulinarik, Architektur und Technologie geführt. Einige Beispiele dafür sind:

- Straßenbeleuchtung und Kunst: leuchtende, fluoreszierende Radwege
- Maschinen und Pflege: Einsatz von Robotern in der Pflegearbeit
- Fahrrad und Akku: E-Bikes
- Künstliche Intelligenz und Auto: selbstfahrende Autos

Für *Mix & Match* gibt es viele Wege und Optionen. In der Modebranche, wo Kreativität ein absolutes Muss ist, nutzt man diese Methode, um aus alter Mode oder alten Trends etwas Neues hervorzubringen. Inspiration erfolgt durch neue Kombinationen. Das berühmte Burberry-Karo erhielt zum Beispiel ein neues, frisches Image durch einen modischen Bikini, der in diesem Design gestaltet war. Auch in der Musik wird dieser Weg eingeschlagen: So nutzen etwa manche Rap-Künstler klassische Instrumente wie Geigen. Gerade diese unerwarteten Kombinationen machen das Produkt neu, spannend und faszinierend.

Übung 64: Brainwriting

Schwierigkeitsgrad: einfach

Kurzbeschreibung

Brainwriting ist eine Übung, bei der die Teilnehmenden schriftlich, mittels eines Brainwriting-Arbeitsblatts, auf die Ideen der anderen in der Gruppe reagieren. Es ist eine einfache Technik, die die Teilnehmenden auch in anderen Situationen selbstständig anwenden können, wenn sie kreative Einfälle brauchen, zum Beispiel bei einer Arbeitsbesprechung.

Zielsetzung/Wirkung

Bei dieser Übung wird zum einen die Kraft des Brainstormings genutzt: Die Teilnehmenden inspirieren sich gegenseitig und haben dadurch Einfälle, auf die sie allein nicht so schnell gekommen wären. Zum anderen hebeln Sie den Nachteil des Brainstormings aus, der darin besteht, dass die extravertiertesten Menschen in den höchsten Positionen den größten Input liefern dürfen. Beim Brainwriting kommen alle Beiträge gleich stark zur Geltung. Diese Übung liefert auf jeden Fall einen ganzen Stapel neuer Ideen.

Durchführung

Vorbereitung

Stellen Sie sicher, dass Sie ausreichend Ausdrucke mit einer Brainwriting-Tabelle zur Verfügung haben. Im Kasten ist ein Beispiel für ein solches Arbeitsblatt abgebildet.

Schritt 1: Die Spielregeln

Bitten Sie eine oder einen der Teilnehmenden, ein Problem einzubringen, für das eine Lösung gefunden werden muss. Überreichen Sie allen Teilnehmenden ein Arbeitsblatt und vereinbaren Sie die folgenden Spielregeln:

- die Richtung, in der alle ihr Arbeitsblatt weiterreichen;
- die Ideen werden schnell und ohne zu sprechen in das Arbeitsblatt eingetragen;
- die Teilnehmenden lesen immer alle Ideen, die schon auf dem Arbeitsblatt eingetragen sind;

- die Teilnehmenden dürfen auf diese Ideen reagieren, müssen aber immer auch selbst eine neue Idee aufschreiben (eine Idee, die sie noch auf keines der anderen Arbeitsblätter geschrieben haben und die sie auch noch in keinem Arbeitsblatt gelesen haben). Ihre Idee darf eine Reaktion auf eine der anderen Ideen sein, muss es aber nicht.

Schritt 2: Startschuss

Alle Teilnehmenden schreiben die zentrale Fragestellung oder das Problem oben auf das Arbeitsblatt. Ihre Idee für eine Lösung schreiben alle Teilnehmenden in das erste Kästchen (oben links). Danach geht das Papier weiter zum Nachbarn auf der vereinbarten Seite. Vom Nachbarn auf der anderen Seite bekommt man ein Arbeitsblatt angereicht.

Schritt 3: Die besten Ideen auswählen

Geben Sie das Zeichen zum Beenden, wenn alle Arbeitsblätter vollgeschrieben sind. Bitten Sie die Teilnehmenden, die beste Idee aus dem Arbeitsblatt, das sie gerade in den Händen halten, auszuwählen, zu markieren und laut vorzulesen. Wenn die Gruppe zu groß ist, um alle zu Wort kommen zu lassen, bitten Sie nur einige der Teilnehmenden, die beste Idee vorzulesen. Die Problemgeberin oder der Problemgeber bekommt den gesamten Stapel mit Ideen überreicht. Bitten Sie ihn oder sie, zu gegebener Zeit mitzuteilen, was aus all den Ideen geworden ist.

Tipp: Filmclips für die Einführung in die Methode nutzen

Im Internet, zum Beispiel auf YouTube, gibt es verschiedene kurze Filme, in denen erklärt wird, wie das Brainwriting funktioniert. Sie können einen solchen Film für Ihre Einführung in die Methode nutzen.

Variationen

- Lassen Sie die Teilnehmenden statt einer Idee *mehrere Ideen* aufschreiben. Sie könnten zum Beispiel eine ganze Zeile füllen oder so viele Ideen eintragen, wie ihnen in den Sinn kommen. Das Brainwriting-Arbeitsblatt können Sie entsprechend anpassen. Googeln Sie den Begriff „Brainwriting Sheet“, um weitere Ideen zu finden.
- Statt der Brainwriting-Arbeitsblätter können Sie jedem Teilnehmenden auch einen Satz *Haftnotizzettel* geben. Bitten Sie die Teilnehmenden, so viele Ideen wie möglich für die Fragestellung „Wie können wir ...?“ aufzuschreiben. Legen Sie regelmäßig eine Pause ein, damit die Teilnehmenden sich gegenseitig inspirieren können. Bitte Sie in solchen Pausen alle Teilnehmenden,

ihre drei besten oder originellsten Ideen an die Wand zu kleben. Wenn die Teilnehmenden eine Idee entdecken, die ihrer Idee ähnelt, können sie sie dazu kleben. Seien Sie in der Beurteilung „was genau welcher Idee ähnelt" nicht zu streng. Alle Teilnehmenden bekommen die Zeit, um die Zettel an der Wand zu lesen. Danach bitten Sie die Teilnehmenden erneut, so viele Ideen wie möglich zur Fragestellung aufzuschreiben. Während die Gruppe damit beschäftigt ist, können Sie als Gruppenleitung die Ideen an der Wand weiter zu Clustern zusammenfügen.

- Zudem besteht die Möglichkeit, ein *elektronisches Brainstorming* durchzuführen. Dafür stehen verschiedene Tools und Apps zur Auswahl.

Material zur Übung „Brainwriting": Arbeitsblatt

Fragestellung/Problem		
Lösung	Lösung	Lösung
Lösung	Lösung	Lösung
Lösung	Lösung	Lösung

Übung 65: Mit den Kund:innen Innovationen entwickeln

Schwierigkeitsgrad: anspruchsvoll

Kurzbeschreibung

Diese Übung basiert auf den Arbeiten des Harvard-Professors Clayton M. Christensen. Nutzen Sie seine „Jobs-to-Be-Done"-Theorie, um herauszufinden, ob es tatsächlich einen Bedarf für Ihre Idee gibt, oder um die Möglichkeiten zur Optimierung Ihres bestehenden Produkts oder Ihrer Dienstleistung zu erkunden. Wir haben seine Theorie in Fragen übersetzt, die Sie Ihren (potenziellen) Kund:innen stellen können.

Zielsetzung/Wirkung

Sie erhalten einen klaren Überblick über die latenten Kund:innenbedürfnisse. So lässt sich vermeiden, dass Sie ein Produkt oder eine Dienstleistung auf den Markt bringen und nur hoffen können, dass es eine Nachfrage dafür gibt. Sie erfahren mehr über Ihre Kund:innen und können aus diesem Einblick Ideen für Produkte oder Dienstleistungen, die einen konkreten Bedarf abdecken, ableiten.

Durchführung

Vorbereitung

Machen Sie sich vorab Gedanken zu den folgenden Fragen:

- Was möchten Sie von welchen (potenziellen) Kund:innen wissen?
- Wen wollen Sie aus Ihrer Organisation miteinbeziehen?
- In welcher Situation können Sie sehen, wie (potenzielle) Kund:innen auf Ihren Prototyp/Ihr Produkt/Ihre Dienstleistung reagieren? Die Reaktionen der Menschen in der täglichen Praxis ergeben ein zuverlässigeres und vollständigeres Bild als die Antworten in einer Befragung.

Erstellen Sie ein Drehbuch:

- Wie kreieren Sie ein Setting, das Ihnen ermöglicht, zu sehen, wie andere Menschen auf Ihren Prototyp, Ihr Produkt oder Ihre Dienstleistung reagieren? Mieten Sie dafür eine Location? Hängen Sie sich an eine andere Veranstaltung

mit dran? Können Sie die Untersuchung einfach gestalten und Leute zu sich, an Ihren Arbeitsplatz einladen? Oder würden Sie gern die Menschen bei sich zu Hause erleben?
- Wie viele Menschen würden Sie gern gleichzeitig beobachten?
- Wie groß müsste Ihr Team sein? Wer bekommt welche Rolle bei der Beobachtung und der Befragung?
- Wie viel Zeit brauchen Sie? Welche Momente eignen sich am besten, um Kund:innen zu beobachten und zu interviewen? Machen Sie einen Zeitplan für die Beobachtungen und die Interviews.

Laden Sie Ihre Zielgruppe ein und präsentieren Sie Ihr Event so attraktiv, dass die (potenziellen) Kund:innen gerne kommen. Laden Sie auch die Mitarbeitenden Ihres Teams zu dem Termin ein. Organisieren Sie das Treffen, orientieren Sie sich an Ihrem Drehbuch. Die Fragen im Kasten weiter unten können Sie an Ihre Situation anpassen. Diese Fragen entsprechen der Checkliste, die Sie in Schritt 3 verwenden.

Schritt 1: **Briefing**

Besprechen Sie mit Ihren Teammitgliedern, worauf diese genau achten sollen. Welche Fragen möchten Sie mit diesem Event beantworten?

Schritt 2: **Beobachten**

Schauen Sie sich an, wie die einzelnen Personen den Prototyp, das Produkt oder die Dienstleistung anwenden. Machen Sie sich Notizen, fotografieren Sie. Bitten Sie die Personen, „laut zu denken".

Schritt 3: **Interview**

Befragen Sie die potenziellen Kund:innen. Verwenden Sie dafür die Checkliste, die Sie vorbereitet haben, auf eine ungezwungene Art und Weise. Es ist auch wichtig, dass Sie immer wieder nachhaken. Stellen Sie also nicht nur die Fragen, die auf Ihrer Liste stehen, sondern fragen Sie nach, wenn Ihnen bei der Beobachtung etwas aufgefallen ist.

Schritt 4: **Analyse**

Setzen Sie sich mit dem Team zusammen. Besprechen Sie die wichtigsten Punkte. Welche Aspekte hat jeder Einzelne gesammelt? Was ist Ihrem Team aufgefallen? Gehen Sie die Fragen durch. Welche Antworten haben Sie erhalten? Wie können Sie auffällige Aspekte miteinander verbinden? Was bedeutet das für Ihre Idee, Ihr Produkt oder Ihre Dienstleistung?

Theoretischer Hintergrund: Die „Jobs-to-Be-Done"-Theorie in einfachen Worten

Die „Jobs-to-Be-Done"-Theorie von Clayton Christensen hilft Ihnen dabei, die Bedürfnisse Ihrer Kund:innen besser zu verstehen. Dies ist wiederum die Voraussetzung dafür, die richtigen Entscheidungen bezüglich der Produkte oder Dienstleistungen, die Sie auf den Markt bringen, treffen zu können. Die Theorie hilft Ihnen auch dabei, herauszufinden, wer Ihre Konkurrent:innen sind und wie es Ihnen gelingen kann, sich nachhaltig von ihnen abzugrenzen.

Hier eine Zusammenfassung dieser Theorie: Ihre Kund:innen beauftragen Sie damit, eine bestimmte *Aufgabe* für sie zu erledigen. Christensen bezeichnet dies als den Fortschritt, den eine Person unter bestimmten Umständen für sich erzielen möchte. Um wirklich gut zu verstehen, welche Aufgabe das ist, müssen Sie also die *Umstände* kennen, unter denen Ihre Kund:innen diese Aufgabe erledigt haben möchten. Ein Mensch kann unter unterschiedlichen Umständen dasselbe tun und damit eine (immer wieder etwas andere) Aufgabe erledigen. Christensen nennt als Beispiel eine Person, die einen Milchshake kauft. Fährt sie morgens als Pendler zur Arbeit und kauft den Milchshake, tut sie das vermutlich in der Absicht, damit etwas zu kaufen, das sie während der Fahrt als Frühstück zu sich nehmen kann. Sie hätte sich auch für einen Müsliriegel oder einen Joghurt-Drink entscheiden können, das wären also die Konkurrenzprodukte für den frühen Milchshake. Kauft man am Nachmittag gemeinsam mit seinem Kind einen Milchshake, tut man das wahrscheinlich in der Absicht, sich gemeinsam etwas Leckeres zu gönnen. Die Konkurrenten des Milchshakes sind jetzt: der Spielplatz, ein Film oder eine italienische Eisdiele.

Um die Aufgabe Ihrer Kund:innen wirklich zu verstehen, dürfen Sie nicht nur auf die *funktionalen* Aspekte schauen, sondern Sie müssen auch die *sozialen* und *emotionalen* Aspekte berücksichtigen. Um diese Aspekte für sich herauszuarbeiten, können Sie Ihre Kund:innen beobachten und ihnen Fragen stellen (siehe den Kasten weiter unten).

Neue Kund:innen werden Ihre Produkte oder Dienstleistungen also nicht ohne Grund nutzen. Sie müssen attraktiv genug sein, damit Kund:innen sich dafür entscheiden, diese Aufgabe von Ihnen erledigen zu lassen. Haben die Kund:innen aktuell ein Problem in Bezug auf diese Aufgabe? Ist Ihre Alternative attraktiver als die heutige Lösung? Inwiefern sind die Kund:innen an die heutige Lösung gebunden? Wenn Sie über diese Dinge nachdenken, können Sie neuen Kund:innen helfen, den Schritt hin zu Ihrem Produkt oder Ihrer Dienstleistung zu machen.

Machen Sie sich auch Gedanken darüber, welche Erfahrungen für Ihr Produkt oder Ihre Dienstleistung sprechen. Wenn Sie diese in Ihre Geschäftsabläufe und Ihre Unternehmensführung integrieren, wird es für Konkurrent:innen schwieriger, Sie zu imitieren.

Wenn Sie sich eingehender mit dieser Theorie beschäftigen möchten, können Sie das Buch *Besser als der Zufall: „Jobs to Be Done" – die Strategie für erfolgreiche Innovation* von Christensen, Hall, Dillon und Duncan (2017) lesen.

Material zur Übung „Mit den Kund:innen Innovationen entwickeln": Beispielfragen

Um die Bedürfnisse Ihrer (potenziellen) Kund:innen wirklich zu verstehen, sollten Sie Fragen zu allen in der nachfolgenden Tabelle aufgeführten Themenbereichen stellen. Es gibt drei Situationen, in denen Sie Fragen stellen können, nämlich:

- Wenn Sie auf der Suche nach einer neuen Nachfrage aus dem Markt sind oder klären wollen, ob es einen Bedarf für eine neue Idee gibt.
- Wenn Sie wissen wollen, wie die Konsumenten Ihren Prototyp finden.
- Wenn Sie ein bereits bestehendes Produkt oder eine Dienstleistung optimieren möchten.

Wir haben die Fragen für die Situation „Prototyp testen" vorbereitet. Passen Sie diese Fragen – je nach Bedarf – auf Ihre Situation an. Es ist dabei vor allem wichtig, dass Sie immer wieder auf die verschiedenen Themenbereiche zurückkommen und diese immer wieder von Neuem ansprechen. Verwenden Sie die Fragen als Richtschnur und lösen Sie sich – falls nötig – von der Reihenfolge.

Themenbereiche	Beispielfragen
Die Aufgabe, der Fortschritt, den eine Person realisieren möchte, das Problem	• Skizzieren Sie das Problem, das Ihr Prototyp lösen kann. Frage: Kennen Sie dieses Problem? • Wie groß ist dieses Problem für Sie? Welche Rolle spielt es? • Was haben Sie schon unternommen, um das Problem zu lösen? Was noch? • Oder: Haben Sie bereits viele Informationen über mögliche Lösungen gesammelt? • Wie läuft es derzeit? Könnte es besser sein? Was wäre die perfekte Lösung?
Die Umstände	• Gehen Sie auf die Umstände ein, die dazu führen, dass der Kunde oder die Kundin vor dieser Aufgabe steht/mit diesem Problem konfrontiert ist und eventuell eine alternative Lösung nutzt. • Wann haben Sie mit diesem Problem zu kämpfen? Warum gerade dann? Können Sie die Situation für mich skizzieren? Wie spät war es? Was für ein Tag war es? Wo genau? Wer war sonst noch dabei? Und dann? Haben Sie das Problem gelöst? Wie hat das funktioniert? Welche Vor- und Nachteile haben Sie festgestellt? War es teuer?
Die Funktion der Aufgabe	• Wofür verwenden Sie … ? • Für welchen Zweck benötigen Sie die Lösung?

Themenbereiche	Beispielfragen
Soziale Aspekte	• Welche sozialen Vor- und Nachteile gehen mit Ihrer Aufgabe einher? • Haben Sie bereits mit jemandem darüber gesprochen? • Welche anderen Menschen sind daran beteiligt? Was tun sie genau? Was sagen sie dazu? Wie reagieren sie?
Emotionale Aspekte	• Welche emotionalen Vor- und Nachteile hat ... ? • Wie fühlen Sie sich, wenn das Problem auftaucht?
Welche Hindernisse stehen dem Vorankommen im Weg?	• Wie kommt es, dass dieses Problem überhaupt noch besteht? • Was lässt Sie damit warten, dieses Problem zu lösen? • Haken Sie nach bei Hindernissen, die Sie aus dem Interview heraushören. Zum Beispiel: „Ich hasse es, wenn ..." Fragen Sie dann: Was passiert, wenn Sie ... ?
Wie geht der Kunde oder die Kundin aktuell mit dem Problem um?	• Welche Lösung verwenden Sie derzeit? Was sind die Vor- und Nachteile? Wie gehen Sie damit um? Funktional, sozial, emotional?
Wie groß ist das Problem derzeit noch?	• Wie zufrieden sind Sie mit den Vorteilen der derzeitigen Lösung? Für wie störend halten Sie die Nachteile der derzeitigen Lösung? Würden Sie es gern anders machen, wenn Sie könnten?
Welche Hindernisse stehen der Nutzung Ihrer Alternative im Weg?	• Was bindet Sie an die derzeitige Lösung? Was könnte erschwerend wirken, wenn Sie vorhätten, das künftig anders zu machen? Was könnte Ihnen dabei helfen, diesen Schritt zu machen? Wie attraktiv ist unsere Alternative für Sie? Haben Sie diesbezüglich auch Zweifel? Welche?
Was ist eine gute Lösung und was ist sie wert?	• Was ist für Sie eine qualitativ hochwertige Lösung? Was ist Ihnen das wert?

Teil 7: Kreative Ideen auswählen und weiterentwickeln

Inhaltsübersicht

Einführung

Die Phase des Divergierens, der freien Ideensammlung in alle Richtungen, ist vorbei. Zweifelsohne wurden viele tolle Ideen geliefert, aber welche Ideen sind es am Ende wert, weiterentwickelt zu werden? Jetzt beginnt die Phase des Konvergierens: die Auswahl der Ideen mit dem größten Potenzial, die konkrete Ausgestaltung der Ideen und die Überzeugungsarbeit, um andere Menschen dafür zu begeistern. Es braucht viel Kreativität, damit es nicht bei einer netten Idee bleibt, sondern echte Innovationen realisiert werden. Die Teilnehmenden müssen die Ideen, die ihnen vorschweben, konkret ausgestalten, ihnen Hand und Fuß geben im Einklang mit den Spielregeln und Grenzen, die in ihrer Branche gelten. Sie müssen zudem andere Menschen für ihre Idee gewinnen und sie an Bord holen. Und sie werden mit Rückschlägen und Gegenwind zu kämpfen haben. Sie werden kreativ und beharrlich sein müssen, um dies zu bewältigen. Die Übungen in diesem Teil des Buches helfen den Teilnehmenden, die Ideen mit dem größten Potenzial zu erkennen und Überzeugungsarbeit für ihre Idee zu leisten.

Die Übungen *Bewertungsmatrix* und *Für eine Idee einstehen* sind dazu geeignet, bei der Auswahl der vielversprechendsten Ideen zu helfen. Bei der Übung *Bewertungsmatrix* wird rein rational vorgegangen. Die zwei wichtigsten Auswahlkriterien werden festgelegt, und die Ideen werden buchstäblich in „Schubladen" gesteckt. Welche Ideen erscheinen auf Anhieb gut? Welche Ideen haben zwar Potenzial, benötigen aber noch mehr Input? Diese Übung ermöglicht es, auf einen Blick die Antwort auf diese Fragen zu finden. Die Übung *Für eine Idee einstehen* geht dagegen viel intuitiver vor. Es handelt sich um eine schnelle Methode, bei der die Teilnehmenden nur eine Idee auswählen dürfen. Diese Übung lässt ein hohes Maß an Engagement für die ausgewählte Idee entstehen. Auch bei der Übung *Mit Herz und Seele entscheiden* wird nach Gefühl ausgewählt. Jede Alternative wird dabei mit einem Symbol versehen, und auch die Meinungen und Gefühle verschiedener Interessengruppen werden berücksichtigt.

Bei der Übung *Form und Urteil* arbeiten die Teilnehmenden Konzept und Form ihrer besten Ideen zunächst weiter aus. Danach sind sie bereit, um von einer Jury bewertet zu werden. Der Jury stehen mehrere Möglichkeiten offen, wie sie ihr Urteil fällen kann.

Auch bei den Übungen *Alle Sinne ansprechen, Puzzeln mit Einzelteilen* und *Einen Prototyp erstellen* geht es darum, den Ideen noch mehr Substanz zu verleihen. Bei der zuerst genannten Übung geschieht das, indem eine Idee mit allen Sinnen erkundet wird. Das führt oft zu nützlichen Einfällen, wie die Idee weiterentwickelt und angereichert werden kann. *Puzzeln mit Einzelteilen* regt die Teilnehmenden an, sich noch einmal alle Aspekte der Idee anzusehen. Was ist jetzt schon richtig gut? Was kann verbessert werden und wie? Bei der Übung *Einen Prototyp erstellen* wird einer Idee eine Form gegeben, sodass andere sie sehen, berühren und erleben können. Das bringt die Idee noch einen Schritt voran. Da die Idee greifbar geworden ist, können andere wertvolles Feedback dazu geben, und unnötige Investitionen können vermieden werden.

Bei der Übung *Die Farbdebatte* werden die relevanten Aspekte, die bei der Auswahl und der Ausgestaltung der Idee eine Rolle spielen, gründlich überprüft. Die Teilnehmenden gehen mithilfe von vier unterschiedlichen Farben miteinander in die Debatte. Die benutzten Farben stehen u. a. für persönliche Vorlieben, Verhaltenspräferenzen und Bedürfnisse.

Sollte eine bestimmte Idee oder ein Plan sensible Reaktionen hervorrufen, ist es gewinnbringend, mit der Übung *Die zwölf Geschworenen* zu arbeiten. Diese Übung erkundet systematisch abweichende Meinungen, Zweifel, Sorgen und mögliche Widerstände.

Ausgangspunkt der letzten Übung ist die Überlegung, dass es beim Weiterentwickeln und Vertiefen einer kreativen Idee immer auch um das Erhöhen der Attraktivität geht, damit die Idee im Gedächtnis haften bleibt. Auf diese Weise erzielt eine Idee eine größere Wirkung und bleibt den Interessent:innen besser in Erinnerung. Bei der Übung *Ideen, die haften bleiben* wird die Attraktivität einer Idee systematisch gesteigert.

Übung 66: Bewertungsmatrix

Schwierigkeitsgrad: mittel

Kurzbeschreibung

Ein kreatives Brainstorming liefert eine Menge Ideen. Bei dieser Übung lernen die Teilnehmenden, hieraus mithilfe einer Bewertungsmatrix die besten Ideen zu selektieren. Diese Übung ist insbesondere dann geeignet, wenn es um mehr als 40 Ideen geht.

Zielsetzung/Wirkung

Die Teilnehmenden erstellen eine Bewertungsmatrix für ihr Thema oder ihre Fragestellung. Die besten Ideen, die aus der Gruppenarbeit hervorgegangen sind, werden ausgewählt und übersichtlich dargestellt. Auf einen Blick kann man erkennen, bei welchen Ideen es sich lohnt, sie weiterzuverfolgen. Die Teilnehmenden sind sich darin einig. Aus der Matrix geht auch hervor, welche Ideen viel Potenzial haben, aber zum jetzigen Zeitpunkt noch nicht geeignet sind.

Durchführung

Vorbereitung

Besorgen Sie kleine Aufkleber, die die Teilnehmenden beschriften können, am besten Aufkleber in der Form von Punkten. Darüber hinaus benötigen Sie ein Flipchart, dicke Schreibstifte und einen Platz, an dem Sie die Flipchart-Bögen aufhängen können. Zeichnen Sie eine große Matrix mit vier Quadranten auf einen Flipchart-Bogen. Lassen Sie Platz, um die Achsen zu beschriften. Schreiben Sie alle Ideen nummeriert auf einen anderen Flipchart-Bogen. Hängen Sie die Bögen so auf, dass alle Teilnehmenden sie gut sehen können.

Schritt 1: Die wichtigsten Kriterien festlegen

Legen Sie im Gespräch mit der Gruppe fest, welche zwei Kriterien die wichtigsten sind, die die neue Idee erfüllen muss. Soll die Idee unsere Herzen schneller schlagen lassen? Die Welt verändern? Muss sie originell sein? Schnell umzusetzen? Umweltfreundlich? Darf es nicht zu viel kosten? Welches Ziel soll damit erreicht werden? Ist die Wirkung von Bedeutung? Schreiben Sie auf jede der Achsen der Matrix eines der zwei ausgewählten Hauptkriterien. Im Kasten finden Sie Beispiele für solche Matrizen. Ordnen Sie gemeinsam den Quadranten einen Namen oder eine Farbe zu. Sie erhalten dadurch eine größere Aussagekraft.

Schritt 2: **Ideen auswählen**

Jedes Gruppenmitglied wählt für sich die 4 bis 8 besten Ideen aus und schreibt die Nummern der Ideen auf die Aufkleber (die Anzahl bestimmen Sie als Gruppenleitung; wenn es sehr viele Ideen gibt, lassen Sie 8 auswählen, sonst weniger). Zusätzlich werden auf den Aufkleber der abgekürzte Name oder die Farbe des Quadranten geschrieben, in dem die Idee platziert werden soll. Diese Vorgehensweise gewährleistet, dass die Teilnehmenden ihre Wahl wirklich individuell treffen und sich nicht von den anderen Gruppenmitgliedern beeinflussen lassen. Anschließend klebt jedes Gruppenmitglied auf dem „Ideen"-Flipchart-Bogen seine Aufkleber hinter die besten Ideen. Welche Ideen haben am Ende die meisten Stimmen bekommen? Greifen Sie die 10 bis 15 am häufigsten ausgewählten Ideen heraus. Sind alle Beteiligten mit dieser Auswahl einverstanden? Wenn jemand der Meinung ist, dass eine andere Idee noch unbedingt hinzugenommen werden soll, darf die Idee hinzugefügt werden, wenn es dafür noch einen weiteren Fürsprecher gibt.

Schritt 3: **In die Quadranten einordnen**

Schauen Sie sich anhand der Aufkleber an, an welcher Stelle in der Matrix die Ideen platziert werden sollen. Wenn es keine Übereinstimmung gibt, gelten die folgenden Regeln:

- Niedrige Platzierung auf der Achse gewinnt vor hoher Platzierung. Es gibt womöglich Zweifel, ob es sich tatsächlich um eine spitzenmäßige Idee handelt.
- Hat eine Idee in drei Quadranten gleich viele Stimmen? Dann ist der Quadrant, der von den anderen beiden Quadranten eingeschlossen wird, der Quadrant, zu dem die Idee gehört (Beispiel: Einordnung der Idee bei „Question Marks", falls es gleich viele Stimmen für „Stars", „Poor Dogs" und „Question Marks" gibt).

Ordnen Sie alle Ideen den Quadranten zu.

Schritt 4: **Eine Wahl treffen**

Sorgt die Bewertungsmatrix für Klarheit? Welche Ideen stehen in den interessantesten Quadranten? Die Teilnehmenden wählen jetzt ihre Top 5 der Ideen aus, die sie gern weiterentwickeln möchten. Wenn es eine kleine Gruppe ist, können Sie das gemeinsam machen. Lassen Sie sonst zuerst jedes Gruppenmitglied einzeln die Top 5 wählen. Aus dem Ergebnis wird eine gemeinsame Top 5 abgeleitet (siehe den Kasten für weitere Möglichkeiten, falls weniger als 40 Ideen zur Wahl stehen).

Alternative: Eine Wahl treffen bei weniger als 40 Ideen

- *Bis zu 15 Ideen:* Alle Teilnehmenden wählen ihre persönliche Lieblingsidee. Die Ideen mit den meisten Stimmen kommen in die Top 3.
- *Zwischen 15 und 40 Ideen:* Alle Teilnehmenden erstellen individuell eine Top 5. Die Idee auf Platz 1 bekommt fünf Punkte, die zweitbeste Idee bekommt vier Punkte und so weiter. Schreiben Sie hinter jede Idee die Zahl der Punkte, die diese Idee erhalten hat. Die Ideen mit den meisten Punkten kommen in die Top 5. Sind die Teilnehmenden mit dieser Top 5 einverstanden?

Tipp: Ideen gleich im passenden Format notieren

Wenn Sie diese Vorgehensweise nach einer Brainstorming-Sitzung verwenden, bitten Sie die Teilnehmenden schon vorab, ihre Ideen während des Brainstormings untereinander auf einen Flipchart-Bogen zu schreiben. Jede Idee wird in eine neue Zeile geschrieben. Sie müssen dann zur Vorbereitung dieser Übung nur noch eine Nummer vor jede Idee schreiben.

Material zur Übung „Bewertungsmatrix“: Bekannte Matrizen

Die BCG-Matrix. Die Boston Consulting Group hat die BCG-Matrix entwickelt. Deren Ziel ist es nicht, neue Ideen darzustellen, sondern auf einen Blick deutlich zu machen, wie das Produktportfolio eines Unternehmens beschaffen ist. Mit dieser Matrix kann man strategische Entscheidungen treffen.

Die COCD-Matrix. Die CODC-Box wurde vom Center for Development of Creative Thinking entwickelt. Mit der COCD-Box kann man originelle Ideen auswählen, die leicht zu realisieren sind. COCD hat die Kriterien „Einfachheit der Umsetzung“ und „Grad der Originalität“ gewählt, weil die originellen Ideen sonst oft als erste bei den Auswahlprozessen ausscheiden, was schade ist. In dem Buch *Creativity in Business: The Basic Guide for Generating and Selecting Ideas* (Byttebier & Vullings, 2015) und im Internet finden Sie weitere Informationen über die COCD-Box.

Übung 67: Für eine Idee einstehen

Schwierigkeitsgrad: einfach

Kurzbeschreibung

Wenn viele Ideen gefunden wurden, ist es nicht ganz einfach, die besten auszuwählen. Bei dieser Übung entscheiden sich die Teilnehmenden schnell und intuitiv für die Ideen, an die sie selbst am meisten glauben.

Zielsetzung/Wirkung

Diese Übung hilft bei der Auswahl der Ideen, die weiterentwickelt werden sollen. Die Teilnehmenden wählen die Idee, die ihnen am besten gefällt aus, und verteidigen die Idee, buchstäblich und im übertragenen Sinn. Damit werden Engagement und Begeisterung für die Weiterentwicklung der Idee gestärkt – auch wenn die betreffenden Personen es mit Rückschlägen und Gegenwind zu tun bekommen.

Durchführung

Vorbereitung

Stellen Sie Tische und Stühle zur Seite. Schreiben Sie alle Ideen stichpunktartig und deutlich lesbar einzeln auf große Papierblätter. Legen Sie die Blätter im Raum verteilt auf den Boden.

Schritt 1: Für die Idee einstehen

- Vereinbaren Sie gemeinsam mit der Gruppe, wie viele Ideen am Ende übrig bleiben sollen.
- Bitten Sie die Teilnehmenden, sich zu der Idee zu stellen, die sie am meisten überzeugt.
- Lesen Sie vor, welche Ideen weiterverfolgt werden und welche nicht.
- Geben Sie den Teilnehmenden noch Gelegenheit, sich anders zu positionieren.
- Die Ideen, für die sich die meisten Teilnehmenden entschieden haben, werden weiterverfolgt.

Schritt 2: Die ausgewählten Ideen einsammeln

Sammeln Sie die Blätter mit den ausgewählten Ideen ein.

Schritt 3: Follow-up

Besprechen Sie gemeinsam, wer die ausgewählten Ideen weiter ausarbeiten wird. Es ist am besten, dafür diejenigen Personen auszuwählen, die auch tatsächlich bei dieser Idee gestanden haben. Klären Sie gemeinsam, wie die nächsten Schritte aussehen.

Theoretischer Hintergrund: Intuitive Auswahl

Diese Vorgehensweise verlangt von den Teilnehmenden eine Auswahl auf der Grundlage ihrer Intuition. Es werden keine langen Zustimmungslisten erstellt, es erfolgt kein sorgfältiges Abwägen von Vor- und Nachteilen, sondern die Teilnehmenden entscheiden auf der Grundlage ihrer Erfahrung und ihres Bauchgefühls, welche Spur sie verfolgen möchten und welche nicht. Wenn man neue Ideen verwirklichen möchte, ist diese Methode besser geeignet als rationale Vorgehensweisen, weil bei neuen Ideen oft nur wenig Information vorhanden ist.

Übung 68: Mit Herz und Seele entscheiden

Schwierigkeitsgrad: anspruchsvoll

Kurzbeschreibung

Dies ist eine Übung, die an die Gefühle appelliert, wenn es darum geht, eine schwierige Entscheidung zu treffen. Diese Übung lässt sich hervorragend mit rationaleren Methoden zur Entscheidungsfindung kombinieren, zum Beispiel mit Methoden, bei denen die Vor- und Nachteile aller Optionen übersichtlich dargestellt werden.

Zielsetzung/Wirkung

Entscheidungen zu treffen, ist für viele Menschen eine schwierige Sache. Es gibt verschiedene Möglichkeiten, wie wir Entscheidungen treffen können. Diese Übung richtet sich an die Gefühle der Person beim Treffen einer Wahl. Wenn man aus seinem Gefühl, seiner Intuition heraus entscheidet und auch eigene Widerstände akzeptiert, kann man Entscheidungen fällen, zu denen man mit Herz und Seele steht. Sie können diese Übung bei individuellen Entscheidungen, aber auch bei Team-Entscheidungen einsetzen.

Durchführung

Vorbereitung

Sie benötigen ein Flipchart, dicke Schreibstifte und einen Platz, an dem Sie die Flipchart-Bögen aufhängen können.

Schritt 1: Aufwärmen

Die Teilnehmenden haben bereits an einem Workshop teilgenommen, in dem sie Ideen für die Lösung ihres Problems oder ihrer Fragestellung entwickelt haben. Außerdem haben sie bereits gemeinsam die drei geeignetsten Lösungen ausgewählt. Bevor Sie nun weitermachen, können Sie die Aufwärmübung *Ihre eigene Praxis* durchführen (siehe Kasten weiter unten).

Schritt 2: Die drei Optionen aufschreiben

Schreiben Sie die drei verbliebenen Ideen, wie das Problem oder die Fragestellung gelöst werden könnte, auf einzelne Flipchart-Bögen. Hängen Sie die Bögen für alle gut sichtbar nebeneinander auf.

Schritt 3: Vor- und Nachteile überlegen – individuell

Fangen Sie mit der rationalen Methode an. Alle Teilnehmenden überlegen sich, welche Vor- und Nachteile jede Option hat, und schreiben diese für sich selbst auf.

Schritt 4: Bestandsaufnahme der Vor- und Nachteile – im Plenum

Für jede Option wird eine Liste mit allen Vor- und Nachteilen erstellt und auf den entsprechenden Flipchart-Bogen geschrieben. Schreiben Sie die Vor- und Nachteile jeweils in getrennte Spalten.

Schritt 5: Ein Symbol zuordnen

Die Gruppe überlegt sich für jede Option ein passendes Symbol. Eines der Gruppenmitglieder zeichnet diese Symbole jeweils einzeln auf einen neuen Papierbogen. Die Symbole sollten für die Gruppe eine tiefere Bedeutung haben und wirklich für etwas stehen.

Schritt 6: Die verschiedenen Optionen eingehender betrachten

Der Boden wird frei gemacht, damit die Papierbögen mit den Symbolen auf den Boden gelegt werden können. Die Gruppe entscheidet, wo genau die einzelnen Blätter abgelegt werden sollen. Das Unterbewusstsein wirkt hier schon mit. Anschließend stellt oder setzt sich die Gruppe auf Blatt 1, also Option 1, und die Gruppenmitglieder erzählen der Reihe nach, was sie empfinden. Was halten sie selbst von dieser Option? Um die Wahl zu untermauern, können Sie auch noch die Perspektive der jeweiligen Interessengruppen einbeziehen, also der Kund:innen, der Mitarbeitenden, der Bürger:innen usw. Stellen Sie für jede dieser Interessengruppen einen Stuhl hin und schreiben Sie den Namen dieser Interessengruppe darauf. Anschließend setzen sich alle Teilnehmenden für einen Moment auf den Stuhl. Bitten Sie den Teilnehmenden oder die Teilnehmende dann, zu berichten, was er oder sie auf diesem Stuhl sitzend empfindet. Ein Stuhl kann bei dieser Übung alles, was für die Fragestellung oder das Problem relevant ist, repräsentieren, also auch abstraktere Aspekte, wie die finanzielle Basis eines Unternehmens, betriebliche Prozesse, das Personalmanagement oder den Aufsichtsrat.

Diese Schritte werden mit den Optionen 2 und 3 wiederholt.

Schritt 7: Diskussion und Auswahl

Besprechen Sie gemeinsam, was durch diese Übung klar geworden ist, und berücksichtigen Sie diese Gedanken bei der endgültigen Auswahl. Diese Übung macht relativ schnell deutlich, welche Option diejenige mit den geringsten Erfolgsaussichten ist. Danach können Sie prüfen, welche Option sowohl im Hinblick auf den Verstand als auch die Gefühle am besten andockt.

Theoretischer Hintergrund: Die Kraft der Symbole nutzen

Symbole sind kraftvoll: Mit einem einzigen Bild können Sie die ganze zugrundeliegende Erlebniswelt zum Ausdruck bringen. Bei dieser Übung sind Symbole ein erster Schritt in Richtung der Ausgestaltung einer Idee. Ein Symbol ist verbindend und richtungsweisend. Ein Symbol erleichtert es, anderen Menschen, die nicht an dem Workshop teilgenommen haben, eine Idee schmackhaft zu machen. Es ist allerdings wichtig, das Symbol „aufzuladen". Sie kommunizieren damit die dahinterliegenden Gedanken, und das geschieht vorzugsweise mit einer schönen Geschichte. Das Symbol muss dabei immer wieder neu „aufgeladen" werden. Wenn Sie dem Symbol keine Aufmerksamkeit mehr entgegenbringen, wird es bedeutungslos. Verwenden Sie deshalb das Symbol in allen Arten von Kommunikation, z. B. in Präsentationen, als Logo, als Motto, in Workshops, Mails, Briefen, Berichten, (Weihnachts-)Geschenken und als Andenken an wichtige Veranstaltungen.

Warm-up zur Übung „Mit Herz und Seele entscheiden": Ihre eigene Praxis

Diese Übung können Sie dazu nutzen, um die rechte Gehirnhälfte bei der Arbeit mit Symbolen im Raum zu aktivieren. Es ist eine angenehme, spielerische Aufwärmübung. Die Teilnehmenden können sich hierbei spielerisch mit der Bedeutung von Symbolen, die Sie sich unbewusst angeeignet haben, auseinandersetzen. Es ist hilfreich, wenn die Teilnehmenden die Augen schließen, um sich vollständig auf die Visualisierungsübung konzentrieren zu können. Das Ziel dieser Übung wird erst hinterher offengelegt, sonst funktioniert sie nicht. Man kann aber vorab sagen, dass die Übung etwas mit Sehnsüchten und Wünschen zu tun hat. Geben Sie den Teilnehmenden die folgende Aufgabe:

- Stellen Sie sich vor, Sie sind Coach und haben Ihre eigene Praxis für Lebensberatung und Coaching. Stellen Sie sich Ihren Praxisraum vor Ihrem inneren Auge möglichst detailliert vor.
- Ihre erste Klientin oder Ihr erster Klient kommt zu Ihnen. Welches Problem möchte er oder sie mit Ihnen besprechen, und welchen Rat geben Sie ihr oder ihm?
- Sie sitzen nun Ihrem Klienten oder Ihrer Klientin gegenüber und sprechen Ihren weisen Rat aus. Wie reagiert er oder sie?

- Der Arbeitstag ist zu Ende, Sie räumen Ihren Schreibtisch auf und erledigen Ihre Buchhaltung, als plötzlich jemand hereinstürmt. Wer ist diese Person, die Sie außerhalb Ihrer Sprechzeiten aufsucht? Benennen Sie jemanden, den Sie kennen.

Enthüllen Sie anschließend die Bedeutung der einzelnen Fragen oder Aufgaben. Erklären Sie den Teilnehmenden: Die Antworten zeichnen ein Bild dessen, was Sie in Ihrem Leben vermissen:

- So, wie Sie Ihren Praxisraum beschrieben haben, kann das Auskunft darüber geben, was Sie zu vermissen glauben. Sahen Sie einen ruhigen Raum vor sich, in dem man gut nachdenken kann? Oder einen lebhaften, fröhlichen Ort, an dem es leichtfällt, Dinge anzusprechen? War es ein gemütliches und behagliches Setting, eine Umgebung, in der Sie sich geborgen fühlten? Oder war es ein Raum, in dem man die Beine ausstrecken und zur Ruhe kommen konnte? Was sagt Ihr Unterbewusstsein über den Arbeitsplatz, den Sie sich selbst ausgedacht haben?
- Das Problem der Klientin oder des Klienten ist eine Sache, mit der Sie sich selbst gerade auseinanderzusetzen scheinen. Ging es um die Arbeit? Eine unmögliche Liebe? Eine persönliche Entwicklung? Der Rat, den Sie der Klientin oder dem Klienten gegeben haben, stellt eine mögliche Lösung für Ihr eigenes Problem dar, die von der klar denkenden, sachlichen Seite Ihres Geistes herrührte.
- Aus der Reaktion des Klienten oder der Klientin auf Ihren Rat kann sich zeigen, ob Sie den guten Rat annehmen können, wenn er Ihnen angeboten wird. Hing der Klient oder die Klientin an Ihren Lippen? Wurde Ihnen heftig widersprochen? Oder sagte der Klient oder die Klientin zu allem „Ja“, ohne es zu sich durchdringen zu lassen?
- Die Person, die in Ihre Praxis gestürmt ist, könnte die Person sein, die Ihnen Sorgen oder Stress bereitet.

Bei dieser Übung handelt es sich um eine bearbeitete Version der Übung „Dokteren“ aus dem Buch *Kokologie* (Nagao & Saito, 2001).

Übung 69: Form und Urteil

Schwierigkeitsgrad: anspruchsvoll

Kurzbeschreibung

Wenn die besten Ideen ausgewählt worden sind, sind sie zunächst nicht viel mehr als bloße Gedanken. Mithilfe dieser Übung gestalten die Teilnehmenden ihre „frischen, jungen" Ideen weiter aus und präsentieren die Ergebnisse einer Jury. Die Jury wählt aus, welche Ideen lohnenswert genug erscheinen, um weiterverfolgt zu werden.

Zielsetzung/Wirkung

Für diese Übung wird die Gruppe in Arbeitsgruppen aufgeteilt. Jede Arbeitsgruppe setzt sich mit einer spezifischen Idee auseinander und überlegt, wie diese noch angereichert oder vertieft werden könnte. Das ist die erste Phase der Weiterentwicklung der besten Ideen. In dieser Phase wird sich zeigen, dass nicht alle Ideen das Potenzial besitzen, das die Teilnehmenden zunächst in ihnen gesehen haben. Schließlich werden die Ideen ausgewählt, die auch auf den zweiten Blick lohnenswert erscheinen. Diese Ideen haben am Ende dieser Übung bereits mehr Substanz erlangt, sodass sie von Kritikern, die nicht an den Workshops teilgenommen haben, nicht mehr so leicht abserviert werden können.

Durchführung

Vorbereitung

Sie benötigen das entsprechende Material und einen passenden Raum, um die Präsentationen vorzubereiten (siehe hierzu die verschiedenen Möglichkeiten im Kasten). Bereiten Sie auch die Bewertung durch die Jury vor (siehe das Beispiel im Kasten).

Schritt 1: Gruppenbildung

Teilen Sie die Gruppe in Arbeitsgruppen von je 4 bis 5 Personen auf, die jeweils eine Idee ausarbeiten werden. Lassen Sie die Teilnehmenden so weit wie möglich selbst auswählen, welche Idee sie bearbeiten wollen. Das fördert den Enthusiasmus und die Qualität.

Schritt 2: Detektiv

Die Arbeitsgruppen teilen sich in zwei Hälften auf. Die eine Hälfte beantwortet im Anschluss die Fragen und kann sich zunächst zurücklehnen. Die andere Hälfte bereitet kritische Fragen vor und nimmt die Position eines Advocatus diaboli oder die Sichtweise kritischer Investoren ein. Ziel dieses Schrittes ist, sich ein klares Bild sowohl von den Stärken als auch den Schwächen der Idee zu machen, damit die Gruppe die Idee danach gut weiter ausarbeiten kann. Geben Sie nach 10 Minuten ein Zeichen, dass die Befragung beginnen kann. Die Befragung dauert 10 Minuten oder etwas länger, wenn Sie sehen, dass die Gruppen nach 10 Minuten noch angeregt in ihre Gespräche vertieft sind.

Schritt 3: Ausgestalten

Jede Arbeitsgruppe gestaltet ihre Idee nun weiter aus, sodass sie danach der Jury präsentiert werden kann. Geben Sie den Gruppen dafür ausreichend Zeit, auf jeden Fall mehrere Stunden.

Schritt 4: Präsentieren

Jede Arbeitsgruppe präsentiert der Jury ihre Idee in etwa 10 bis 20 Minuten. Die Jury sollte vorzugsweise aus den Teilnehmenden selbst bestehen, weil die Ideen noch sehr frisch sind. Bei Bedarf können weitere Personen dafür eingeladen werden, die den Teilnehmenden nahestehen. Die Jury-Mitglieder sollten in der Lage sein, das Potenzial in den erst teilweise ausgearbeiteten Ideen erkennen zu können. Die Jury stellt am Ende jeder Präsentation Fragen.

Schritt 5: Ideen auswählen

Die Jury entscheidet, welche der präsentierten Ideen weiterentwickelt werden sollen.

Material zur Übung „Form und Urteil“: Verschiedene Möglichkeiten, um Ideen eine Form zu geben

Präsentation. Die Teilnehmenden bereiten eine Präsentation ihrer Idee vor. Das kann zum Beispiel eine PowerPoint- oder Prezi-Präsentation sein. Bilder und Musik können Teil der Präsentation sein und auch Farben, wenn sie zur Idee passen. Geben Sie den Teilnehmenden diese Richtlinien vor:

- Die Präsentation darf maximal X Minuten dauern.
- Entwerfen Sie ein Bild von der Idee. Lassen Sie in der Präsentation die Atmosphäre der Idee durchscheinen.

- Formulieren Sie immer eine kurze Beschreibung der Idee. Worin besteht der Kern der Idee? Nennen Sie Pro und Contra. Welche interessanten Punkte sind erwähnenswert?

Poster. Die Teilnehmenden fassen den Kern ihrer Idee auf einem Flipchart-Bogen zusammen. Sie arbeiten dabei mit Bildern, Farben und Text. Sie hängen ihr Poster an einer Stelle auf, die gut zu ihrer Idee passt.

Pressemitteilung. Von der Webseite des Center for Development of Creative Thinking (COCD) stammt der Tipp, eine Pressemitteilung zur Idee zu schreiben. Geben Sie den Teilnehmenden diese Richtlinien vor:

- Überlegen Sie sich einen prägnanten Titel.
- Schreiben Sie so ansprechend wie möglich.
- Stellen Sie sicher, dass das Design attraktiv ist.

Prototyp. Die Teilnehmenden können einen einfachen Prototyp ihrer Idee anfertigen. Damit hat die Jury ein anschauliches Beispiel für ihre Bewertung (siehe dazu auch Übung 72: *Einen Prototyp erstellen*).

Die Gruppenleitung bringt ein paar inspirierende Beispiele mit oder lädt zur Unterstützung eine Fachkraft ein, zum Beispiel aus der Presse- oder Kommunikationsabteilung.

Material zur Übung „Form und Urteil": Bewertung durch die Jury

Punkteliste. In dieser Phase ist es empfehlenswert, die Ideen anhand mehrerer Kriterien zu bewerten. Es sollten aber nicht zu viele Kriterien sein, sonst wird es unübersichtlich. Schreiben Sie alle Kriterien nebeneinander in eine Liste und überreichen Sie diese den Jurymitgliedern. Hier ein Beispiel:

	Gefühl	Gewinnpotenzial	Wettbewerbsvorteil	Ergänzung zu bestehender Produktpalette	Risiko	Aufwand	Punkte insgesamt
Idee 1							
Idee 2							
Idee 3							

Jedes Jurymitglied beurteilt, ob die präsentierten Ideen die Kriterien erfüllen. Jede Idee kann bei jedem Kriterium 1 bis 5 Punkte erhalten: 1 Punkt, wenn die Idee bei diesem Kriterium nicht gut abschneidet, 5 Punkte, wenn die Idee das

Kriterium ausgesprochen gut erfüllt. Wie viele Punkte haben die Ideen insgesamt erhalten? Besprechen Sie vorab mit der Jury, ob die Ideen eine bestimmte Mindestpunktzahl erreichen müssen ob ober die X besten Ideen weiterkommen.

Manchmal gibt es in der Punkteliste notwendige Kriterien, die erfüllt werden müssen, weil die Idee sonst nutzlos ist. Lassen Sie diese Kriterien abhaken. Wenn die Idee keinen Haken bekommen hat, wird sie nicht ausgewählt.

Alternativen. Sie können auch:
- (Spiel-)Geld investieren lassen
- Die Vorgabe machen, dass die Mehrheit der Jury für eine bestimmte Idee voten muss.

Entscheiden Sie im Vorfeld, welche Methode am besten geeignet ist.

Übung 70: Alle Sinne ansprechen

Schwierigkeitsgrad: mittel

Kurzbeschreibung

Diese Übung eignet sich für Ideen, die bereits mehr sind als nur ein Stichwort oder ein Gedanke, also schon etwas weiter gereift sind. Die Teilnehmenden nähern sich einer Idee mit ihren fünf Sinnen, um herauszufinden, ob diese Ideen noch angereichert werden können. Die Übung 6: *Kakophonie* ist dafür eine schöne Aufwärmübung, weil alle Sinne angeregt werden.

Zielsetzung/Wirkung

Menschen empfinden es als angenehm, wenn verschiedene Sinne durch eine Sache angesprochen werden. Wenn eine Idee an mehrere Sinne appelliert, erscheint sie attraktiver, sie wirkt stärker und als habe sie mehr Substanz. Das heißt, eine Idee wird dadurch umso kraftvoller und lebendiger, auch für Außenstehende, die nicht am Workshop teilgenommen haben. Es wird einfacher, andere für die Idee zu begeistern, was in dieser Phase des kreativen Prozesses durchaus wichtig ist. Diese Übung wurde durch die Arbeiten von Igor Byttebier (2002) inspiriert.

Durchführung

Vorbereitung

Sie benötigen ein Flipchart, dicke Schreibstifte, Blankopapier und Kugelschreiber. Schreiben Sie – als Gedächtnisstütze für die Teilnehmenden – die fünf Sinne des Menschen auf einen Flipchart-Bogen.

Schritt 1: Die Sinne anregen

Wenn die Gruppe sehr groß ist, teilen Sie sie in kleinere Gruppen von ca. 3 bis 5 Personen auf. Bitten Sie jede Gruppe, sich einer Idee anzunehmen, die noch weiter ausgearbeitet werden soll. Bitten Sie die Gruppe anschließend, diese Idee auf ihre fünf Sinne wirken zu lassen. Die Teilnehmenden halten ihre Ergebnisse schriftlich fest. Weiter unten finden Sie einen Kasten mit Beispielfragen, die verwendet werden können, um der Idee noch mehr Substanz zu verleihen.

Schritt 2: Zusammenfügen

Wurde ein einheitliches Ganzes erarbeitet? Wie lässt sich dies zur Weiterentwicklung der Idee verwenden? Jede Arbeitsgruppe verfasst nun eine konsistente und möglichst konkrete Geschichte (siehe als Beispiel die Markengeschichte im Kasten).

Schritt 3: Evaluation

Bitten Sie jede Gruppe, im Plenum ein kurzes Feedback zu geben. Was hat diese Übung konkret gebracht? Was muss getan werden, um die Idee noch weiterzuentwickeln? Einigen Sie sich auf Aktionspunkte und verteilen Sie die Aufgaben.

Material zur Übung „Alle Sinne ansprechen": Beispielfragen

- *Sehen:* Welche Farben und Bilder passen zu dieser Idee? Sind es warme oder eher kühle Farben? Braucht es einen großen Kontrast? Kann man die Idee in einem Bild oder Logo einfangen?
- *Hören:* Welche Geräusche oder welche Musik passen zu dieser Idee? Welche Sprache gehört zu ihr? Wie können Sie die Idee bekannt machen?
- *Riechen:* Welche Gerüche passen zu dieser Idee? Wie können Sie spezielle Gerüche bei der (Markt-)Einführung dieser Idee eine Rolle spielen lassen?
- *Tasten:* Welches Gefühl möchten Sie Ihrer Idee mitgeben? Warm oder kühl? Nah oder auf Abstand? Wenn Sie die Idee auf Papier präsentieren möchten: Würden Sie glattes, weiches oder raues Papier verwenden?
- *Schmecken:* Ist die Idee süß, herzhaft oder scharf? Wie können Sie diese Eigenschaft für die (Markt-)Einführung Ihrer Idee nutzen? Gibt es bestimmte Geschmacksstoffe, die Sie verwenden wollen?

Beispiel zur Übung „Alle Sinne ansprechen": Eine Markengeschichte

Die Socialistische Partij (SP) in den Niederlanden hat sich möglicherweise in ihrer Wahlkampagne im Jahr 2006 ähnliche Fragen gestellt. Schon sehr lange verwendet die Partei das Logo einer Tomate. Die Kampagne von 2006 sollte verschiedene Sinne bei den Bürger:innen ansprechen, und zwar auf eine Art und Weise, die gut zur Partei passt. So wurde beispielsweise Tomatensuppe ausgeteilt. Diese Suppe roch gut, schmeckte fein und vermittelte ein warmes Gefühl. Die Suppe („SoeP") aus Bio-Produkten wurde gemeinsam mit dem Journalisten und Gastronomiekritiker Johannes van Dam entwickelt und eignet sich genauso für eine vegetarische wie vegane Ernährung und ist zudem halal. Auch an das Auge wurde gedacht. Die Suppe wurde in speziellen Bowls, einem Design der Agentur Thonik, serviert. Am Heck des Wahlkampfbusses wurde ein mobiles Kunstwerk von Joep van Lieshout angebracht. In der Form einer Tomate war es zugleich mobile Küche und ausklappbare Terrasse. Der Hörsinn wurde durch das Lied „Jan en Alleman", gesungen von Bob Fosko, angesprochen.

Durch die Suppe und eine neue „Corporate Identity“ wurde die Partei mit einer Premium-Marke assoziiert. Der damalige Spitzenkandidat Jan Marijnissen erklärte, die Suppe sei „ein kleiner, aber großartiger Beitrag zu einem verträglichen Miteinander in der Gesellschaft“ gewesen.

Übung 71: Puzzeln mit Einzelteilen

Schwierigkeitsgrad: anspruchsvoll

Kurzbeschreibung

Die Teilnehmenden an dieser Übung beschäftigen sich mit Ideen, die schon ziemlich gut und weit gediehen sind, die sie aber dennoch ein Stück weit verbessern wollen, bevor sie damit an die Öffentlichkeit gehen. Alle Bestandteile der Idee werden einer kritischen Betrachtung unterzogen, um mögliche Verbesserungsoptionen zu finden.

Zielsetzung/Wirkung

Bei dieser Übung lernen die Teilnehmenden, wie sie ihre Ideen „auseinandernehmen" können, um die Einzelteile auf ihr Verbesserungspotenzial hin zu untersuchen. Im Zentrum steht die Idee, die verbessert werden soll. Was ist gut an dieser Idee? Was könnte man eventuell durch Bestandteile einer anderen Idee ersetzen? Welche Einzelaspekte könnte man noch etwas größer oder umgekehrt kleiner denken? Auf diese Weise gehen die Teilnehmenden andere Ideen gedanklich durch und greifen aus verschiedenen Ideen die besten Aspekte heraus. Die Idee, um die es geht, reift und gedeiht dadurch weiter.

Durchführung

Vorbereitung

Sie benötigen ein Flipchart, dicke Schreibstifte und einen Platz, an dem Sie die Flipchart-Bögen aufhängen können. Schreiben Sie die Fragen aus dem Kasten weiter unten auf einen Flipchart-Bogen und hängen Sie den Bogen so auf, dass alle Teilnehmenden ihn gut sehen können.

Schritt 1: Verbessern

Sehen Sie sich gemeinsam mit der Gruppe die Idee an. Aus welchen Einzelteilen besteht diese Idee? Halten Sie Pro und Contra und andere interessante Aspekte auf einem Flipchart-Bogen fest. Stellen Sie zu jedem Einzelaspekt die Fragen, die Sie auf den anderen Papierbogen geschrieben haben. Wie können die Einzelaspekte der Idee verbessert werden? Machen Sie sich Notizen zu den Eckpunkten der Anpassungen, auf die sich die Teilnehmenden geeinigt haben.

Schritt 2: Evaluation

Ergibt sich aus allen Anpassungen ein kohärentes und verbessertes Konzept? Das überarbeitete Konzept sollte reichhaltiger und besser sein als die vorherige Idee. Wenn es nur komplizierter geworden ist, könnte das ein Hinweis darauf sein, dass es möglicherweise besser ist, die ursprüngliche Idee aufzugeben. Der Grundgedanke scheint dann nicht stark genug gewesen zu sein.

Material zur Übung „Puzzeln mit Einzelteilen": Fragen

- Können Sie etwas austauschen und so erreichen, dass es besser wird?
- Können Sie etwas kombinieren?
- Können Sie Bestandteile weglassen?
- Können Sie etwas vergrößern oder verkleinern?
- Können Sie etwas auf eine andere Weise anpassen?
- Können Sie irgendetwas weglassen?
- Können Sie etwas aus anderen Ideen verwenden?

Übung 72: Einen Prototyp erstellen

Schwierigkeitsgrad: anspruchsvoll

Kurzbeschreibung

Die Teilnehmenden an dieser Übung erstellen einen Prototyp ihrer Idee, damit sie und andere das Ergebnis sehen, fühlen und erleben können.

Zielsetzung/Wirkung

Wenn ein Team einen Prototyp erstellt, müssen die hinter der Idee stehenden Gedanken explizit benannt werden, um der Idee buchstäblich eine Form geben zu können. Sie als Gruppenleitung, Projektleitung oder Teamleitung schaffen damit Klarheit und legen den Grundstein für eine gemeinsame Innovation. Sie treffen gemeinsam Entscheidungen und bringen die Idee sukzessive voran. Die Erstellung eines Prototyps bedeutet, einer Idee Form zu geben, sie zum Leben zu erwecken. Andere Menschen, Kund:innen oder Kolleg:innen zum Beispiel, können die Idee erst dann wirklich erleben. Wenn Sie beobachten, wie andere mit der Idee umgehen, und wenn Sie Fragen dazu stellen, erhalten Sie wertvolles Feedback. Das gibt Ihnen die Möglichkeit, zu überprüfen, ob die Dinge so funktionieren, wie Sie sich das gedacht haben. Sie können Ihre Idee damit Schritt für Schritt weiter verbessern und unnötige Investitionen vermeiden.

Durchführung

Vorbereitung

Was möchten Sie lernen? Welche Annahmen zur Idee möchten Sie überprüfen? Wollen Sie sehen, wie Ihre Kund:innen mit dem Prototyp umgehen? Welche Aktionen möchten Sie sehen? Erstellen Sie ein „Storyboard" der Idee, die Sie testen wollen. Skizzieren Sie die Schritte, die Sie testen wollen, in Form eines Comics. Denken Sie über die Form, die der Prototyp bekommen soll, nach und sorgen Sie dafür, dass das benötigte Material vorhanden ist, zum Beispiel:

- Papier, Karton, Haftnotizzettel, Scheren, Stifte, Klebeband, Büroklammern;
- ein Laptop oder ein Tablet und/oder ein Smartphone mit Software, mit der Sie oder ein anderes Teammitglied arbeiten können;
- transparente Folien und dazu passende Stifte;
- ein Raum, Möbel, Styropor.

Besprechen Sie sich in dieser Phase auch mit Ihren Teammitgliedern.

Schritt 1: Schaffen Sie Klarheit

Erzählen Sie, was Sie machen wollen, damit Sie wichtige Fragen schon einmal klären können. Hängen Sie das Storyboard mit den verschiedenen Schritten auf, zum Beispiel an einem Whiteboard.

Schritt 2: Entscheiden Sie, wie das Storyboard weiter ausgearbeitet werden soll

Besprechen Sie gemeinsam, wie Sie den Prototyp erstellen wollen. Wird es sich um eine Erfahrung handeln, bei der Sie aktiv eine Rolle spielen? Wird es ein Vorschlag für eine App oder eine Webseite sein? Welche Hilfsmittel benötigen Sie, um den Prototyp optimal zur Geltung zu bringen? Was wird Ihre „Eröffnungsszene“? Beispiele für Prototypen finden Sie im Kasten weiter unten.

Schritt 3: Aufgaben verteilen

Sie brauchen Menschen, die die folgenden Rollen bei der Teamarbeit einnehmen:

- Macher (2 oder mehr)
- Zusammensetzer (1)
- Schreiber (1)
- Requisiteur (1 oder mehr)

Diese Teamrollen werden im Kasten unten genauer beschrieben.

Schritt 4: Machen

Machen Sie sich an die Arbeit. Sorgen Sie dafür, dass der benötigte Raum einen Tag lang zur Verfügung steht, um den Prototyp zu erstellen.

Schritt 5: Probelauf

Am Nachmittag testen Sie, ob der Prototyp funktioniert. Danach setzen Sie die Arbeit fort.

Tipp: Eine feste Deadline vorgeben

Wir gehen hier von einem Prototyp aus, der an einem Tag fertiggestellt wird. Das ist auch die Vorgehensweise, die Google für den bekannten „Google Design Sprint“ bevorzugt. Es ist sinnvoll, eine feste Deadline vorzugeben, damit der Prototyp so schnell wie möglich fertiggestellt wird, Sie wollen ja sicher kein Aufschiebeverhalten fördern. Die Deadline zwingt zum Handeln, zur Weiterarbeit und zur Kreativität. Zugleich ist die Entscheidung für einen Tag „Bauzeit“ willkürlich. Manchmal kann ein Prototyp auch viel schneller hergestellt werden. Für die Fertigstellung komplizierter Prototypen kann mehr Zeit erforderlich sein, zum Beispiel eine Woche.

Theoretischer Hintergrund: Minimum Viable Product (MVP)

Eric Ries (2011) von „The Lean Startup" spricht von einem MVP – einem „Minimum Viable Product". Hierbei handelt es sich um die Mindestversion eines Produkts, die benötigt wird, um es testen zu können und Nutzerfeedback zu bekommen. Tom und David Kelley halten die Entscheidung, welche Art von Prototyp man erstellt und wie weit man dabei ins Detail geht, für eine wahre Kunst. Wenn man zum Beispiel den Aufbau einer Webseite testen möchte, genügen grobe Skizzen der Webseiten. Wenn man dagegen wissen möchte, ob eine Webseite die richtigen Gefühle zu wecken vermag, benötigt man einen Screenshot mit dem richtigen Styling (Kelley & Kelley, 2013).

Material zur Übung „Einen Prototyp erstellen": Teamrollen und Aufgaben

Es sind verschiedene Arten von kreativen Menschen daran beteiligt, einen Prototyp zu erstellen. Google kombinierte diese Vorgehensweise mit anderen bewährten Techniken zu einem einwöchigen Prozess, der einem Team dabei hilft, eine Idee innerhalb dieser einen Arbeitswoche konkret zu bekommen und sie mit Kund:innen zu testen. Knapp, Zeratsky und Kowitz (2016) beschreiben diesen Prozess ausführlich in ihrem Buch *SPRINT: Wie man in nur fünf Tagen neue Ideen testet und Probleme löst.* Den in Schritt 3 bereits erwähnten Rollen ordnen Knapp et al. die folgenden Aufgaben zu:

Macher	Stellt die Einzelteile des Prototyps her.
Zusammensetzer	Fügt die Einzelteile zu einem Ganzen zusammen. Kann den Machern Anweisungen bezügich Bauweise und Stil geben.
Schreiber	Schreibt die erforderlichen Texte.
Requisiteur	Sucht Elemente, die die Macher benötigen. Dazu zählen Fotos, Zeichnungen und Beispiele.

Diese Aufgaben werden von Ihrem Team übernommen. Überlegen Sie, wer welche Qualitäten mitbringt. Wenn Sie sich für einen digitalen Prototyp entscheiden, ist es sinnvoll, wenn eine oder mehrere Personen aus dem Team Erfahrung mit der Software haben, mit der gearbeitet werden soll. Es gibt spezielle Software für die Erstellung von Prototypen, aber es funktioniert auch mit PowerPoint oder Keynote.

Teams, die kreatives Arbeiten nicht gewöhnt sind, müssen eventuell zuerst eine Hemmschwelle überwinden, bevor sie sich an die Arbeit machen und ein „Wegwerfprodukt" entwickeln.

Material zur Übung „Einen Prototyp erstellen": Beispiele für Prototypen

Was für eine Art von Prototyp erstellt werden soll, hängt von der Frage ab, die den Kund:innen, die ihn testen werden, gestellt werden soll. Es gibt viele Beispiele für Prototypen, hier eine kleine Auswahl:

- Skizzen auf Papier von dem Ablauf, den Sie sich bezüglich einer Webseite vorstellen. Was sieht die Kundin auf ihrem Bildschirm, wenn sie die Webseite besucht und die verschiedenen Optionen anklickt? Welche zusätzlichen Fenster erscheinen? Sie können auch Fotos von Ihren Skizzen aufnehmen und sie digital mitbringen. Beispielfotos mit einem Finger auf einem Touchscreen oder einem Cursor, der den Weg weist, sind näher an der Realität.
- Mithilfe von Prototyping-Software übertragen Sie die Skizzen ohne große Mühe in eine digitale, anklickbare Form.
- Beim Einsatz von „Augmented Reality" wird die Realität um virtuelle Elemente (Zusatzinformationen, interaktive Elemente), die eingeblendet werden können, ergänzt. Sie können das mit durchsichtigen Folien ausprobieren, auf die Sie etwas zeichnen oder schreiben. Erzählen Sie die „Story", um die Testperson durch den Prozess zu begleiten.
- Eine Broschüre oder ein Webseitentext sind schöne Prototypen, wenn die Kund:innen Ihr Produkt normalerweise als erstes im Internet sehen. Diese Form ist auch geeignet, wenn Ihr Produkt zu kompliziert ist, um auf die Schnelle einen Prototyp zu erstellen.
- Sie könnten natürlich einen Laden nachbauen, aber lebensgroße Fotos einer Regalwand erfüllen ihren Zweck genauso. Schreiben Sie ein Skript über die Einkaufserfahrung und lassen Sie die Teammitglieder die Rollen spielen.
- Wenn Sie wissen möchten, wie etwas in einem Raum wirkt, bereiten Sie einen Raum vor und laden Sie Ihre Kund:innen zum Testen ein. Das, was Sie wissen möchten, Ihre Fragestellung, ist entscheidend dafür, wie aufwändig und schön Sie den Raum einrichten; entscheiden Sie sich für die einfachste Lösung.

Beispiel zur Übung „Einen Prototyp erstellen":
Eine bezaubernde Geschichte

Die Modedesigner Viktor & Rolf lancierten 1996, ganz am Anfang ihrer Karriere, ein Fake-Parfüm – ein Fläschchen, dessen Verschluss nicht zu öffnen war. Sie entwickelten auch eine Miniaturinstallation mit einem Laden und eine Miniaturinstallation mit einer Puppe auf dem Catwalk. Das waren alles Dinge, von denen sie geträumt hatten und die noch niemand vor ihnen gemacht hatte. Das Fake-Parfüm wurde als Kritik an der Modewelt aufgefasst, aber für Viktor & Rolf war es schlicht die Visualisierung eines innig gehegten Wunsches, eine Sache, die sie gern konkret umsetzen wollten. In einem Interview mit Nathalie

Huigsloot (2018) erklärten sie: „Möchte man das [was man wirklich will], Wirklichkeit werden lassen, hilft es einem, wenn man es konkret vor sich sieht."

Tipp: Interviews zum Testen des Prototyps durchführen

Im nächsten Schritt steht das Testen des Prototyps auf dem Programm. Jakob Nielsen, ein dänischer Forscher und Berater im Bereich User Experience, hat herausgefunden, dass man nur 5 Interviews mit Nutzer:Innen oder Kund:innen benötigt, um die wichtigsten Muster erkennen zu können. In Übung 65: *Mit den Kund:innen Innovationen entwickeln* finden Sie dafür geeignete Beispielfragen.

Übung 73: Die Farbdebatte

Schwierigkeitsgrad: mittel

Kurzbeschreibung

Bei dieser Übung verwenden die Teilnehmenden die vier Farbtypen aus dem Insights-Discovery-Modell, um eine ausgewogene Wahl zwischen verschiedenen guten Alternativen zu treffen. Diese Übung ist besonders geeignet, wenn die Alternativen in ihrer Attraktivität nahe beieinander liegen.

Zielsetzung/Wirkung

Diese Übung befähigt die Teilnehmenden zu einer wohlüberlegten Entscheidung, die möglichst viele Perspektiven berücksichtigt. Das heißt, die Entscheidung ist gut durchdacht, realistisch und objektiv (blau), berücksichtigt die Gefühle und Bedürfnisse verschiedener Parteien, und es wird sorgsam mit Menschen umgegangen (grün). Das Ergebnis schenkt Energie, ist inspirierend und wirkt erneuernd (gelb). Es gibt ein klares Ziel sowie eine Richtung, das Ergebnis animiert zum Handeln und Organisieren, und es werden konkrete Resultate verbucht (rot). Der Kasten unten gibt eine Übersicht über die vier Farben.

Durchführung

Vorbereitung

Stellen Sie vier Gegenstände in jeweils einer der vier Grundfarben (rot, gelb, grün, blau), genügend Papier und Stifte zur Verfügung. Des Weiteren benötigen Sie ein Flipchart, dicke Schreibstifte und einen Platz, an dem Sie die Flipchart-Bögen aufhängen können. Schreiben Sie vorab die Eigenschaften der vier Farben auf einen Flipchart-Bogen und hängen Sie diesen auf. Es ist von Vorteil, wenn Sie mit dem Insights-Discovery-Modell vertraut sind, unbedingt erforderlich ist das aber nicht. An dieser Übung können 4 bis 8 Personen teilnehmen.

Schritt 1: Erläuterung

Geben Sie einen kurzen Überblick über die spezifischen Merkmale der vier Farben. Fragen Sie die Teilnehmenden, zu welcher Farbe sie sich am meisten hingezogen fühlen. Wenn jemand keine Vorliebe hat, können Sie die anderen Gruppenmitglieder fragen, welche Farbe sie am ehesten mit dieser Person in Verbindung bringen. Positionieren Sie die Teilnehmenden in einem Kreis und halten Sie sich an die folgende Aufteilung: Blau sitzt „links oben", Rot „rechts oben", Grün „links unten" und Gelb „rechts unten". Wichtig ist, dass sich Blau und Gelb – sowie Grün und Rot – diagonal gegenübersitzen. Es sollte ersichtlich sein, welche Personen welche Farbe repräsentieren. Verteilen Sie dazu die vier Gegenstände.

Schritt 2: Zwei Diskussionsrunden

Zunächst entscheiden Sie alle gemeinsam, welche zwei attraktiven Alternativen miteinander verglichen werden sollen. Schreiben Sie diese auf einen Flipchart-Bogen und erläutern Sie sie kurz, falls nötig. Erklären Sie, dass es zwei Diskussionsrunden geben wird. Jede Runde wird 10 Minuten dauern und nimmt eine der zwei Alternativen in den Fokus. Bitten Sie die Teilnehmenden, dabei möglichst viel aus der Perspektive ihrer Farbe zu argumentieren:

- Blau erklärt, welche Risiken man mit dieser Alternative eingeht und welche Nachteile mit ihr einhergehen.
- Gelb erklärt, welche Chancen diese Alternative bietet und welche Vorteile sie mit sich bringt.
- Grün erklärt, welche Bedeutung diese Alternative für die verschiedenen beteiligten Parteien hat.
- Rot erklärt, wie realistisch und machbar diese Alternative ist.

Beginnen Sie die erste Diskussionsrunde. Die Teilnehmenden sprechen aus ihrer jeweiligen Perspektive über die erste Alternative. Achten Sie auf die Zeit und starten Sie nach 10 Minuten die zweite Runde, bei der über die zweite Alternative gesprochen wird. Die Rollenverteilung bleibt unverändert.

Schritt 3: Ergebnis

Jede Farbe zieht sich nun zurück und setzt sich mit den folgenden Fragen auseinander:

- Wie können wir die wichtigsten Vorteile der ersten Alternative beibehalten und die Nachteile vermeiden?
- Wie können wir die wichtigsten Vorteile der zweiten Alternative beibehalten und die Nachteile vermeiden?

Bitten Sie jede einzelne Person, ihren Standpunkt der Gruppe zu erläutern. Schreiben Sie die Standpunkte auf einen Flipchart-Bogen. Lassen Sie die gesamte Gruppe am Ende zu einer Entscheidung gelangen, indem sie die letzte Frage beantworten: Welche Alternative hat – in Anbetracht der Antworten, die auf die beiden Fragen gegeben wurden – die besten Erfolgsaussichten?

Material zur Übung „Die Farbdebatte": Die vier Grundfarben im Insights-Discovery-Modell (Insights Learning & Development, 2006)

- *Blau:* Analytisch, formell, besonnen, detailliert, vorsichtig, objektiv. Tut sich schwer mit fehlender objektiver Information, mit schlecht vorbereiteter Arbeit, mit Mangel an Struktur und Logik, Ablenkungen und Umwegen.
- *Rot:* Engagiert, positiv, entscheidungsfähig, direkt, fordernd, zielbewusst. Tut sich schwer mit fehlendem Fokus, mit Kontrolle, Unentschlossenheit, Unklarheit, Trägheit.
- *Grün:* Ermutigend, harmonisch, geduldig, entspannt, freundlich und taktvoll. Tut sich schwer mit Ungerechtigkeit, Verletzung von Wertvorstellungen, Mangel an Loyalität, Zeitdruck.
- *Gelb:* Enthusiastisch, energisch, fröhlich, weitsichtig, kreativ, ausdrucksstark. Tut sich schwer mit Starrsinn, Tunnelblick, Weitschweifigkeit, mangelnder Verspieltheit und Intensität.

Übung 74: Die zwölf Geschworenen

Schwierigkeitsgrad: anspruchsvoll

Kurzbeschreibung

Diese Übung eignet sich gut für Situationen, in denen zwischen verschiedenen Szenarien oder Ideen mit eventuell schwierigem oder sensiblem Inhalt entschieden werden muss. Sie basiert auf dem Gedanken, die Weisheit der Gruppe zu nutzen, und ist auf das Verlangsamen der Entscheidungsfindung ausgerichtet. Damit wird ein kreativer Prozess bei der Auswahl zwischen verschiedenen Alternativen gefördert. Es handelt sich um einen Prozess der Entscheidungsfindung, bei dem ganz bewusst Widerstand gesucht wird.

Zielsetzung/Wirkung

Die Übung bezweckt, dass beim Auswahlverfahren von Ideen klug vorgegangen wird und Raum für die Perspektiven aller Beteiligten vorhanden ist. Der Kern der Übung besteht darin, zu sagen, dass die auseinandergehenden Meinungen, aber auch die verschiedenen Emotionen willkommen geheißen werden. Eine abweichende Meinung einer Minderheit muss nicht störend sein, sie kann genauso gut bereichernd sein, und die Gruppenmitglieder lernen daraus. Die Qualität des Entscheidungsfindungsprozesses, des kreativen Prozesses und letztlich der Entscheidung selbst wird dadurch verbessert.

Durchführung

Vorbereitung

Suchen Sie den Ausschnitt aus dem Film *Die zwölf Geschworenen* (Regie: Sidney Lumet, 1957, Originaltitel: 12 Angry Men), bei dem der Geschworene Nr. 8 es wagt, einen Minderheitenstandpunkt einzunehmen (Timecode 00:11:50 bis 00:14:50). Der Film ist bei verschiedenen Streaming-Anbietern erhältlich. Stellen Sie sicher, dass das Ziel und die Art des Workshops allen Beteiligten vorab klar sind, dass es nämlich darum geht, die stärkste oder kreativste Idee, die von allen mitgetragen wird, auszuwählen. Rechnen Sie mit etwa 3 Stunden. Legen Sie für alle Teilnehmenden einen Notizblock und einen Stift bereit. Außerdem wird ein Flipchart mit Flipchart-Bögen und passenden Stiften benötigt.

Schritt 1: Ermittlung der Präferenzen (auf Papier)

Die Gruppenleitung oder die Teamleitung stellt der Gruppe die Ideen vor. Angenommen, es handelt sich um drei kreative Ideen, über die gesprochen werden soll. Bitten Sie alle Gruppenmitglieder, für sich selbst Antworten auf die folgenden Fragen aufzuschreiben:

- Welche Idee finden Sie auf den ersten Blick am attraktivsten, bzw. welche Idee ruft ein positives Gefühl hervor? Welche Idee halten Sie für am wenigsten attraktiv, bzw. welche Idee ruft kein positives Gefühl hervor?
- Können Sie die Ideen in eine Reihenfolge bringen?

Die persönlichen Präferenzen werden in dieser Phase nicht untereinander ausgetauscht.

Schritt 2: Aufteilung in Zweierteams

Besprechen Sie im Zweierteam die favorisierte Reihenfolge der Ideen. Nutzen Sie dazu die folgenden Fragen:

- Was sind die wichtigsten Argumente, die für diese Reihenfolge sprechen?
- Was sind die wichtigsten Argumente aus der Sicht der Kund:innen oder der Patient:innen?
- Was sind die wichtigsten Argumente aus der Sicht der Mitarbeitenden?
- Was sind die wichtigsten Argumente aus dem Blickwinkel unserer Unternehmenswerte?
- Was sind die wichtigsten Argumente aus der Sicht der Geschäftsleitung, des Vorstands, des Aufsichtsrats?

Schritt 3: Präsentation der Präferenzen

Nun kommt wieder die gesamte Gruppe zusammen, und jedes Zweierteam präsentiert seine Meinung zu den oben genannten Fragen. Die Gruppenleitung geht nicht auf Inhalte ein, sondern versucht, klärende Fragen zu stellen. Nach dieser Runde wird deutlich, wo die wichtigsten Übereinstimmungen sind und welche Unterschiede es gibt.

Schritt 4: Risiken und Nachteile unter die Lupe nehmen

In dieser Phase wird der Widerstand gesucht. Wo sind die Sorgen und Einwände der Beteiligten bei jeder einzelnen Idee? Suchen Sie als Gruppenleitung bewusst die Unterschiede auf und machen Sie sie noch größer und gewichtiger. Machen Sie die Einwände nicht klein, sondern haken Sie deutlich nach und notieren Sie die Einwände Stück für Stück auf einem Flipchart-Bogen. Beenden Sie diese Runde, wenn alle möglichen Einwände gegen jede Option von der Gruppe benannt worden sind. Haken Sie insbesondere bei einem Gruppenmitglied, das einen Minderheitenstandpunkt vertritt, nach.

Schritt 5: Chancen und Vorteile unter die Lupe nehmen

In dieser Phase wird der Enthusiasmus für jede der Möglichkeiten erkundet. Wo liegen die emotionalen Präferenzen jedes Gruppenmitglieds? Was macht eine Option für die Teilnehmenden am attraktivsten? Notieren Sie alle Vorteile und positiven Gefühle auf einem Flipchart-Bogen. Machen Sie das bei jedem einzelnen Gruppenmitglied. Jeder und jede Einzelne soll gehört werden. Haken Sie insbesondere bei einem Gruppenmitglied, das einen Minderheitenstandpunkt vertritt, nach.

Schritt 6: Die Minimax-Formel pro Idee anwenden

Wenn man hier weiterhin von drei Ideen ausgeht, dann werden die Flipchart-Bögen mit den Vorteilen von Idee 1 in einem ersten Block aufgehängt und die Bögen mit den Nachteilen von Idee 1 in einem zweiten Block daneben. Machen Sie dasselbe mit den Ideen 2 und 3. Nun werden alle Gruppenmitglieder aufgefordert, für jede Option die folgende Frage zu beantworten:

- Wie können wir bei Idee 1, 2 und 3 möglichst umfänglich von den Vorteilen profitieren und möglichst wenig unter den Nachteilen leiden? Die Perspektiven verschiedener Interessengruppen (siehe Schritt 2) werden dabei berücksichtigt.

Schritt 7: Der Geschworene Nr. 8 hat das Wort

Die Gesamtübersicht über alle Flipchart-Bögen hat höchstwahrscheinlich eine Reihenfolge von der besten Idee (ganz oben) bis zu der am wenigsten attraktiven Idee (ganz unten) zur Folge. Bitten Sie eine Person aus der Gruppe, den Geschworenen Nr. 8 zu spielen und Einwände gegen die Idee mit der größten Zustimmung vorzubringen. Welche möglichen Einwände könnte es noch geben? Bitten Sie anschließend die Gruppe, zu überlegen, wie die letzten Einwände gegen die attraktivste Idee ausgeräumt werden können, und wählen Sie dann die attraktivste Idee aus.

Übung 75: Ideen, die haften bleiben

Schwierigkeitsgrad: mittel

Kurzbeschreibung

Diese Übung basiert auf dem Buch *Made to stick* (deutscher Titel: *Was bleibt*) von Chip und Dan Heath (2007/2008). Die beiden US-amerikanischen Autoren haben untersucht, woran es liegt, dass manche Ideen sehr gut ankommen, andere aber nicht. Sie sind zu der Erkenntnis gelangt, dass sich dabei sechs Grundprinzipien unterscheiden lassen. Bei dieser Übung geht es darum, eine neue Idee mithilfe dieser Prinzipien attraktiver und überzeugender für die Zielgruppe zu machen. An der Übung können 6 bis 8 Personen teilnehmen.

Zielsetzung/Wirkung

Diese Übung möchte Ideen in dem Sinn weiterentwickeln, dass sie besser im Gedächtnis haften bleiben, eine größere Wirkung entfalten und überzeugender sind. Sechs Grundprinzipien werden zu einer bestehenden Idee hinzugefügt, damit sie an Attraktivität für die Interessent:innen gewinnt, sich von anderen Ideen abhebt und so zum Erfolg werden kann. Diese Übung eignet sich auch hervorragend dafür, einen Pitch für ein neues Produkt, einen Projektplan oder ein Pilotprojekt prägnanter zu gestalten.

Durchführung

Vorbereitung

Ausgangspunkt ist eine kreative oder innovative Idee, von der die Gruppe selbst begeistert ist, die aber noch an eine Zielgruppe „verkauft" werden muss, beispielsweise an eine Zielgruppe, die Kapital bereitstellt. Denken Sie zum Beispiel an eine Idee, die der Geschäftsführung, den Sponsor:innen oder den Kund:innen präsentiert werden soll. Machen Sie sich mit den Überlegungen von Chip Heath und Dan Heath vertraut. Im Internet kann man aussagekräftige Zusammenfassungen der sechs Grundprinzipien, die die beiden US-amerikanischen Autoren unterscheiden, finden. In Tabelle 3 sind ihre Überlegungen kurz zusammengefasst. Je mehr Prinzipien Sie in Ihrer Präsentation unterbringen können, umso besser bleibt Ihre Idee im Gedächtnis haften.

Schritt 1: Erläuterung der sechs Grundprinzipien von Ideen, die haften bleiben

Erläutern Sie die in Tabelle 3 dargestellten Grundprinzipien und illustrieren Sie Ihre Erläuterungen anhand von Beispielen (siehe Kasten).

Tabelle 3: Grundprinzipien von Ideen, die haften bleiben (nach Heath & Heath, 2007/2008)

1 Einfach	2 Unerwartet	3 Konkret	4 Glaubwürdig	5 Emotional	6 Erzählt Geschichten
Less is more. Streichen Sie Überflüssiges und priorisieren Sie gnadenlos, bis Sie die Kernbotschaft in einem Satz wiedergeben können.	Arbeiten Sie mit Überraschungseffekten, durchbrechen Sie Erwartungs- und Gewohnheitsmuster.	Verwenden Sie keine abstrakten Begriffe, machen Sie Ihre Botschaft greifbar und sinnlich erfahrbar.	Arbeiten Sie mit Expert:innen, Promis oder mit Testimonials und inspirierenden Erfolgsgeschichten.	Geben Sie Ihrer Geschichte eine persönliche Note. Bringen Sie emotionale Elemente in Ihre Aussage.	Machen Sie eine spannende Geschichte daraus.
Kommunizieren Sie Ihre Botschaft mittels einer Metapher, wie in einem Sprichwort.	Arbeiten Sie mit Lücken, um Neugierde zu wecken („Curiosity-gaps"): Lassen Sie systematisch Lücken in Ihrer Information offen.	Arbeiten Sie mit Bildern und kommunizieren Sie dazu sehr konkret.	Machen Sie Ihre Botschaft überprüfbar, messbar und nachvollziehbar.	Heben Sie die Frage „*WIFY: What's in for you?*" im Sinne eines direkt sichtbaren Eigeninteresses hervor.	Arbeiten Sie mit Visualisierung.

Tabelle 3: Fortsetzung

1 Einfach	2 Unerwartet	3 Konkret	4 Glaubwürdig	5 Emotional	6 Erzählt Geschichten
Wirkung: Die Aufmerksamkeit des Publikums ist gewonnen.	Wirkung: Das Interesse beim Publikum wird geweckt.	Wirkung: Das Publikum versteht das Gesagte und merkt es sich.	Wirkung: Das Publikum glaubt Ihnen, stimmt Ihnen zu.	Wirkung: Das Publikum ist berührt, fühlt mit Ihnen.	Wirkung: Das Publikum kann entsprechend handeln.

Schritt 2: In Zweierteams an den Prinzipien arbeiten

Wenn die Gruppe aus 6 Personen besteht, dann bitten Sie jedes Zweierteam, sich zwei der Prinzipien herauszugreifen und diese zu bearbeiten, zum Beispiel:
- Team 1 arbeitet mit den Prinzipien 1 und 2
- Team 2 arbeitet mit den Prinzipien 3 und 4
- Team 3 arbeitet mit den Prinzipien 5 und 6

Wenn die Gruppe aus 8 Personen besteht, dann bitten Sie jedes Zweierteam, sich drei Prinzipien herauszugreifen und diese zu bearbeiten, zum Beispiel:
- Team 1 arbeitet mit den Prinzipien 1, 2 und 3
- Team 2 arbeitet mit den Prinzipien 2, 3 und 4
- Team 3 arbeitet mit den Prinzipien 4, 5 und 6
- Team 4 arbeitet mit den Prinzipien 5, 6 und 1

Schritt 3: Präsentation der Grundprinzipien, die eine Idee im Gedächtnis haften lassen

Fordern Sie die Zweierteams auf, ihre Ausarbeitungen zu den Prinzipien, die sie bearbeitet haben, zu erläutern. Die anderen Gruppenmitglieder nehmen die Rolle des künftigen Publikums ein und machen sich Notizen zur Wirkung der Prinzipien. Danach folgt eine Feedbackrunde. Mögliche Fragen sind:
- Hat das spezifische Prinzip den erhofften Effekt?
- Kann ein bestimmtes Prinzip noch verstärkt werden?
- Kann der Zusammenhang zwischen den einzelnen Prinzipien verbessert werden?

Schritt 4: Die Wirkung der Grundprinzipien verstärken

Weitere Zweierteams erarbeiten jetzt Möglichkeiten, um die Wirkung der Prinzipien weiter zu verstärken. Gut umsetzbar wäre ein Rotationsschema, bei dem Team 1 von Team 2 übernimmt, Team 2 von Team 3 und Team 3 von Team 1.

Schritt 5: Die Geschichte zusammensetzen

Wählen Sie gemeinsam die wichtigsten Grundprinzipien für Ihre „Story" aus und machen Sie eine in sich stimmige Erzählung daraus. Achten Sie darauf, dass sich die Prinzipien logisch ergänzen und nicht gegenseitig abschwächen oder als zu weit hergeholt erscheinen. Es ist besser, vier gute Storytelling-Faktoren zu haben als sechs, die wirken, als gehörten sie nicht zusammen. Präsentieren Sie die Geschichte vor einem „Übungspublikum" und lassen Sie das Publikum mithilfe einer einfachen Checkliste auf die Grundprinzipien reagieren.

Material zur Übung „Ideen, die haften bleiben": Beispiele für Kernbotschaften

In dem Buch *Was bleibt. Wie die richtige Story Ihre Werbung unwiderstehlich macht* von Chip und Dan Heath (2007/2008) werden zahlreiche Beispiele für Kernbotschaften gegeben, in denen verschiedene der oben genannten Grundprinzipien zum Ausdruck kommen. Diese Beispiele können Sie in Ihrer Einführung verwenden, um die einzelnen Prinzipien zu veranschaulichen.

Außerdem können Sie zur Veranschaulichung Plakate der internationalen Initiative „Loesje" verwenden, zum Beispiel die Kernbotschaft „One size fits none", wenn Sie kundenspezifische Anpassungen propagieren möchten.

Für die Präsentation neuer Ideen eignen sich Sätze mit Überkreuzstellungen, zum Beispiel:

- Vision without action is a dream, action without a vision is a nightmare.
- A small step for a man, a giant leap for mankind.
- A worldly life is easy at the beginning and difficult in the end, a spiritual life is difficult at the beginning but easy at the end.
- Ein Narr hält an seinem Pfad fest und verliert seinen Weg. Ein Weiser verlässt seinen Pfad und findet seinen Weg.

Literatur

Zitierte Literatur

Belbin, R.M. (2010). *Team roles at work* (2nd ed.). New York, NY: Routledge.

Berthoud, E. & Elderkin, S. (2014). *Die Romantherapie. 253 Bücher für ein besseres Leben*. Berlin: Insel.

Bolen, J.S. (1998). *Götter in jedem Mann. Besser verstehen, wie Männer leben und lieben*. München: Heyne.

Bolen, J.S. (2004). *Göttinnen in jeder Frau. Psychologie einer neuen Weiblichkeit*. Berlin: Ullstein.

Bono, E. de (2000). *Six Thinking Hats*. London: Penguin.

Bono, E. de (2010). *De Bonos neue Denkschule: Kreativer Denken, effektiver arbeiten, mehr erreichen* (3. Aufl.). München: mvg.

Borg, L. ter (2008). De tekenaar als spons. De Europese inspiratie van Walt Disney. *NRC Handelsblad*. Verfügbar unter https://www.nrc.nl/nieuws/2008/10/10/de-tekenaar-als-spons-11621276-a68857

Brandhof, J.-W. van den (2007). *Gebruik je hersens. Werk slimmer, win tijd*. Den Haag: Academic Service.

Buzan, T. (2010). *Use Your Head: How to Unleash the Power of Your Mind*. Harlow: Pearson.

Buzan, T. & Buzan, B. (2013). *Das Mind-Map-Buch. Die beste Methode zur Steigerung Ihres geistigen Potenzials*. München: mvg. (Original erschienen 1993, The Mind Map Book)

Byttebier, I. (2002). *Creativiteit Hoe? Zo! Inzicht, inspiratie en toepassingen voor het optimaal benutten van uw eigen creativiteit en die van uw organisatie*. Tielt: Uitgeverij Lannoo.

Byttebier, I. & Vullings, R. (2015). *Creativity in Business: The Basic Guide for Generating and Selecting Ideas*. Amsterdam: BIS Publishers.

Chan Kim, W. & Mauborgne, R. (2016). *Der blaue Ozean als Strategie. Wie man neue Märkte schafft, wo es keine Konkurrenz gibt* (2. Aufl.). München: Hanser. (Original erschienen 2006, Blue Ocean Strategy)

Christensen, C.M., Hall, T., Dillon, K. & Duncan, D.S. (2017). *Besser als der Zufall. „Jobs to Be Done" - die Strategie für erfolgreiche Innovation*. Kulmbach: Plassen. (Original erschienen 2016, Competing against luck)

Cooperrider, D. & Whitney, D. (2005). *Appreciative Inquiry. A positive revolution in change*. San Francisco: Berrett-Koehler.

Dijksterhuis, A. (2007). *Het slimme onbewuste. Denken met gevoel*. Amsterdam: Bert Bakker.

Dilts, R. (2003). *From Coach to Awakener*. Capitola, CA: Meta Publications.

Dols, R. (2015). *Houston, we've got a problem*. Amsterdam: Uitgeverij Boom Nelissen.

Dols, R. (2018). *Het Bevrijdingsspel. Belemmerende overtuigingen onderzoeken en loslaten*. Culemborg: Van Duuren Psychologie.

Doorn, M. van (2010). *Het wiel opnieuw uitvinden. Cycli en niveaus van leiderschap*. Haarlem: Double Healix Educational Media.

Doorn, M. van & Dols, R. (2018). *Stuur zelf je team. Double Healix Triple-T-teamontwikkeling*. Haarlem: Double Healix serie.

Dreu, C. de & Sligte, D. (2016). *Creativiteit krijg je niet voor niks. Over de psychologie van creativiteit in wetenschap en werk*. Assen: Koninklijke Van Gorcum.

Duhigg, C, (2016). What Google learned from its quest to build the perfect team. New research reveals surprising truths about why some work groups thrive and others falter. *The New York Times Magazine*. Retrieved from https://www.nytimes.com/2016/02/28/magazine/what-google-learned-from-its-quest-to-build-the-perfect-team.html

Dweck, C. (2017). *Mindset. Changing the way you think to fulfil your potential*. London: Robinson.

Edmondson, A. (2014). *Building a psychologically safe workplace* (TEDxHGSE). Retrieved from https://www.youtube.com/watch?v=LhoLuui9gX8

Gaspersz, J. (2004). *Anders kijken nieuwe kansen. Inspirerende perspectieven voor levensondernemers*. Utrecht: Uitgeverij Het Spectrum.

Gerrickens, P. & Verstege, M. (2002). *Motivationsspiel*. Glashütten: Training Plus.

Harmsen, K. (2001). *Een zee van tijd. Beeldend denken over loopbaanvragen en tijdsdilemma's*. Deventer: Kluwer.

Heath, C. & Heath, D. (2008). *Was bleibt. Wie die richtige Story Ihre Werbung unwiderstehlich macht*. München: Hanser. (Original erschienen 2007, Made to stick)

Hoogendijk, C. (2008). *Kracht zonder macht*. Leidschendam: Uitgeverij Quist.

Hoop, R. de (2012). *Macht Musik: So spielt Ihr Team zusammen, statt nur Lärm zu produzieren*. Offenbach: Gabal. (Original erschienen 2012, Herrie of harmonie?)

Huigsloot, N. (2018). Viktor & Rolf: We zien ons werk als een zelfportret. *Volkskrant Magazine*. Verfügbar unter https://www.volkskrant.nl/cultuur-media/we-zien-ons-werk-als-een-zelfportret~bb7920df/

Insights Learning & Development (2006). *Een korte reis. Handleiding bij het Insightsprogramma. Learning guide*. Dundee: Insights Learning & Development Ltd.

Kao, J. (1996). *Jamming: The art and discipline of corporate creativity*. New York, NY: HarperCollins.

Katie, B. (2002). *Lieben was ist. Wie vier Fragen Ihr Leben verändern können*. München: Goldmann.

Kelley, T. & Kelley, D. (2013). *Creative confidence. Unleashing the creative potential within us all*. New York, NY: Crown Publishing Group.

Kets de Vries, M.F.R. (2006). *The Leader on the Couch. A Clinical Approach to Changing People and Organizations*. Chichester: Wiley.

Knegtmans, R. (2008). *Top talent. De 9 universele criteria van toptalent*. Amsterdam: Uitgeverij Boom.

Knapp, J., Zeratsky, J. & Kowitz, B. (2016). *SPRINT: Wie man in nur fünf Tagen neue Ideen testet und Probleme löst*. München: Redline.

Lingsma, M. (2005). *Aan de slag met teamcoaching*. Soest: Uitgeverij Nelissen.

Michalko, M. (2001). *Erfolgsgeheimnis Kreativität. Was wir von Michelangelo, Einstein & Co. lernen können*. Landsberg am Lech: mvg. (Original erschienen 2001, Cracking creativity)

Morgan, G. (2018). *Bilder der Organisation*. Stuttgart: Schäffer-Poeschel. (Original erschienen 1986, Images of organization)

Nagao, T. & Saito, I. (2001). *Kokologie. Het spel van zelfkennis*. Amsterdam: Luitingh-Sijthoff. (Original erschienen 1998, Soreike kokology)

Nieuwstadt, M. van (2008). Stikjaloers op de hommels buiten. Delftse fladdervliegtuigjes worden kleiner, met batterij als blok aan been. *NRC Handelsblad*. Verfügbar unter https://www.nrc.nl/nieuws/2008/07/24/stikjaloers-op-de-hommels-buiten-11578005-a166235

Oech, R. von (1994). *Der kreative Kick: Aktivieren Sie Ihren Forscher, Künstler, Richter & Krieger.* Paderborn: Junfermann.
Oech, R. von (1998). *A whack on the side of the head. How you can be more creative.* (3rd ed.) New York, NY: Warner Books.
Pike Pluth, B. (2007). *101 Movie Clips that Teach and Train.* Bloomington, MN: Pluth and Pluth.
Ries, E. (2011). *The Lean Startup. How constant innovation creates radically successful businesses.* London: Penguin.
Schein, E.H. (1999). *The Corporate Culture Survival Guide: Sense and Nonsense About Culture Change.* San Francisco, CA: Jossey-Bass.
Schein, E.H. (2003). *Organisationskultur: The Ed Schein corporate culture survival guide.* Bergisch Gladbach: EHP.
Schuijt, L. (2006). *Praktijkboek werken met paradoxen.* Rotterdam: Uitgeverij Asoka.
Staartjes, K. (2008). *Topinspiratie. Levenslessen van een bergbeklimmer.* Amsterdam: Uitgeverij Podium.
Stomp, R. (2012). *Straatjutten: Pluk creatieve ideeen zo van de straat.* Amsterdam: Spectrum.
Stone, H. & Stone, S. (1994). *Du bist viele: Das 100fache Selbst und seine Entdeckung durch die Voice-Dialogue-Methode.* München: Heyne. (Original erschienen 1989, Embracing Our Selves. The Voice Dialogue Manual)
Tesselaar, S. & Scheringa, A. (2008). *Storytelling Handboek. Organisatieverhalen voor managers, trainers en onderzoekers.* Amsterdam: Uitgeverij Boom.
Tiggelaar, B. (2018). *De ladder. Waarom veranderen zo moeilijk is én welke 3 stappen wel werken.* Soest: Tyler Roland Press.
Trompenaars, F. (2002). *Managementdilemma's. Keuze, integratie en verzoening.* Amsterdam: Uitgeverij Business Contact.
Tuckman, B.W. (1965). Developmental sequences in small groups. *Psychological Bulletin, 63,* 348–399. https://doi.org/10.1037/h0022100
Vanosmael, P. & De Bruyn, R. (1993). *Handboek voor creatief denken.* Kapellen: De Nederlandsche Boekhandel/Uuigeverij Pelckmans.
Verhoef, A.J. (2005). *Creatieve loopbaanplanning.* Soest: Uitgeverij Nelissen.
Zeil, W. van (2022). *Sieh hin! Ein offener Blick auf die Kunst.* Leipzig: Seemann.

Weiterführende Literatur

Andersen, H.C. (1992). *Sprookjes en verhalen.* Rotterdam: Lemniscaat.
Anderton, B. (2005). *Meditatietechnieken. Werkvormen voor een gezond leven.* Kerkdriel: Librero.
Bonger, S. & van Dijk, T. (2006). *De Spelen blijven lonken.* Verfügbar unter https://www.delta.tudelft.nl/article/de-spelen-blijven-lonken
Brenters, M. (2007). *Een vrouw heeft zeven gezichten. Ontdek de godinnen in jezelf.* Amsterdam: Artemis & Co.
Bromberger, G. (2004). *De kracht van beelddenken. Een creatieve manier om koers te bepalen voor individu, team en organisatie.* Soest: Uitgeverij Nelissen.
Bruyn, M. de & Bruyn, R. de (1995). *Creativiteit, alfa-omega, visievorm. Van kinderspellen tot newstream management.* Rumst: Creatief Atelier Windekind.
Bunge, L. (2006). *Mozart in zijn brieven.* Amsterdam: Arbeiderspers.
Cameron, J. (2002). *The artist's way. Vind je eigen inspiratie.* Zeist: Uitgeverij Christofoor.
Cornelissen, V. (2010). *Briefingcards.* Amsterdam: Spanish Waters.

Csikszentmihalyi, M. (1998). *Creativiteit. Over flow, schepping en ontdekking.* Amsterdam: Uitgeverij Boom.

Dols, R. (2008). *Professionele loopbaancoaching. Praktijkboek voor het begeleiden van loopbaanvragen.* Culemborg: Van Duuren Management.

Dols, R. & van den Berg, B. (2012). *De coach als regisseur. Gebruik van filmfragmenten voor leiderschapsontwikkeling, teambuilding en zelfreflectie.* Culemborg: Van Duuren Management.

Dommisse, R. (2007). *Associatiekaarten.* Zaltbommel: Thema.

Gaspersz, J. (2006). *Concurreren met creativiteit. De kern van innovatiemanagement.* Amsterdam: Pearson Education.

Gaspersz, J. (2008). *Nieuwe ideeën nieuwe kansen. Bereik je doelen met creativiteit.* Utrecht: Uitgeverij Het Spectrum.

Ginneken, J. van (2002). *Striphelden op de divan. De ontraadseling van de complexen van Asterix, Babar, Donald, Kuifje en Superman.* Amsterdam: Uitgeverij Nieuwezijds.

Knoope, M. (1998). *De creatiespiraal. Natuurlijke weg van wens naar werkelijkheid.* Nijmegen: KIC.

Krips, F. (2008). *Vijftig manieren om dwars te liggen.* Utrecht: Uitgeverij Het Spectrum.

Norgaard, M. (2008). *Het lelijke jonge eendje gaat naar zijn werk. Lessen voor op de werkplek uit de sprookjes van Hans Christiaan Andersen.* Schiedam: Scriptum.

Schaper, F. (2009). *Hoe je een geboren leider wordt. Rolmodellen, striphelden en wereldleiders.* Schiedam: Scriptum.

Sitskoorn, M. (2006). *Het maakbare brein. Gebruik je hersens en wordt wie je wilt zijn.* Amsterdam: Uitgeverij Bert Bakker.

Twynstra Gudde (2003). *Twynstra Gudde kaarten.* Zaltbommel: Thema.

Valk, L. van der (2011). Elke noot van Miles is jazzgeschiedenis. *NRC Handelsblad.* Verfügbar unter https://www.nrc.nl/nieuws/2011/06/23/elke-noot-van-miles-is-jazzgeschiedenis-12022336-a1020234

Vos, K. de (2006). *Brainstormen.* Amsterdam: Pearson Education.

Danksagung der Autorinnen zur niederländischen Originalausgabe

An dieser Stelle möchten wir uns bei allen Menschen bedanken, die bei der Entstehung dieses Buches mitgewirkt haben.

Vielen Dank an Ina Boer und Roderik Reunissen von Van Duuren Management. Wir wurden fachlich hervorragend beraten, und der persönliche Kontakt war immer ausgesprochen angenehm. Wir möchten uns auch für die Einladung bedanken, eine überarbeitete Neuauflage unseres Buches herauszubringen. Auf diesen Vorschlag sind wir gern und mit großer Begeisterung eingegangen. Es ist schön, gemeinsam zu schreiben, und es war eine Freude, unser Buch zu überarbeiten.

In den sieben Jahren, die seit der letzten Bearbeitung vergangen sind, sind neue Erkenntnisse über Kreativität entstanden und neue inspirierende Bücher erschienen. In diesen sieben Jahren haben wir neue Übungen entwickelt und ausprobiert. Unser Ziel war dabei immer, den Teilnehmenden zu helfen, sich weiterzuentwickeln. Die neuen Erkenntnisse und die Ergebnisse unserer Testphasen konnten wir sehr gut in die Teile des Buches, die schon vorhanden waren, integrieren: sowohl bei den Klassikern als auch bei unseren eigenen Übungen.

Eefje Gerits, Thecla Berghuis und Laura Woolthuis, Ihr habt das Buch mit Eurer unbeirrbaren und äußerst sorgfältigen Lektoratsarbeit eindeutig besser gemacht. Vielen Dank für die wunderbare Zusammenarbeit und die guten Vorschläge.

Bei allen Teilnehmenden und unseren Auftraggeber:innen bedanken wir uns herzlich für die Möglichkeit, mit neuen Übungen zu arbeiten. In der tatsächlichen Zusammenarbeit entsteht immer eine noch bessere Form. Eure Ideen, Eure Inspiration und Euer Feedback sind sehr wichtig für uns und motivieren uns.

Auch bei unseren Leserinnen und Lesern möchten wir uns herzlich bedanken. Schon von Beginn an führte dieses Buch sein eigenes Leben, eben weil viele Menschen aktiv damit gearbeitet haben. Es ist für uns immer wieder anregend, Ihre Erfahrungen und Reaktionen zu hören.

Unser Dank richtet sich auch an all jene Menschen, die uns inspiriert haben, neue kreative Übungen zu erfinden und auszuarbeiten. Rozemarijn Dols' besonderer Dank geht an Manfred van Doorn und Marian de Joode für die angenehme Zusammenarbeit. Manfred van Doorn hat ihr die Kraft der Arbeit mit alternativen Übungen aufgezeigt und den Reichtum der Arbeit mit Filmausschnitten. Durch Marian de Joode hat sie die wunderbare Wirkung von Imaginationsübungen beim Beseitigen von Hindernissen, die sich hauptsächlich im Kopf befinden, erfahren.

Ocker Repelaer van Driel ist es zu verdanken, dass wir eine kreative Übung, bei der Musik eine zentrale Rolle spielt, anbieten können. Er hat mit Enthusiasmus dabei geholfen, seine originelle Methodik in eine vereinfachte Form zu bringen. Peet Sneekes reflektierte mit uns seine Erfahrungen bei Google Sprint Sessions. Vielen Dank für die Beiträge.

Ein Buch im Entstehungsprozess braucht viel Aufmerksamkeit. Vielen Dank allen Menschen in unserem Umfeld, die uns entsprechende Freiräume ließen, die sich um uns kümmerten und darauf drängten, dass wir uns Zeit lassen sollten, um die Dinge reifen zu lassen. Martijn, Thies, Julie und Melle, vielen Dank.

Anhang

Leitfaden Mindmapping

In diesem Buch haben wir verschiedene Mindmapping-Methoden vorgestellt. Deshalb haben wir in diesem Anhang einen kurzen Leitfaden beigefügt, der beschreibt, wie das Erstellen einer Mindmap funktioniert. Erfunden hat die Methode der britische Autor und Trainer Tony Buzan. Gemeinsam mit seinem Bruder Barry Buzan hat er *Das Mind-Map-Buch* (Buzan & Buzan, 2013) geschrieben, in dem sehr ausführlich die Vorteile des Mindmappings dargestellt und die Regeln benannt werden, die dabei eingehalten werden sollten. Im Folgenden erläutern wir kurz, wie eine Mindmap erstellt wird. Für mehr Informationen verweisen wir auf das oben genannte Buch.

Schritt 1: Das zentrale Thema festlegen

Nehmen Sie ein (möglichst großformatiges) leeres Blatt Papier zur Hand. Überlegen Sie, was das zentrale Thema ist, zu dem Sie assoziieren möchten, und schreiben Sie diesen Begriff in die Mitte Ihres Papiers. Noch besser ist es, wenn Sie das zentrale Thema als Bild darstellen können. Ein Bild zieht die Aufmerksamkeit auf sich, ist ansprechend und ruft Assoziationen hervor. Falls sich das Thema nicht bildlich darstellen lässt, schreiben Sie dann das Thema in einer besonderen, auffälligen Art und Weise auf das Blatt, sodass es nachher deutlich hervorsticht. Stellen Sie das zentrale Thema in mindestens drei Farben dar.

Schritt 2: Assoziieren

Beginnen Sie nun damit, ausgehend vom zentralen Thema Assoziationen herzustellen. Entscheiden Sie zuerst, was die Schlüsselbegriffe, die vom zentralen Thema abzweigen, sein sollen. Bei den Schlüsselbegriffen handelt es sich um übergeordnete Konzepte, unter die sich viele weitere Assoziationen einordnen lassen. Beispielsweise ist das Konzept der Flora umfassender als das Konzept der Zwiebelgewächse oder Gemüse. In diesem Fall würden Sie also Flora als Ordnungskonzept wählen. Zwiebelgewächse und Gemüse werden dann weitere Kategorien, zu denen Sie Assoziationen herstellen können. Um herauszufinden, wie die Struktur Ihrer Mindmap aussehen soll, empfehlen Tony und Barry Buzan, sich die folgenden Fragen zu stellen:

- Wenn diese Mindmap ein Buch wäre, was wären dann die Kapitelüberschriften?
- Was sind Ihre wichtigsten Fragen?
- Was sind Ihre Ziele in Bezug auf das zentrale Thema? Warum erstellen Sie diese Mindmap?

Sie können auch alle Assoziationen, die Ihnen in den Sinn kommen, auf einen anderen Zettel schreiben und danach überlegen, wie Sie diese in eine Struktur ein-

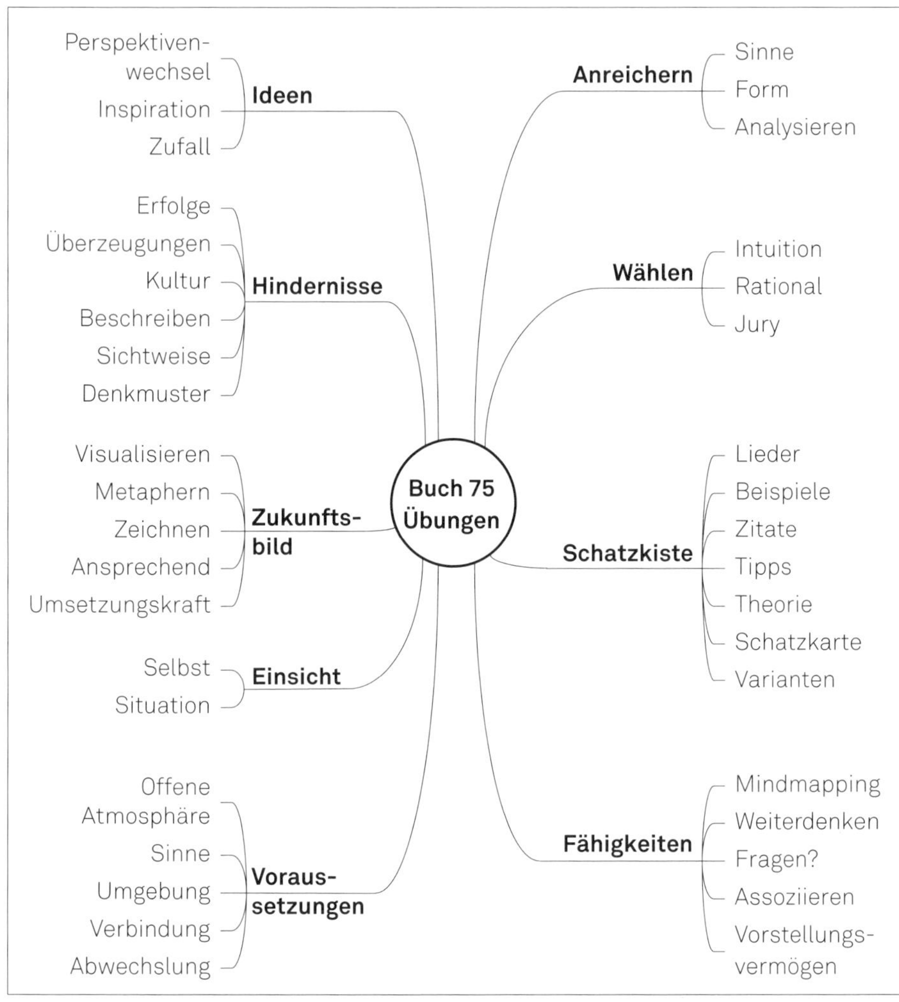

ordnen können. Schreiben Sie Ihre Schlüsselbegriffe auf dicke, wellenförmige Linien, die vom zentralen Thema abzweigen. Die Linie soll jeweils so lang sein wie das Wort. Alles, was Sie mit diesen Schlüsselbegriffen assoziieren, schreiben Sie in etwas dünnerer Schrift auf dünnere Linien, die wiederum von den Schlüsselbegriffen abzweigen. So können Sie mit den Assoziationen immer weiter fortfahren. Wenn es möglich ist, zeichnen Sie einige der Assoziationen. Diese Zeichnungen platzieren Sie – genauso wie die Wörter – auf den Verzweigungslinien.

Schritt 3: **Gestaltung**

Ihre Mindmap sollte gut strukturiert sein. Verwenden Sie für jede Abzweigung konsequent nur einen Begriff. So schränken Sie Ihr Gehirn beim Assoziieren nicht

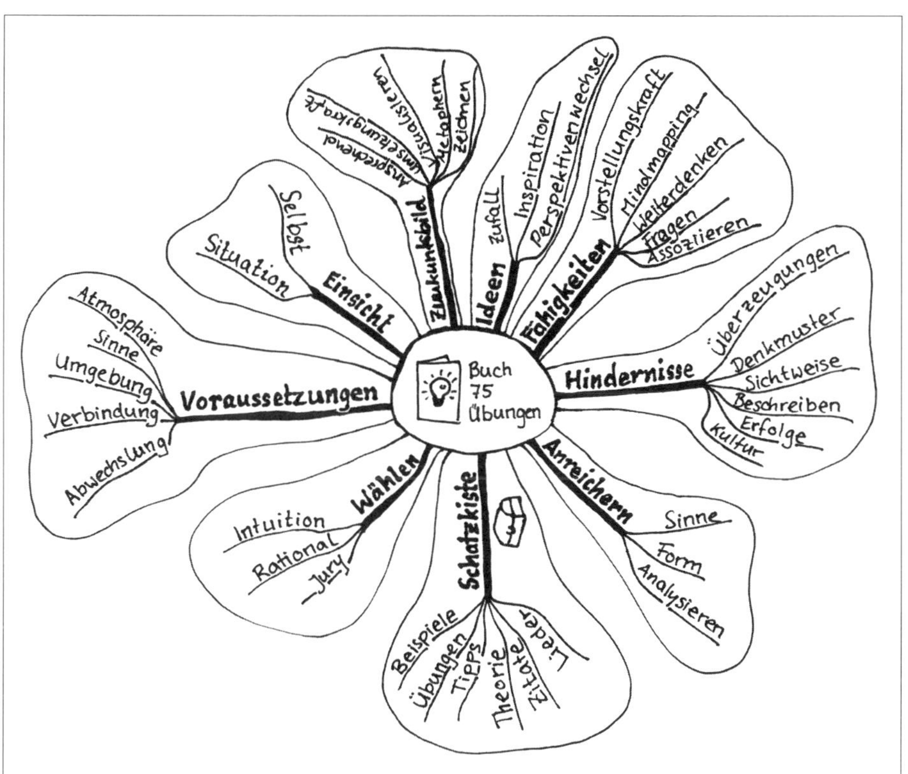

ein. Wenn Sie unbedingt einen Satzteil verwenden wollen, schreiben Sie dennoch jedes Wort dieses Satzes auf eine eigene Linie, damit Sie zu jedem Wort wieder neue Assoziationen finden können. Umranden Sie alle Assoziationen, die zu einem bestimmten Schlüsselbegriff gehören. Damit kreieren Sie wieder eine eigene Form innerhalb Ihrer Mindmap, die es Ihnen leichter macht, sich die Informationen rund um diesen Zweig herum zu merken.

In Ihrer Mindmap stehen am Ende über- und untergeordnete Konzepte und Begriffe, die miteinander zusammenhängen. Die Beziehungen untereinander können Sie mit Pfeilen, Farben oder Symbolen deutlich machen.

Gestalten Sie Ihre Mindmap visuell ansprechend. Arbeiten Sie mit Farben, Bildern, Wellenlinien, Perspektiven (in Buchstaben und Zeichnungen), ändern Sie die Schriftart und die Schriftgröße. Heben Sie wichtige Dinge optisch hervor. Auch die grundsätzliche Einteilung der Mindmap ist wichtig. Sie sollte ausgewogen und übersichtlich sein, und es sollte noch Platz frei bleiben.

Auf dieser Doppelseite sehen Sie zwei Beispiele für Mindmaps zu diesem Buch. Eine wurde am Computer erstellt und eine von Hand gezeichnet. Im Internet können Sie viele Beispielbilder von Mindmaps zur Inspiration finden.

Verzeichnis der Übungen

Auf den folgenden Seiten finden Sie eine tabellarische Übersicht über alle 75 Übungen, unterteilt in die sieben Teile des Buches, mit jeweils einer kurzen Zusammenfassung des Inhalts der Übung und dem Ziel/Ergebnis der Übung. Die Vorbereitungszeit und die erforderlichen Fähigkeiten seitens der Gruppenleitung haben wir in den Spalten A und B mit minimal einem bis zu maximal drei Sternen angegeben (**A**=Aufwand für die Vorbereitung der Übung, **B**=Benötigte Fähigkeiten, Theorie/Vorkenntnisse).

Nr.	Titel	Inhalt der Übung	Ziel/Ergebnis der Übung	A	B
Teil 1: Voraussetzungen schaffen					
1	Quickscan	Mithilfe eines kurzen Fragenbogens eruieren die Teilnehmenden den Stand der Dinge, was ihre eigene Kreativität betrifft, und reflektieren darüber, wie sie diese verbessern können. Die Teilnehmenden coachen sich gegenseitig und formulieren den ersten Schritt, den sie in dieser Richtung unternehmen werden.	Am Ende des Workshops hat jeder Teilnehmende eine konkrete Maßnahme formuliert, die ihm oder ihr dabei helfen wird, kreativer zu werden.	***	*
2	Ein Puzzle als Teaser	Hierbei handelt es sich um eine Übung, bei der die Teilnehmenden den Nutzen kreativer Denktechniken unmittelbar erleben können. Diese Übung ist ein guter Start für einen Workshop und eignet sich als Warm-up für die Übung 42: *Hypothesen torpedieren*.	Verleiht Energie und überzeugt die Teilnehmenden von der Nützlichkeit kreativer Denktechniken	*	*
3	Zombiefangen und andere Aufwärmübungen	Hier werden verschiedene Warm-ups beschrieben, darunter eine Variante des Spiels „Fangen“, bei der es um Blickkontakt geht und um das schnelle Lernen von Namen. Beschrieben wird auch ein zeichnerisches Warm-up, bei dem die Teilnehmenden aus ihrer Komfortzone herauskommen (müssen).	Diese Übungen sorgen für Offenheit und eine spielerische Atmosphäre. Die Beteiligten fühlen sich wohler und sind eher dazu bereit, ihre kreativen Ideen zu äußern.	*	*

Nr.	Titel	Inhalt der Übung	Ziel/Ergebnis der Übung	A	B
4	Das Filmfragment	Es wird ein kurzer Filmausschnitt gezeigt, um ein (heikles) Problem oder Thema zu veranschaulichen und zu diskutieren.	Die Teilnehmenden beschäftigen sich intensiver mit dem Thema. Wählen Sie einen Filmausschnitt, der mehrere Perspektiven zeigt, als Ausgangspunkt für eine spannende Diskussion.	***	**
5	Close Harmony	Die Teilnehmenden erkunden anhand von Musik die Rollen der einzelnen Teammitglieder. Diese Übung basiert auf Arbeiten von Meredith Belbin und Richard de Hoop.	Ermöglicht Einblicke in das Team und die Rollen der einzelnen Teammitglieder: Was ist Voraussetzung für Kreativität? Wie wollen die Menschen sich entfalten?	***	**
6	Kakophonie	Ein Warm-up, bei dem alle Sinne angeregt werden	Eignet sich als Einführung für andere Methoden der kreativen Zusammenarbeit	***	**
7	Sich einmal anders kennenlernen	Ein Fragespiel, bei dem die Teilnehmenden einmal etwas anderes erzählen als ihre Standardgeschichte	Diese Übung sorgt für Offenheit und eine spielerische Atmosphäre. Die Beteiligten fühlen sich wohler und sind eher dazu bereit, ihre kreativen Ideen zu äußern.	*	*
8	Es regnet Komplimente	Die Teilnehmenden geben sich gegenseitig positives Feedback.	Stärkt die psychologische Sicherheit; eine wichtige Voraussetzung für echte Kreativität	*	*
9	Götter und Göttinnen	Die Teilnehmenden erkunden anhand der charakteristischen Merkmale griechischer Götter und Göttinnen die Rollen, die die einzelnen Personen im Team einnehmen.	Ermöglicht Einblicke in das Team und die Rollen der einzelnen Teammitglieder: Was ist Voraussetzung für Kreativität? Wie wollen die Menschen sich entfalten?	***	**
10	Beziehungs-Mindmapping für zwei	Mindmapping für zwei Personen, deren Zusammenarbeit nicht gut funktioniert	Verbesserung der Arbeitsbeziehung	*	***

Nr.	Titel	Inhalt der Übung	Ziel/Ergebnis der Übung	A	B
11	Talking Stick	Eine Form der Gesprächsbegleitung	Mehr Verständnis für die Standpunkte der anderen gewinnen	*	***
		Teil 2: (Selbst-)Einsicht vergrößern			
12	Zeichnerisch darstellen	Die Übung ermöglicht eine andere Herangehensweise an ein Problem, indem man es zeichnet und eine Metapher verwendet. Diese Kreativitätstechnik ist auch gut für das Einzel-Coaching geeignet.	Etwas zu zeichnen, macht die Dinge klarer. Eine Metapher zu verwenden, erleichtert eine ehrliche Diskussion im Team. Die Teilnehmenden arbeiten an einer gemeinsamen Ziel- und Zukunftsvorstellung.	*	***
13	Traumbild	Die Teilnehmenden erstellen eine Zeichnung oder Collage ihrer Idealvorstellung, ihrer Ziele oder Ambitionen, um diese greifbar zu machen. Diese Kreativitätstechnik ist auch gut für das Einzel-Coaching geeignet.	Motivation der Teilnehmenden, indem sie sehen, worauf sie hinarbeiten	**	***
14	Fantasia	Geführte Fantasiereise. Die Teilnehmenden reflektieren (auf eine nicht-rationale Weise) anhand einer Geschichte, was ihnen wirklich wichtig ist und auf welche Dilemmata sie stoßen. Diese Methode ist auch gut für das Einzel-Coaching geeignet.	Selbsteinsicht der Teilnehmenden fördern. Es geht um Aspekte wie grundlegende Wertvorstellungen, Ambitionen, persönliche Ziele und Dilemmata.	**	***
15	Die Seereise	Das Meer wird als Metapher verwendet, um die persönliche Entwicklung oder den Kurs des Teams herauszuarbeiten.	Die Metapher macht ein ehrliches Teamgespräch einfacher. Die Teilnehmenden arbeiten an einer gemeinsamen Ziel- und Zukunftsvorstellung.	***	**

Nr.	Titel	Inhalt der Übung	Ziel/Ergebnis der Übung	A	B
16	Helden und Heldinnen	Die Idole der Teilnehmenden sind Ausgangspunkt für ein Gespräch über die Talente, Wertvorstellungen, Ambitionen, Hemmnisse und Fallstricke jedes einzelnen Teammitglieds. Diese Methode ist auch gut für das Einzel-Coaching geeignet.	Durch die Einsichten, die diese Übung hervorbringt, kann sich ein Team schneller weiterentwickeln.	*	***
17	Die Reise eines Topteams	Erfordert zwei Termine: Beim ersten Termin wird die aktuelle Entwicklungsphase des Teams analysiert. Beim zweiten Treffen geht es um die Entwicklungsschritte hin zur nächsten Phase. Diese Übung basiert auf dem Konzept der Double-Healix-Triple-T-Teamentwicklung.	Ermöglicht Einblicke in die aktuelle Phase der Teamentwicklung und bietet dem Team die Möglichkeit, die nächste Entwicklungsphase zu antizipieren	**	***
18	Verkehrszeichen	Diskussion über Organisationsveränderungen anhand von Verkehrszeichen. Die Verkehrszeichen bieten eine Struktur für eine breit angelegte Diskussion, und die Verwendung von Metaphern erleichtert ein ehrliches Gespräch.	Gruppendiskussion, bei der die Erfolgsfaktoren und zentralen Punkte herausgearbeitet werden. Es wird ein Poster mit den wichtigsten Schlussfolgerungen erstellt.	***	**
19	Liebevolle Konfrontation	Die Teilnehmenden sagen mithilfe eines Wappenschilds etwas über sich selbst aus. Sie erhalten konstruktives Feedback vom Team. Diese Übung nimmt Leidenschaften, Kraftquellen, Sorgen, Kernqualitäten und Stolpersteine der Teilnehmenden in den Fokus.	Führt zu mehr Selbsteinsicht bei jedem Teammitglied und mehr Erkenntnissen über das Team. Fördert Bindung, Sicherheit und Vertrauen bei einem startenden (Projekt-)Team.	*	**

Nr.	Titel	Inhalt der Übung	Ziel/Ergebnis der Übung	A	B
20	Feedback im Fokus	Die Teilnehmenden bitten um Feedback und bekommen es in Form eines Bildes. Das Feedback wird im Team besprochen. Diese Methode ist auch gut für das Einzel-Coaching geeignet.	Fördert Selbsteinsicht, die es den Teilnehmenden ermöglicht, zu wachsen. Bilder drücken mehr aus als Worte, sodass diese Übung eine gute Ergänzung zum üblichen Feedback darstellt. Durch das Teilen des Feedbacks in der Gruppe entsteht eine Atmosphäre der Sicherheit.	*	**
21	Inspirationstisch	Jeder Teilnehmende bringt einen Gegenstand mit, der ihn oder sie inspiriert. Die anderen Teilnehmenden stellen dazu Fragen, wodurch mehr Einsicht in die eigenen Inspirationsquellen entsteht. Diese Übung eignet sich gut für den Beginn eines kreativen Team-Workshops, als Methode zum Kennenlernen. Die Übungsbeschreibung beinhaltet eine Infobox zu verschiedenen Denkstilen und eine Variante, die gut als Vorbereitung für die Übung 72: *Einen Prototyp erstellen* geeignet ist.	Diese Übung gibt einen Einblick in die eigenen Inspirationsquellen, was ein wichtiger Faktor für Kreativität ist. Sie gibt auch Aufschluss über die Kreativität des Teams als Ganzes. Die Teilnehmenden lernen, bewusst die Umstände zu schaffen, die ihnen neue Inspiration verleihen.	*	*
22	Ein inspirierendes Kartenspiel	Mithilfe eines Kartenspiels erfahren die Teilnehmenden mehr über ihre Inspirationsquellen. Auf diese Übung müssen die Teilnehmenden sich nicht vorbereiten. Sie ist eine Variante von Übung Nr. 21. Diese Übung ist auch gut für das Einzel-Coaching geeignet.	Diese Übung gibt einen Einblick in die eigenen Inspirationsquellen, was ein wichtiger Faktor für Kreativität ist. Sie gibt auch Aufschluss über die Kreativität des Teams als Ganzes. Die Teilnehmenden lernen, bewusst die Umstände zu schaffen, die ihnen neue Inspiration verleihen.	***	**

Nr.	Titel	Inhalt der Übung	Ziel/Ergebnis der Übung	A	B
23	Die sechs Denkhüte	Die Teilnehmenden sehen sich eine Fragestellung aus verschiedenen Perspektiven an. Diese Übung basiert auf den sechs Denkhüten nach Edward de Bono.	Alle Aspekte eines Problems werden beleuchtet. Mehrere Lösungsansätze kommen in Betracht. Die Denkhüte erleichtern das Wechseln der Perspektiven, was der Kreativität zugutekommt.	*	***
24	Post-it	Bei dieser Übung werden Haftnotizzettel verwendet, um schnell eine gute Übersicht über alle wichtigen Faktoren eines (komplexen) Problems zu gewinnen. Kann man gut am Anfang eines kreativen Prozesses einsetzen. Es wird auch eine Variante für das individuelle Brainstorming beschrieben.	Das Problem wird in möglichst vielen Aspekten erfasst.	*	**
Teil 3: Ziele formulieren					
25	Eine Karte ziehen	Die Teilnehmenden arbeiten mit Ansichtskarten und finden zu einem gemeinsamen Bild für die bestehende Situation, die erwünschte Zukunft und den Weg dorthin.	Das Ergebnis ist eine gemeinsame Zukunftsvision. Das verleiht Energie, zeigt eine Richtung auf und wirkt verbindend. Das gewählte Bild kann zum Symbol für die Wegstrecke und das zu erreichende Ziel werden.	***	*
26	Der Garten	Bei dieser Übung wird, wie bei Übung 15, mit einer Metapher gearbeitet, um die aktuelle und die erwünschte Situation deutlich dar zustellen. Je nachdem, was die Teilnehmenden mehr anspricht, können Sie hierfür auch die Übung 12	Die Metapher erleichtert eine ehrliche Diskussion im Team. Mit einer Metapher erkunden Sie die aktuelle Situation auf eine anschauliche Weise und können ein in sich stimmiges, originelles Zukunftskonzept entwerfen. Die Teilnehmenden ler-	*	**

Nr.	Titel	Inhalt der Übung	Ziel/Ergebnis der Übung	A	B
		(eher dynamische, hinsichtlich der Unternehmenskultur „maskuline“ Organisationen) oder 19 (für eher responsive Organisationen) einsetzen.	nen, zwei unterschiedliche Dinge miteinander zu verbinden, was wiederum ein wichtiger Schlüssel für Kreativität ist.		
27	Classic Rock oder Celtic Punk?	Die Teilnehmenden wählen Musik aus, die sie als Person charakterisiert und die zur aktuellen und zur erwünschten Situation des Teams/der Organisation passt. Das stellt die Grundlage für ein Gespräch über jedes Teammitglied und für eine Gap-Analyse zwischen aktueller und gewünschter Situation dar. Die Übung basiert auf dem Gedankengut von Ocker A. Repelaer van Driel. Diese Übung kann sowohl individuell als auch auf Team- oder Organisationsebene angewendet werden.	Diese Übung sorgt für Emotionen, Tiefgang und Inspiration. Sie ermöglicht es den Teilnehmenden, schnell zum Kern der Thematik vorzudringen.	**	***
28	Topinspiration	Die Teilnehmenden nutzen Metaphern aus der Welt der Kletterexpeditionen, um mit ihrem Team/der Organisation die Spitze oder ein anders hochgestecktes Ziel zu bestimmen und zu erreichen. Die Inspiration für diese Übung stammt aus dem Buch „Topinspiratie“ von Katja Staartjes. Diese Methode ist auch gut für das Einzel-Coaching geeignet.	Ergebnis dieser Übung ist ein erfolgversprechender Aktionsplan, der ein Team an die Spitze führt oder ein anderes hochgestecktes Ziel erreichbar macht.	***	***

Nr.	Titel	Inhalt der Übung	Ziel/Ergebnis der Übung	A	B
29	Chinesisches Roulette	Eine Übung, bei der die Teilnehmenden mit Metaphern und Assoziationen aus der Theater- und Filmwelt arbeiten, um ihr Produkt, ihre Marke oder ihre Organisation von einer größeren Distanz aus zu betrachten.	Diese Übung erlaubt einen Blick auf den Kern einer „(Personal) Brand“: Wie kann man diese Erkenntnisse in die Kommunikation einfließen lassen?	*	**
30	Starke Geschichten	Bei der hier beschriebenen Vorgehensweise werden Geschichten von einem bestimmten Verhalten, das man gerne häufiger sehen würde, in der Organisation gesammelt und weiterverbreitet. Diese Übung wurde durch Grundgedanken der „Appreciative Inquiry“ inspiriert und passt gut zur Übung 75: *Ideen, die haften bleiben*. Die Übungsbeschreibung beinhaltet verschiedene Varianten, wie Geschichten anderweitig genutzt werden können.	Geschichten vermitteln ein konkretes Bild von Verhaltensweisen, die man gerne öfter erleben möchte. Das bringt Menschen auf Ideen und verleiht Energie.	***	**
31	Das 4V-Prinzip	Die Teilnehmenden bereiten sich auf eine Veränderung vor. Sie erzählen, wie die Dinge jetzt sind und wie ihre ideale Zukunft aussieht. Sie überlegen, was sie selbst dafür tun können, um dieser Zukunft näher zu kommen. Diese Übung wurde durch Grundgedanken der „Appreciative Inquiry“ inspiriert. Die Übung kann auch mit größeren Gruppen von 15 bis 30 Personen durchgeführt werden.	Es handelt sich um eine Möglichkeit, viele Menschen bei Veränderungen in der Organisation einzubeziehen. Die Teilnehmenden werden dazu eingeladen, konkrete Schritte zu unternehmen, was für viel Veränderungskraft sorgt.	*	**

Nr.	Titel	Inhalt der Übung	Ziel/Ergebnis der Übung	A	B
32	Comicfiguren in geheimer Mission	Spielerische Übung, bei der Comicfiguren zur Einsicht verhelfen, was den Teammitgliedern wichtig ist. Ziel ist es, die Teilnehmenden ihre persönliche Mission formulieren zu lassen. Das Team reflektiert, welche persönlichen Missionen genannt wurden und welche Bedeutung diese für das Team haben. Dieser Übung liegen Überlegungen von Gregory Bateson und Robert Dilts zugrunde. Diese Methode ist auch gut für das Einzel-Coaching geeignet.	Persönliche Missionen der Teammitglieder herausarbeiten. Einsicht in das, was wichtig für das Team ist, gewinnen.	***	**
33	Der blaue Ozean	Die Teilnehmenden versuchen, ein neues Marktsegment zu erschließen, indem sie einige Schlüsselfragen beantworten. Diese Übung eignet sich besonders gut für Workshops mit Mitarbeitenden aus einem Unternehmen. Die Übung basiert auf der „Blue Ocean Strategy" von W. Chan Kim und Renée Mauborgne.	Anhand einer Reihe von Fragen machen sich die Teilnehmenden auf die Suche nach neuen Marktsegmenten (blaue Ozeane). Damit lässt sich ein Vorsprung vor (potenziellen) Konkurrenten erreichen.	***	***

Nr.	Titel	Inhalt der Übung	Ziel/Ergebnis der Übung	A	B
34	Der Rückspiegel	Die Teilnehmenden sehen sich ihre Entwicklungswünsche für die Zukunft an. Oder sie schauen zurück: Wie haben sie sich in der Vergangenheit entwickelt? Was hat gut geklappt, und was sind ihre Stolpersteine? Sie reflektieren ihre eigene Entwicklung. Diese Methode ist auch gut für das Einzel-Coaching geeignet.	Die Teilnehmenden lernen durch frühere erfolgreiche Strategien und machen sich Gedanken über ihre persönlichen Stolpersteine. Das hilft ihnen dabei, ihre Ambitionen zu verwirklichen.	*	***
Teil 4: Hindernisse überwinden					
35	Glad, mad, bad & sad	Mithilfe von Fragen erkunden die Teilnehmenden ihre Kernthemen und Muster in der Zusammenarbeit mit anderen. Diese Übung basiert auf dem Konzept des „Core Conflictual Relationship Theme (CCRT)“, entwickelt von Lester Luborsky.	Das CCRT-Konzept befasst sich mit den grundlegenden Emotionen, die in der Zusammenarbeit mit anderen ausgelöst werden. Es liefert schnell Einsichten und Hinweise, wie man am besten mit den Kolleg:innen und Teammitgliedern umgehen kann und wie diese idealerweise mit einem selbst umgehen sollten. Das Team erhält eine Art „Handbuch“, wie man aus jedem Teammitglied das Beste herausholen kann.	*	***
36	Stuhltanz der inneren Anteile	Der oder die Coachee reflektiert bei dieser Übung anhand von Stühlen verschiedene Persönlichkeitsanteile oder „Selbste“ und lernt, wie er oder sie schwierige Situationen in den Griff bekommen kann.	Durch diese Übung findet ein Mensch in neuen und schwierigen Situationen einen Zugang zu seinen persönlichen Kraftreserven und seiner Kreativität.	*	***

Nr.	Titel	Inhalt der Übung	Ziel/Ergebnis der Übung	A	B
		Diese Übung ist nur für Eins-zu-eins-Coaching-Situationen geeignet. Wichtig ist, dass der oder die Coachende die Arbeit mit Imaginationstechniken beherrscht.			
37	Advocatus Diaboli	Diese Übung beschreibt eine provokative und progressive Weise, Probleme zu lösen. Die Gruppenleitung spielt den Anwalt des Teufels und verkehrt die Dinge in ihr Gegenteil, übertreibt und stellt bizarre Fragen. Diese Übung können Sie immer dann machen, wenn die Gruppe Gefahr läuft, in Stagnation zu verfallen.	Die Gruppenleitung fordert die Teilnehmenden heraus und geht immer wieder anders an das Thema heran. Ziel ist, originelle Einfälle zu erhalten.	**	**
38	Den Denkraum erweitern	Das ist eine Methode, die dafür sorgt, dass die üblichen „Denkpfade“ verlassen werden, wenn die Arbeit in der Gruppe stagniert. Die Gruppe formuliert ihre Frage immer wieder auf neue Weise, um einen Zugang zu finden. Diese Übung eignet sich auch für das individuelle Brainstorming, wenn man an einem toten Punkt angekommen ist.	Durch absurde, idiotisch erscheinende oder sogar politisch inkorrekte Fragen entstehen neue Perspektiven und neue Energie.	*	***
39	Train your brain	Die Teammitglieder analysieren, ob sie aus einem „Growth Mindset“ oder einem „Fixed Mindset“ heraus agieren. Ein Fixed Mindset wird mit vier befreienden Kernfragen herausgefordert. Das Team trifft Vereinbarungen, wie sie künftig mit	Einen Plan entwickeln für ein Team, das sich ein „Growth Mindset“ aneignen möchte. Das Team kann auf diese Weise die Stärken, die Intelligenz und das Potenzial aller Teammitglieder besser ausschöpfen.	***	**

Nr.	Titel	Inhalt der Übung	Ziel/Ergebnis der Übung	A	B
		Erfolgen, Fehlern, Herausforderungen, Feedback und Rückschlägen umgehen wollen. Diese Übung basiert auf einer Kombination der Arbeiten von Carol Dweck und Byron Katie.			
40	Weg mit den Hindernissen!	Mit dieser Übung lässt sich herausarbeiten, welche hinderlichen Überzeugungen in der Gruppe vorherrschen und wie man versuchen kann, diese zu verändern. Die Hindernisse können sich in Form von „Heiligen Kühen“, starren Regeln oder alten Erfolgsrezepten zeigen. Nutzen Sie diese Übung, wenn der kreative Prozess stagniert und Sie nicht wissen, woran das liegt.	Vermittelt Einsicht in die Kreativität dieser Gruppe und schafft Raum für neue Vorgehensweisen und Lösungen	*	**
41	Blick auf die Kultur	Die Teilnehmenden beschäftigen sich mit der Frage, welches Bild ihre Organisation in der Außenwelt abgibt und ob dieses Bild zu einer kreativen, innovativen Organisation passt. Die Übung basiert auf den Arbeiten von Edgar Schein. Schauen Sie sich die Organisationskultur genauer an, wenn die Kreativität zum Erliegen kommt.	Vermittelt Einsicht in tief verankerte Annahmen und Glaubenssätze, die der Kreativität und Innovationen im Wege stehen können	***	***

Nr.	Titel	Inhalt der Übung	Ziel/Ergebnis der Übung	A	B
42	Hypothesen torpedieren	Eine kreative Denktechnik, bei der die Teilnehmenden ihre eigenen Grundannahmen aufspüren. Anschließend lassen sie diese Grundannahmen (zumindest vorübergehend) los und gelangen so zu originellen Lösungen. Die Übung ist sehr gut einzusetzen bei Themen, die schon länger im Raum stehen, aber auch bei neuen Fragestellungen, für die eine originelle Lösung gesucht wird. Diese Übung kann auch individuell eingesetzt werden und wird beispielsweise gern von Designern genutzt.	Diese Denktechnik liefert oft kreative, brauchbare Lösungen und den Durchbruch bei sehr hartnäckigen Problemen.	*	***
43	Eine Schaukel verbindet die Extreme	Eine komplexe Fragestellung kann auf verschiedene Arten gelöst werden. Oft gehen die verschiedenen Lösungsansätze weit auseinander oder in entgegengesetzte Richtungen. Hier wird keine Entweder-oder-Lösung gewählt, sondern es werden Sowohl-als-auch-Lösungen eruiert. Diese Übung ist auch individuell einsetzbar.	Wenn man die Komplexität einer Fragestellung nicht ausreichend im Blick hat, kann es passieren, dass man sich festfährt. Setzt man sich hingegen kreativ mit den Widersprüchen in einer Fragestellung auseinander, kann es gelingen, eine ausgewogene Lösung zu finden.	**	***

Nr.	Titel	Inhalt der Übung	Ziel/Ergebnis der Übung	A	B
44	Es war einmal …	Alte Geschichten sind eine Quelle der Erkenntnis voller Symbolik und tieferer Ebenen. Oft sind diese Geschichten dazu gedacht, spätere Generationen über das Leben und persönliches Wachstum zu unterrichten. Bei dieser Übung wird untersucht, was uns diese Geschichten über unseren eigenen Veränderungsprozess zu sagen haben.	Alte Geschichten helfen dabei, die irrationalen Aspekte aufzuspüren, die bei der Veränderung, mit der wir konfrontiert sind, eine Rolle spielen.	**	***
Teil 5: Kreative Fähigkeiten fördern					
45	Freies Assoziieren	Diese Übung besteht aus mehreren Assoziationstechniken, durch die die Teilnehmenden lernen, frei zu assoziieren. Die Übung eignet sich auch gut als Warm-up für Übung 46: *Experimentieren mit Assoziationen.* Diese Übung ist auch individuell einsetzbar, wenn man nach kreativen Ideen sucht.	Die Teilnehmenden erlernen eine Kreativitätstechnik, die dabei hilft, originelle Lösungen für einfache Fragestellungen zu finden, oder auch, um schwierige Probleme zu lösen.	*	**
46	Experimentieren mit Assoziationen	Die Teilnehmenden wenden die Techniken des freien Assoziierens auf ein eigenes Thema an. Folgt auf die Übung 45: *Freies Assoziieren,* bei der die Grundlagen des Assoziierens erklärt werden.	Assoziieren ist hilfreich, wenn es darum geht, originelle Lösungen zu finden. Die Teilnehmenden assoziieren zu eigenen Themen und machen sich diese Technik zu eigen. Sie finden auf Anhieb mögliche Lösungen.	*	**

Nr.	Titel	Inhalt der Übung	Ziel/Ergebnis der Übung	A	B
47	Ideen aufsammeln	Die Teilnehmenden machen einen kleinen Spaziergang im Freien und achten auf Dinge, die ihnen auffallen. Diese Dinge nutzen sie dann, um auf originelle Art und Weise an ihr Thema heranzugehen.	Die Übung sorgt für Abwechslung und Energie. Die Teilnehmenden richten ihre Gedanken auf etwas, das ihr Gehirn auf eine andere Weise arbeiten lässt. Darin steckt die Chance, originelle Lösungen zu finden.	*	**
48	Gute Frage!	Wenn anregende Fragen gestellt werden, entwickeln die Teilnehmenden eine neue Sichtweise auf ihre Fragestellung. Diese Übung ist auch individuell einsetzbar. Es handelt sich um eine nützliche Übung, wenn die Teilnehmenden in ihrem Tunnelblick feststecken.	Eröffnet eine andere Sichtweise auf das Thema, schafft Raum für andere Lösungen	**	**
49	Detektiv	Den Teilnehmenden werden verschiedene Kategorien von Fragen gestellt. Sie erleben, wie unterschiedliche Fragen wirken, und lernen, wie wichtig es ist, gute Fragen zu stellen.	Gute Fragen zu stellen, ist eine wichtige kreative Fähigkeit. Mithilfe dieser Übung machen sich die Teilnehmenden (erneut) bewusst, wie wichtig es ist, Fragen zu stellen.	*	*
50	Gesprochenes Portrait	Bei dieser Übung trainieren die Teilnehmenden ihre Vorstellungskraft, indem sie einen Gegenstand nur aus der Erinnerung heraus beschreiben. Diese Übung ist auch individuell einsetzbar.	Die Teilnehmenden lernen, ihre Vorstellungskraft zu schärfen. Das kommt der Kreativität zugute.	**	**

Nr.	Titel	Inhalt der Übung	Ziel/Ergebnis der Übung	A	B
51	Weiterdenken	Die Teilnehmenden versuchen bei dieser Übung, sich so viele Lösungen wie möglich für eine Fragestellung auszudenken.	Die Teilnehmenden lernen eine der Basistechniken des kreativen Denkens kennen. Sie müssen dafür über den Tellerrand hinausschauen. Damit wächst die Chance, originelle Lösungen zu finden, erheblich.	*	*
52	Ein ernsthaftes Spiel	Bei dieser Übung nehmen die Teilnehmenden im Spiel die Rolle von Berater:innen ein. Dadurch schauen sie mit anderen Augen auf ihre Organisation. Sie setzen sich mit allem, was sie gesehen und gelernt haben, auseinander und fassen es in einer Empfehlung zusammen.	Spielen inspiriert und lässt der Fantasie freien Lauf. Die Teilnehmenden wenden theoretische Grundlagen auf ihre eigene Organisation an. Bei einem Spiel fallen festgefahrene Muster stärker auf, was zu neuen Erkenntnissen führt.	**	**
53	Spielerisch lernen	Lernspiel, bei dem Teams verschiedene kreative Techniken ausprobieren	Eine unterhaltsame Art, um schnell verschiedene kreative Techniken zu erlernen. Als Bonus erhalten die Teilnehmenden einen Stapel voller Ideen zu der Fragestellung, die im Mittelpunkt des Spiels steht.	***	**
54	Mindmapping (individuell)	Diese Übung beschreibt, wie eine individuelle Mindmap zu einem Thema erstellt werden kann.	Eine Mindmap gibt einen Überblick über die verschiedenen Faktoren, die bei einem Thema relevant sind. Da bei Erstellung einer Mindmap der Zusammenhang aller Aspekte überblickt werden kann, können bessere Lösungen gefunden werden.	**	***

Nr.	Titel	Inhalt der Übung	Ziel/Ergebnis der Übung	A	B
55	Mindmapping (Variante für Gruppen)	Bei dieser Übung erstellen die Teilnehmenden als Gruppe eine Mindmap zu ihrem Thema.	Die Teilnehmenden kombinieren ihre kreativen Fähigkeiten. Da alle aus ihrem persönlichen Bezugsrahmen heraus assoziieren, entsteht ein breit gefächerter Einblick in die Problemstellung oder Aufgabe. Die Übung hilft dabei, Konsens und Tragfähigkeit zu erzielen. Das Ergebnis ist eine gemeinsame Sichtweise des Problems und der möglichen Lösungen.	**	***
Teil 6: Originelle Ideen generieren					
56	Blick in eine andere Welt	Die Teilnehmenden hören einen Gastvortrag von einer Person aus einem anderen Fachgebiet, die an ähnlichen Fragestellungen arbeitet wie die Zuhörenden.	Der oder die Gastredner:in und die Teilnehmenden stellen sich derselben Aufgabe aus unterschiedlichen Blickwinkeln. Der Austausch kann interessante neue Einsichten liefern.	***	*
57	Ein durchdachtes und unterhaltsames Abendessen	Die Teilnehmenden lernen bei einem Abendessen (oder Mittagessen) einen besonderen Gast kennen.	Fesselnde Gespräche inspirieren und vermitteln neue Informationen und Erkenntnisse. Ein Abendessen mit einer besonderen Person kann die Teilnehmenden wachrütteln und sie ermutigen, solche Begegnungen öfter auch selbst zu organisieren.	***	**

Nr.	Titel	Inhalt der Übung	Ziel/Ergebnis der Übung	A	B
58	Der Superheld	Die Teilnehmenden stellen sich vor, ein Superheld zu sein, und sehen sich ihre Fragestellung aus dieser neuen Perspektive an.	Da die Teilnehmenden sich in die Rolle einer Superheldin oder eines Superhelden versetzen, fallen die üblichen Einschränkungen weg, und sie denken in breiteren Bahnen. Das führt zu originellen Einfällen, die wiederum Anknüpfungspunkte für neue, realistische Lösungen bieten.	*	**
59	Blickfänger	Die Teilnehmenden sehen sich eine Situation aus ihrem Berufsalltag einmal mit den Augen anderer Menschen an und überlegen, ob sie so Anregungen für Verbesserungen finden.	Die Teilnehmenden lernen, eine Situation mit den Augen anderer zu sehen. Das führt zu Anknüpfungspunkten für Verbesserungen und neuen Einsichten.	**	***
60	Das Serendipity-Prinzip	Bei dieser Übung wird versucht, den „glücklichen Zufall" herauszufordern, indem man einmal alles anders macht als sonst. Diese Übung ist auch individuell einsetzbar. Sie ist geeignet, wenn Sie schon lange intensiv an einem Thema arbeiten und keine Fortschritte machen.	Serendipität bedeutet, dass durch Zufall neue Dinge oder interessante Kombinationen entdeckt werden. Das Glück kann man nicht erzwingen, aber man kann dem Schicksal auf die Sprünge helfen.	**	**
61	Das Orakel	Die Teilnehmenden erhalten einen Briefumschlag mit einem willkürlichen Wort oder Bild darin. Der Umschlag dient als Orakel für ihr Problem. Sie versuchen, durch kreative Assoziationen Lösungen zu finden.	Der Zufall zwingt uns dazu, außerhalb des gewohnten Kontextes zu denken, und das kann zu originellen Ideen führen. Die Teilnehmenden lernen, den Zufall für sich zu nutzen.	**	**

Nr.	Titel	Inhalt der Übung	Ziel/Ergebnis der Übung	A	B
62	Bilder einer Ausstellung	Die Teilnehmenden sehen sich Bilder an und holen sich Inspiration für ihre Fragestellung. Die Musik und die Geschichte des russischen Komponisten Mussorgsky bilden den Hintergrund dieser Übung.	Die Teilnehmenden lernen, wie sie sich bewusst inspirieren lassen können, und erhalten Ideen.	***	**
63	Mix & Match	Die Teilnehmenden lassen sich inspirieren und kombinieren alte Ideen zu einer neuen Idee.	Die Teilnehmenden lernen eine Technik kennen, wie sie originelle Ideen generieren können, die nicht unbedingt neu, aber dennoch richtungsweisend sind.	*	**
64	Brainwriting	Die Teilnehmenden reagieren mithilfe eines Brainwriting-Arbeitsblatts schriftlich auf die Ideen der anderen in der Gruppe. Die Technik ähnelt dem Brainstorming, aber ohne die Nachteile des traditionellen Brainstormings. Es handelt sich um eine einfache Technik, die vielfältig eingesetzt werden kann, wenn kreative Einfälle gebraucht werden.	Die Teilnehmenden inspirieren sich gegenseitig. Alle liefern einen Beitrag. Liefert mit Sicherheit einen Stapel neuer Ideen.	**	*
65	Mit den Kund:innen Innovationen entwickeln	Es geht hierbei um Fragen, die man potenziellen Kund:innen stellen kann, um zu eruieren, ob es einen Bedarf für eine neue Idee gibt, oder um ein bestehendes Produkt oder eine Dienstleistung zu verbessern. Diese Übung basiert auf der „Jobs-to-Be-Done“-Theorie des Harvard-Professors Clayton M. Christensen.	Das Ergebnis dieser Übung ist ein klarer Blick auf die verborgenen Bedürfnisse der Kund:innen. Damit lässt sich verhindern, dass man ein Produkt/eine Dienstleistung auf den Markt bringt, das/die nicht gebraucht wird.	***	***

Nr.	Titel	Inhalt der Übung	Ziel/Ergebnis der Übung	A	B
Teil 7: Kreative Ideen auswählen und weiterentwickeln					
66	Bewertungsmatrix	Die Teilnehmenden wählen anhand einer Bewertungsmatrix die besten Ideen aus. Diese Methode ist besonders geeignet, wenn es mehr als 40 Ideen gibt.	Auf einen Blick wird deutlich, welche Ideen sich lohnen, weiterentwickelt zu werden. Es entsteht Konsens darüber, welche Ideen weiterverfolgt werden.	**	**
67	Für eine Idee einstehen	Die Teilnehmenden wählen die Idee aus, die sie am meisten überzeugt, und stehen – buchstäblich und im übertragenen Sinn – für diese Idee ein.	Geeignet zur Auswahl von Ideen. Die Teilnehmenden engagieren sich für eine Idee. Dieses Engagement hilft, wenn bei der Weiterentwicklung der Idee Rückschläge zu verarbeiten sind.	*	*
68	Mit Herz und Seele entscheiden	Es handelt sich um eine Übung, bei der Herz und Verstand gleichermaßen angesprochen werden, wenn es darum geht, zwischen drei Alternativen auszuwählen. Diese Übung eignet sich auch für das Einzel-Coaching.	Eine Wahl treffen, zu der man voll und ganz stehen kann	*	***
69	Form und Urteil	Die Teilnehmenden gestalten die besten Ideen weiter aus und präsentieren das Ergebnis einer Jury. Das ist die erste Phase bei der Weiterentwicklung der besten Ideen.	Das Potenzial von Ideen wird hier genauer in den Fokus genommen. Letztlich werden die Ideen ausgewählt, die auch auf den zweiten Blick lohnenswert erscheinen.	**	**

Nr.	Titel	Inhalt der Übung	Ziel/Ergebnis der Übung	A	B
70	Alle Sinne ansprechen	Die Teilnehmenden analysieren eine Idee mit allen fünf Sinnen des Menschen, um die Idee weiter anzureichern. Die Übung 6: *Kakophonie* hat sich als Warm-up für diese Übung bewährt, da auch hier alle Sinne angesprochen werden. Diese Übung ist von den Ideen von Igor Byttebier inspiriert.	Wenn eine Idee mehrere Sinne anspricht, wirkt sie attraktiver, verkörpert mehr Substanz und zeigt mehr Wirkung. Die Idee wird insgesamt kraftvoller und lebendiger, auch in den Augen von Außenstehenden, die nicht am Workshop teilgenommen haben. Es wird einfacher, andere Menschen für diese Idee zu begeistern; ein wichtiger Punkt in dieser Phase des kreativen Prozesses.	**	**
71	Puzzeln mit Einzelteilen	Die Teilnehmenden sehen sich kritisch alle Einzelteile einer Idee an und versuchen so, eine noch bessere Idee zu entwickeln.	Die Teilnehmenden lernen, ihre Ideen zu „zerlegen“ und die einzelnen Bestandteile zu verbessern. Die ausgewählte Idee reift und gedeiht dadurch weiter.	*	***
72	Einen Prototyp erstellen	Die Teilnehmenden erstellen von ihrer Idee einen Prototyp, damit sie und andere das Ergebnis sehen, fühlen und erleben können.	Anhand eines Prototyps wird eine Idee für andere erfahrbar, die wertvolles Feedback geben können. Die Teilnehmenden sehen, ob die Umsetzung wie geplant funktioniert. Sie können ihre Idee Schritt für Schritt verbessern und unnötige Investitionen vermeiden.	***	***

Nr.	Titel	Inhalt der Übung	Ziel/Ergebnis der Übung	A	B
73	Die Farbdebatte	Bei dieser Übung nutzen die Teilnehmenden die vier Farbtypen aus dem Insights-Discovery-Modell, um eine ausgewogene Wahl zwischen verschiedenen, guten Alternativen treffen zu können. Diese Übung ist besonders gut geeignet, wenn die Alternativen mehr oder weniger gleich attraktiv sind.	Führt zu einer gut durchdachten Entscheidung, bei der möglichst viele Perspektiven berücksichtigt werden	**	**
74	Die zwölf Geschworenen	Fördert eine sorgfältige Entscheidungsfindung in der Gruppe. Die Teilnehmenden suchen bewusst nach Widerständen und achten auf Minderheitenstandpunkte. Die Übung ist mit einem Filmausschnitt aus dem Film „Die zwölf Geschworenen“ verknüpft.	Sorgt für eine optimierte Entscheidungsfindung und größere Tragfähigkeit für den gemeinsamen Beschluss	**	***
75	Ideen, die haften bleiben	Die Teilnehmenden erschaffen eine Geschichte („Story“) über ihre Idee. Diese Geschichte wird durch die Berücksichtigung von sechs Faktoren basierend auf dem Buch „Made to stick“ von Chip und Dan Heath attraktiv. Diese Übung ist für eine Gruppe von 6 bis 8 Personen geeignet und auch individuell einsetzbar, zum Beispiel, um einen Pitch vorzubereiten oder als Unterstützung, wenn es darum geht, einen einprägsamen, fesselnden Text zu schreiben.	Die Überzeugungskraft einer Idee wird gestärkt. Sie bleibt damit besser im Gedächtnis anderer Menschen haften und wird häufiger weitererzählt. Dies verleiht der Idee eine größere Wirkung.	**	**